HISTOIRE NATURELLE

DE LA FRANCE

PAR

M. A. YSABEAU

PARIS

<table>
<tr><td>ADRIEN LE CLERE ET Cie</td><td>C. DILLET</td></tr>
<tr><td>LIBRAIRES-ÉDITEURS</td><td>LIBRAIRE-ÉDITEUR</td></tr>
<tr><td>Rue Cassette, 29, près St-Sulpice.</td><td>Rue de Sèvres, 15.</td></tr>
</table>

1864

HISTOIRE NATURELLE

POPULAIRE

DE LA FRANCE

PARIS. — IMPRIMERIE ADRIEN LE CLERE, RUE CASSETTE, 29.

HISTOIRE NATURELLE

POPULAIRE

DE LA FRANCE

PAR

M. A. YSABEAU.

PARIS

ADRIEN LE CLERE ET Cᵉ,
ÉDITEURS,
Rue Cassette, 29.

C. DILLET,
ÉDITEUR,
Rue de Sèvres, 15.

1863

NOTIONS PRÉLIMINAIRES

Il n'y a pas pour l'homme d'étude plus attrayante que celle de l'histoire naturelle ; il n'y en a pas non plus qui, de nos jours, soit plus réellement utile dans toutes les positions de la vie. Certes, tout le monde ne peut pas être naturaliste ; il n'est permis qu'à un petit nombre d'hommes spéciaux qui se consacrent à cette science de l'étudier à fond, et d'en reculer les limites ; mais il y a des notions d'histoire naturelle que tout le monde doit posséder ; non pas qu'on soit savant quand on les possède, mais parce qu'on est fort ignorant quand on y reste étranger. Chacun doit surtout acquérir une connaissance suffisante de l'histoire naturelle de son pays. Celle de la France est aussi riche que variée ; qui la connaît à fond est suffisamment initié à toutes les divisions de l'étude de la nature. C'est pourquoi ce traité élémentaire est principalement écrit en vue de l'histoire naturelle de la France. En se rendant compte des merveilles de la création, des dons naturels prodigués à notre belle patrie, l'homme élève sa pensée de la création vers le Créateur; le sentiment religieux de la reconnaissance ne peut être que développé et fortifié par l'étude de l'histoire naturelle.

Le nombre prodigieux et la variété infinie des êtres à étudier ont fait comprendre, dès la plus haute antiquité, la nécessité d'une bonne classification, servant de fil conducteur pour s'y reconnaître.

La grande division en trois règnes est tellement conforme à la nature, qu'elle a traversé intacte tous les âges de la science. Les êtres privés de la vie composent très-naturellement le *règne minéral;* les végétaux forment le *règne végétal*, et les animaux, le *règne animal*. Cet ordre est le plus facile à suivre dans la pratique, bien que le règne végétal et le règne animal se rencontrent et se confondent en quelque sorte sur leurs extrêmes limites, où les *animaux plantes* (*zoophytes*), tels que l'éponge, laissent subsister une sorte d'incertitude et semblent appartenir autant à un règne qu'à l'autre.

A mesure que les connaissances de l'homme en histoire naturelle se sont étendues, il est devenu nécessaire d'établir des subdivisions. Le règne minéral en admet deux principales : la *géologie* et la *minéralogie*. Le règne végétal est tout entier compris dans la division de l'histoire naturelle qui porte le nom de *botanique*. Le règne animal forme aussi à lui seul une branche importante de la science, sous le nom de *zoologie*. Le cadre de ce traité comprend donc trois parties distinctes, savoir : 1ʳᵉ partie, géologie et minéralogie ; 2ᵉ partie, botanique ; 3ᵉ partie, zoologie. Chacune de ces parties se subdivise elle-même en un nombre de sections qui correspondent aux divers ordres de minéraux, de végétaux et d'animaux, tous rattachés les uns aux autres, comme une chaîne sans fin, par des liens d'analogie, par des transitions dont l'étude met en relief le cachet uniforme des œuvres du Créateur : l'*unité* dans la *variété*.

Si l'on prend un premier aperçu de ces grandes divisions de l'histoire naturelle, la *géologie* s'offre en première ligne, comme la science de notre planète dans son ensemble; elle en décrit, dans leur état présent, les grandes masses sous les noms de *roches* et de *terrains ;* elle y recherche, sous le nom de *fossiles*, les traces des premières formes de la vie végétale et de la vie animale à la surface de notre planète; elle montre par quelles phases la terre a dû passer avant de devenir, selon l'expression d'un sage de l'antiquité, *un lieu donné à l'homme pour la pratique de la vertu (locus datus virtuti)*.

La *minéralogie* reprend en sous-œuvre le travail de la géologie ; elle recherche, dans chaque roche, les éléments dont elle se compose, les formes de ces éléments lorsqu'ils se montrent en quelque sorte régulièrement organisés en cristaux, les substances que l'homme peut leur emprunter pour ses instruments de travail, ses arts et son industrie.

La géologie et la minéralogie doivent être abordées en premier lieu, pour la raison péremptoire que le règne végétal vit aux dépens du règne minéral, comme le règne animal vit exclusivement aux dépens du règne végétal, sans lequel il ne saurait subsister ; il faut, avant de s'occuper des habitants, prendre une première notion de l'habitation.

La *botanique*, plus encore que la géologie et la minéralogie, a besoin de sections naturelles qui en facilitent l'étude. Avant de traiter des plantes, de leurs propriétés, de leur classification, elle expose les principes de leur organisation dans l'*organographie végétale*, et les fonctions de leurs organes dans la *physiologie végétale*. Elle décrit ensuite les plantes selon leur distribution à la surface du globe ; c'est la *géographie botanique ;* puis, elle les classe selon leur plus grande analogie entre elles, c'est la *méthode naturelle*. On aura une idée de l'importance et de l'étendue des études botaniques, si l'on considère que le nombre des végétaux connus approche de 150,000, et que, de l'aveu des botanistes les plus éminents, il en reste environ autant à connaître, ce qui porterait le chiffre de tous les végétaux du globe à environ 300,000

La *zoologie*, dont l'objet est l'étude de l'histoire naturelle des êtres doués de la vie animale à tous les degrés, admet autant de sections qu'il y a d'ordres d'animaux nettement distincts les uns des autres, à commencer par les moins compliqués dans leur organisation pour s'élever jusqu'à l'homme, le plus complétement organisé des êtres de la création. Chaque section de la zoologie, comprenant les *mollusques*, les *poissons*, les *reptiles*, les *insectes*, les *oiseaux* et les *mammifères*, constitue une branche distincte de la science. Peu de savants, parmi les plus éminents naturalistes, ont approfondi au delà d'une ou de deux branches de la zoologie, tant les faits se présentent nombreux et compliqués dans cette grande division de l'histoire naturelle ! L'étude seule de la race humaine, sous le nom d'*anthropologie*, a lassé plusieurs savants du premier ordre ; ils lui ont consacré toute leur existence, et ils n'ont pas tout dit.

Dans le vaste ensemble dont on vient d'indiquer le cadre , on se propose de reprendre séparément chaque section, d'en bien définir les caractères, et d'en exposer les applications à l'histoire naturelle particulière de la France. Sans qu'il soit nécessaire de sortir des limites de notre territoire, on peut passer en revue des spécimens de presque tous les êtres étudiés, classés et décrits par les naturalistes comme faisant partie de la création actuelle, et de ceux qui, ayant appartenu aux états antérieurs du globe, s'y retrouvent à l'état fossile. Le lecteur attentif sera fréquemment étonné du nombre réellement merveilleux de faits et de phénomènes du plus haut intérêt près desquels il passe habituellement avec indifférence, obéissant à la mauvaise habitude trop universelle de regarder sans voir. Il y trouvera une source inépuisable d'instruction solide et de plaisirs intellectuels, les seuls qu'on goûte à tout âge, les seuls que la satiété ne suit jamais.

HISTOIRE NATURELLE

POPULAIRE

DE LA FRANCE

PREMIÈRE PARTIE

GÉOLOGIE ET MINÉRALOGIE

CHAPITRE PREMIER

GÉOLOGIE

§ I. — La chaleur centrale.

On sait que Maupertuis, savant distingué du dernier siècle, avait proposé une souscription aux principaux souverains de l'Europe, afin de réunir les
fonds nécessaires pour faire creuser un puits qu'il
voulait pousser jusqu'au centre de la terre, désirant
savoir ce qu'il y a dedans. Si sa proposition, qui
d'ailleurs tomba dans l'eau, eût été accueillie, Maupertuis eût été sans doute fort étonné de rencontrer
ce qu'il ne cherchait pas. Lorsqu'on creuse un trou
sur n'importe quel point de la surface du globe, il

se manifeste un phénomène dont l'uniformité ne se dément nulle part. A mesure qu'on s'éloigne de la surface, la température s'élève environ dans la proportion d'un degré par trente mètres. On peut donc calculer avec assez de précision à quelle profondeur se rencontre la température de l'eau bouillante, celle du plomb fondu, celle du fer rouge, et enfin, à une distance relativement assez faible, celle de tous les corps les plus réfractaires en pleine fusion ignée. Il résulte de ce seul fait que le domaine de l'homme sur sa planète est une croûte de médiocre épaisseur, reposant sur une masse incandescente, dont les tremblements de terre révèlent les agitations intérieures, et dont les volcans sont les soupiraux, ou, si l'on veut, les tuyaux de cheminée. Il est évident que, pendant une des phases de la création, notre planète a dû se trouver complétement à l'état de fusion. Sa faible consistance pendant la première période de son refroidissement lui permettait d'obéir à la force tangentielle développée par son mouvement de rotation ; c'est ainsi qu'elle s'est renflée vers l'équateur et déprimée vers les pôles : ce qui lui donne la forme, non d'une sphère régulière, mais d'un sphéroïde aplati. On a une idée juste de la vraie forme de la terre en considérant un fromage de Hollande non entamé.

§ II. — Soulèvement des montagnes.

La terre, si elle s'était refroidie graduellement, sans bouleversements, sans fracture, sa croûte solide deve nant de plus en plus épaisse, offrirait extérieurement l'aspect d'un boulet récemment fondu. Sa surface serait composée partout d'une seule et même matière, sans inégalités, sans creux, ni vallées, ni

montagnes ; la végétation et la vie animale dans leur
état actuel y seraient l'une et l'autre également impos-
sibles. Dieu n'a pas voulu qu'il en fût ainsi : avant de
créer l'homme, il lui a préparé ce séjour dont les plus
riantes contrées du globe reproduisent un souvenir
affaibli. De temps en temps, la croûte solide, alors
inhabitée et inhabitable, brisée, bouleversée par le
bouillonnement intérieur de la masse en fusion, s'est
consolidée pour se soulever de nouveau : de là les
larges vallées et les chaînes de montagnes. Celles-ci
ont conservé dans leur forme une trace irrécusable de
ce grand fait géologique ; elles ont toutes un de leurs
versants abrupte et pour ainsi dire à pic, et l'autre en
pente adoucie et très-prolongée : tel est spécialement
le caractère des Pyrénées, très-escarpées du côté de
la France, très-inclinées du côté de l'Espagne. Supposez une pièce d'eau dont un froid intense aurait
solidifié la surface. Admettez qu'une force intérieure
soulève la glace et la brise, vous aurez des rochers
de glaces à pic du côté de la fracture, et des pentes
plus ou moins inclinées et prolongées du côté opposé. Il en résulte que les plus hautes montagnes du
globe sont celles qui se sont formées les dernières,
par le soulèvement et les fractures de la croûte parvenue par le refroidissement graduel à sa plus grande
épaisseur. Ajoutez à ces fractures réitérées l'action des
eaux fréquemment et violemment déplacées, avant le
dernier cataclysme dont le souvenir consacré par l'É-
criture sainte s'est conservé sous le nom de déluge
dans la mémoire de tous les peuples, vous comprendrez
comment les divers éléments géologiques du globe se
sont trouvés broyés, délayés, mélangés, déplacés, pour
donner naissance à la terre végétale, bientôt parée de
la vie sous sa première forme, de la main du Créateur.

Les diverses parties de la surface de la terre n'avaient pas, à l'époque du déluge, le même climat moyen qu'aujourd'hui ; on en a pour preuve ces milliers de mammouths et de mastodontes, éléphants fossiles de taille colossale, dont on trouve les débris sur la Nouvelle-Zemble, les îles de Liakoff, et tout le littoral sibérien de la mer Glaciale, pays dont le climat actuel exclut toute végétation. Evidemment, des bandes innombrables d'énormes quadrupèdes herbivores ne pouvaient vivre que dans un pays au climat sinon très-chaud, du moins assez tempéré pour admettre une puissante végétation.

§ III. — Terrains.

Les masses désignées sous le nom de *terrains* de nature diverse, qui composent l'écorce solide du globe, s'y montrent généralement en couches superposées par étages ; mais les bouleversements dont notre planète a été le théâtre ont changé la position primitive de ces couches, qu'on trouve çà et là retournées, redressées, tout en conservant toujours néanmoins leurs caractères primitifs. On nomme *plutoniens* les terrains produits par l'action des feux souterrains : tels sont les dépôts de laves provenant des volcans, les uns éteints, les autres encore en activité. On nomme *neptuniens* ceux dont on attribue la formation à l'action des eaux : tels sont les dépôts de diverses substances qui ont été délayées dans la masse liquide en mouvement, et se sont formées en couches plus ou moins épaisses au fond des eaux redevenues tranquilles. On rencontre aussi çà et là des masses d'une nature complétement différente de celle des terrains qui les environnent, et sur lesquels elles reposent :

c'est ce qu'on nomme des *blocs erratiques;* il y en a d'un volume énorme ; ils méritent une explication particulière.

Il y avait à l'époque du déluge, comme il y en a maintenant, des ceintures de glaces près des pôles ; quoiqu'elles fussent probablement moins étendues qu'elles ne le sont actuellement, elles avaient assez de puissance pour qu'en se brisant et en cédant à l'action des courants produits par la retraite des eaux du déluge, elles aient pu emporter avec elles ces blocs erratiques, en leur servant en quelque sorte de radeau, et les déposer là où la fin du déluge les a mises à sec. Les blocs de glace, n'ayant pas tardé à fondre, ont abandonné les blocs erratiques, dont, en dehors de cette hypothèse, l'existence et les déplacements sembleraient inexplicables. On saisit cette occasion de combattre les fausses alarmes suscitées de nos jours par les écrits de quelques auteurs plus ou moins savants, lesquels, à propos des blocs erratiques et des glaciers des deux pôles, ont prétendu calculer le temps qu'il faut à ces glaciers pour faire irruption dans les parties tempérées de l'Océan, et menacer le genre humain d'un nouveau cataclysme universel. Le fait fondamental de ces prévisions lugubres, celui de l'accroissement incessant des glaciers des pôles, est fort heureusement faux. Sous le pôle même, où nul navigateur n'a pu jusqu'à présent pénétrer, la mer est libre de glace, et la température y est moins rigoureuse qu'à une certaine distance au nord du pôle sud, et au sud du pôle nord. La raison en est dans l'aplatissement très-prononcé de la terre vers les pôles ; la surface chargée d'une colonne d'air plus haute qu'elle ne peut l'être un peu plus loin, est par cela même sous l'influence d'une température adoucie ; aussi les navigateurs qui se sont le plus rapprochés du pôle ont-ils vu constamment d'innombrables bandes d'oiseaux de mer se dirigeant vers le pôle. Ces oiseaux ne peuvent vivre que de leur pêche ; si sous les pôles la mer était gelée, ils n'y sauraient pêcher ; ils mourraient de faim. Ainsi, d'une part, la charge de glace des deux pôles est en réalité moindre que ne l'admettent les alarmistes ; de l'autre, loin de s'accroître incessamment, ces glaces détachent périodiquement des masses de glaces flottantes qui viennent se fondre, sans faire de tort à personne, dans les parties tièdes de l'Océan. C'est ainsi qu'il y a quelques années une *banquise*, c'est-à-dire une ceinture de roches de glaces d'abord flottantes, puis collées les unes aux autres, interceptait toute communication entre l'Irlande et la côte du Groënland. Plus tard cette banquise s'est rompue, et ses débris sont venus se fondre dans le *Gulf-Stream*, large courant d'eau tiède qui traverse en long l'océan Atlantique. Les mêmes phénomènes se reproduisent périodiquement quant aux glaces du pôle sud. Soyons donc rassurés sur la durée de l'ordre admirable qui règne à la surface du globe. Sans doute, *nous ne savons ni le jour, ni l'heure;* mais, évidemment, nous traversons une période d'équilibre qui paraît être plutôt à son début qu'à son terme, et rien n'indique que cet équilibre doive être prochainement rompu.

L'eau qui couvre plus des deux tiers de la surface du globe, l'eau sans laquelle l'homme ne saurait vivre, peut être considérée comme un produit incessant de la distillation de ses éléments mis en contact avec les parties inférieures très-échauffées de l'écorce solide de la terre. C'est évidemment à cet ordre de phénomènes que sont dues les sources chaudes ou *eaux thermales*, si communes dans les pays de montagnes. Dans l'Océan les courants chauds, dont le plus important est le *Gulf-*

Stream, partant du golfe du Mexique pour aller se perdre vers le pôle nord , semblent devoir être attribués à la même cause.

Les connaissances positives que la géologie a pu réunir quant à la composition de notre planète, dans ce qu'il nous est donné d'en savoir, ont pour base l'observation des couches superposées, mises à découvert dans les fractures de l'écorce solide du globe qui constituent les hautes montagnes, et l'exploration de l'intérieur de cette même écorce fouillée par le travail des mines. Ces couches, dont chacune à un moment donné a dû envelopper complétement la totalité ou des portions fort étendues de la surface du globe, se distinguent facilement les unes des autres par leur composition, et surtout par la présence ou l'absence de débris d'êtres vivants, animaux ou végétaux, ce qui permet de reconnaître, non pas la date et la durée de leur existence, mais l'âge respectif de ces différentes couches, de manière à pouvoir les classer par rang d'ancienneté. De là, trois divisions naturelles : 1° *terrains primitifs* ; 2° *terrains sédimentaires* ; 3° *terrains plutoniens*.

Les *terrains primitifs* sont de beaucoup les plus puissants ; on les retrouve partout les mêmes ; ce sont ceux qui supportent tous les autres ; leur partie inférieure est en contact avec la masse incandescente.

Les *terrains sédimentaires* ou *neptuniens* ne sont pas tous du même âge ; ils sont classés, d'après leur ancienneté relative, en terrains *primaires*, *secondaires* et *tertiaires*. On voit que, dans le langage de la géologie, il ne faut pas confondre les terrains *primitifs*, les plus anciens de tous, avec les terrains *primaires*, qui sont seulement les plus anciens parmi les terrains sédimentaires ou neptuniens.

Les *terrains plutoniens*, qu'on nomme aussi *plutoniques*, ne forment nulle part de grandes couches comparables en puissance à celles des autres terrains; dans le voisinage des volcans, chaque éruption augmente l'épaisseur et l'étendue des terrains plutoniens les plus récents. Les volcans en activité, qui de temps en temps déversent autour d'eux, comme un vase trop plein qui déborde, la lave en fusion, sont en communication avec la masse centrale également en fusion, à une profondeur qu'on peut estimer au plus à 130 kilomètres (environ 30 lieues, vieux style).

Les *terrains primitifs* ont pour caractère nettement tranché leur parfaite uniformité dans toutes les contrées du globe. Ils sont partout formés de *granit*, roche excessivement dure et solide, composée de *grains* de substances diverses à demi cristallisées, qui semblent s'être solidifiées au moment où elles étaient à l'état de fusion pâteuse. On trouve le granit au sommet de toutes les hautes montagnes, fragments redressés de l'écorce du globe à sa dernière rupture, et si la pioche du mineur pénètre dans les entrailles de la terre, par dessous tous les autres terrains ce qu'on retrouve encore, c'est le granit.

En France, le granit forme les pics les plus élevés des Pyrénées et des Alpes; cinq de nos départements de l'ouest, appartenant à l'ancienne Bretagne, sont dans leur ensemble un bloc de granit gris ou rose. A Nantes, le granit rose est à fleur de terre; il faut faire jouer la mine pour creuser les caves des maisons et y pratiquer des marches d'escalier, le tout d'un seul morceau. A Cherbourg, les constructions militaires et civiles, en granit gris, sont d'une solidité à toute épreuve; les carrières de granit des environs de cette ville fournissent des dalles à tous les trottoirs de la capitale.

Nulle trace de vie, soit végétale soit animale, ne se rencontre dans les terrains primitifs; ils ont évidemment précédé les premiers êtres vivants. Plusieurs fois ils ont été traversés par des jets de matière en fusion, qu'on retrouve consolidés sous forme de porphyre; formidables bouleversements, dont les plus violentes éruptions volcaniques dont il ait été donné à l'homme d'être témoin ne sauraient donner une juste idée.

Les *terrains sédimentaires* sont ceux qui offrent le plus de variété dans leur composition. La chaux, le plâtre, l'argile et le grès, qui, lorsqu'il manque de cohésion, passe à l'état de sable pur, et couvre en cet état d'immenses espaces stériles, autrefois occupés par la mer, sont les principaux éléments des terrains sédimentaires ou neptuniens. Presque tous contiennent des débris de végétaux ou d'animaux, appartenant pour la plupart à des races actuellement éteintes. Ces débris se trouvent d'autant plus nombreux, et ils accusent des formes d'autant moins éloignées de celles des êtres actuellement existants, qu'ils appartiennent à des formations moins anciennes.

§ IV. — Fossiles des divers terrains.

L'étude des *fossiles*, animaux et végétaux, forme la partie la plus attrayante de la géologie; les collections de fossiles reportent l'observateur bien au delà des temps historiques, en présence d'une nature transitoire, en quelque sorte ébauchée, qui nous est révélée par ses débris. Dans les terrains primaires on ne rencontre, pour ainsi dire, que des animaux d'un ordre tout à fait inférieur, ayant vécu dans l'eau des mers, probablement à une époque où ces eaux étaient troubles et à une température beaucoup plus élevée que de nos jours. Si les *espèces* de ces animaux sont perdues, les *genres* subsistent ; ce sont des polypiers seulement un peu différents de ceux dont le travail incessant continue à former de nos jours des roches de corail dans les détroits qui séparent les îles innombrables de la mer du Sud. On y distingue aussi des débris de crustacés analogues aux homards, et des poissons en petit nombre dont les analogues n'existent plus ; les formes de la vie animale contemporaine des terrains primaires ne vont pas au delà. Les débris de végétaux rencontrés dans les terrains de la même époque géologique appartiennent également à des plantes d'une organisation peu compliquée, d'espèces éteintes, représentées cependant par les fougères, les prêles et les algues de la végétation actuelle.

Si l'on explore les terrains sédimentaires secondaires, on y reconnaît les traces de la vie animale plus avancée d'un degré. Des êtres de taille gigantesque, ne ressemblant à rien de ce qui existe, des reptiles moitié serpents moitié lézards s'y montrent en même temps que des débris de poissons, de coquilles colossales et d'oiseaux. Outre les fougères et les algues des terrains primaires, les terrains secondaires montrent déjà des arbres de la famille des *conifères* (pins, sapins, cèdres), appartenant à des espèces perdues, ou représentées seulement par le genre *araucaria*, qui subsiste encore dans les montagnes du haut Chili. L'examen des terrains tertiaires, les moins anciens entre les terrains sédimentaires ou neptuniens, nous met en présence de toute une nature végétale et animale, nombreuse, variée, puissamment organisée, très-peu différente sous divers rapports de celle au milieu de laquelle nous vivons. Ce sont parmi les plantes, outre les fougères, les algues et les conifères, des palmiers, des broméliacées (ananas), et toute une flore fossile, analogue à la flore actuelle des contrées intertropicales. Parmi les animaux fossiles des terrains tertiaires, plus de ces êtres fantastiques sans analogues de nos jours; mais des représentants de presque tous les ordres d'animaux actuels, des mollusques, des crustacés, des poissons, des oiseaux, jusqu'à des insectes, qui semblent avoir vécu hier; puis de grands mammifères, presque semblables, sauf leurs dimensions beaucoup plus fortes, à nos éléphants, à nos hippopotames. Beaucoup d'entre ces animaux, actuellement éteints, sont revêtus, comme nos rhinocéros, d'une robuste cuirasse analogue à celle des *tatous* et des *pangolins* de l'Amérique du Sud. On en peut conclure que la période pendant laquelle ils ont vécu était sujette à des grêles formidables, ou bien que ces animaux si bien cuirassés devaient fréquemment nager dans des eaux chargées de débris qui les auraient écrasés sans la résistance de leur enveloppe, en même temps que cette enveloppe empêchait qu'ils ne fussent trop facilement la proie des grands animaux carnassiers.

C'est tout cet ordre de faits si curieux à étudier qui donne un intérêt particulier à la recherche des fossiles. La France est riche en dépôts de fossiles de tout genre. La butte Montmartre, actuellement comprise dans l'enceinte de Paris, recèle, dans ses carrières de plâtre, des ossements fossiles avec lesquels on a pu reconstruire des squelettes complets du genre *anoplo-*

térium, espèces de *tapirs* contemporains de l'époque des terrains tertiaires.

§ V. — Les volcans éteints.

Les terrains plutoniens n'ont, on le comprend, rien de semblable à nous montrer; les volcans et leurs débris refroidis excluent toute possibilité de vie animale ou végétale. Les traces qu'ils ont laissées n'en sont pas moins l'objet d'études du plus grand intérêt, d'autant plus que, si le nombre considérable des volcans éteints, dont les montagnes d'Auvergne contiennent au moins quarante parfaitement reconnaissables, atteste la diminution des phénomènes plutoniens à la surface de la terre, ces phénomènes se reproduisent néanmoins assez fréquemment aux deux extrémités opposées de l'Europe, en Islande et en Italie, et les éruptions volcaniques ont encore dans plusieurs contrées du globe des proportions désastreuses.

Les laves et les basaltes sont les produits les plus remarquables des volcans éteints. Les laves, ainsi que les cendres et les scories de ces volcans, ne diffèrent pas sensiblement des mêmes produits de l'Hécla en Islande, de l'Etna, du Vésuve et du Stromboli en Italie. Il n'en est pas de même des basaltes, qu'on ne voit plus se reproduire sous nos yeux, dans les terrains plutoniens. Au milieu de terrains d'origine évidemment volcanique, se dressent d'immenses colonnades formées de piliers à six faces régulièrement prismatiques. Tantôt ces piliers sont debout, serrés les uns contre les autres; tantôt ils se présentent penchés, disjoints, ou couchés horizontalement sur le sol. L'opinion la plus probable, c'est que la matière volcanique des basaltes, à l'état de fusion pâteuse, a pris une forme régulière par le refroidissement, comme on admet que se sont produits d'une manière analogue le cristal de roche et les autres cristaux dispersés dans les roches de diverses formations. En France, les terrains volcaniques de l'ancienne Auvergne, décrits et étudiés à la fin du dernier siècle par Faujas de Saint-Fond, offrent en plusieurs endroits de vastes colonnades et des chaussées de colonnes basaltiques renversées, qui sont au nombre des curiosités naturelles les plus remarquables de la France centrale.

§ VI. — Les cavernes.

On peut aussi classer parmi les faits géologiques, malgré le peu de place que ces substances occupent dans quelques crevasses des terrains calcaires, la formation incessante des *stalactites* et des *stalagmites*, qu'on rencontre dans les cavernes des terrains calcaires compactes. Quand le voyageur pénètre dans ces cavernes, le silence, l'obscurité, les difficultés qu'il éprouve à avancer à la lueur incertaine des torches, tout contribue à lui faire paraître immenses ces cavités souterraines. En réalité, les cavernes calcaires n'ont jamais, par rapport à la puissance des roches qui les renferment, qu'une étendue à peine comparable à celle de quelques fissures dans l'épaisseur d'une très-minime partie de l'écorce solide du globe : tout cela ne nous paraît grand que parce que nous sommes petits. Les *stalactites* sont formées de parcelles de carbonate de chaux déposées par les gouttes d'eau qui les dissolvent en suintant à travers les fentes de la roche; elles portent ce nom, quand elles sont attachées à la voûte et qu'elles pendent vers le sol. Les *stalagmites* sont formées de même et de la même substance ; elles ne diffèrent des stalactites que parce qu'elles ont leur base sur le sol de la caverne et qu'elles s'élèvent en pointe vers sa voûte. Les unes et les autres constituent un marbre très-dur, le plus souvent très-blanc, exploité sous le nom d'*albâtre,* dans plusieurs contrées de l'Europe, en raison de sa blancheur et de sa demi-transparence, pour fabriquer des lampes, des vases, des statuettes et divers objets d'ornement. Les grottes les plus renommées pour l'abondance et les formes bizarres de leurs stalactites et de leurs stalagmites sont : dans l'archipel Grec la grotte d'Antiparos, en Belgique la grotte du Han, et en France la grotte d'Arcis, dans la Côte-d'Or, l'une des plus curieuses et des plus spacieuses de l'Europe.

Cet aperçu de la géologie, dans l'état actuel de nos connaissances en histoire naturelle, suffit pour montrer tout l'attrait que peut offrir cette division de la science. La plupart des sociétés scientifiques des départements se sont appliquées à faire connaître à fond la géologie particulière de chacune de nos régions ; grâce aux travaux de ces sociétés, il reste peu de chose à découvrir, et l'on peut regarder comme à peu près complète la connaissance de la géologie de la France.

CHAPITRE II

MINÉRALOGIE

§ VII. — Le règne minéral.

Les minéraux, considérés dans leur ensemble, offrent une infinie variété de formes, de couleurs, de propriétés. Sans les substances que lui fournit le règne minéral, l'homme ne saurait donner un libre essor à son industrie; on peut, selon la remarque du savant Buckland, évaluer avec assez de précision le degré de civilisation d'un peuple rien qu'en observant la manière dont il sait utiliser les substances minérales. Parmi ces substances, deux des plus répandues, le *fer* et la *houille*, sont devenues de nos jours les éléments des transports rapides et les principaux agents de toutes les grandes industries. Dès la plus haute antiquité, l'homme a choisi dans le règne minéral l'*or* et l'*argent* comme signes représentatifs de toutes les valeurs. Les *pierres précieuses*, celles de toutes les substances dont la valeur de convention est la plus élevée sous le plus petit volume, appartiennent de même au règne minéral.

Les minéraux sont très-inégalement distribués dans les couches géologiques. Les uns, comme la *chaux*, le *sable*, l'*argile*, le *sel minéral*, le *charbon de terre*, se rencontrent en masses d'une grande puissance ; les autres, comme les *métaux précieux*, le *diamant*, le *rubis*, l'*émeraude*, le *saphir*, doivent leur prix excessif à leur extrême rareté. On rencontre parmi les minéraux le plus actif des poisons, l'*arsenic ;* la plus riche couleur rouge, le *vermillon ;* le bleu le plus parfait, le *lapis.* On y trouve, en outre, une foule de substances curieuses à divers titres, entre lesquelles il suffit de nommer l'*amiante,* fil minéral dont on peut faire des tissus que le feu ne détruit pas, et l'*aimant,* qui a doté le genre humain de la boussole, âme de la grande navigation.

§ VIII. — Classification minéralogique.

L'innombrable multitude de corps différents les uns des autres compris dans le règne minéral, est classée en grandes divisions assez nettement tranchées pour que leurs caractères ne puissent être confondus ; ces caractères sont puisés, les uns dans les formes des corps et leur aspect extérieur, les autres dans leur composition chimique, le plus souvent révélée, sans le secours de l'analyse, par les propriétés physiques des mêmes corps.

Les cinq grandes divisions du règne minéral comprennent : 1° les *pierres ;* 2° les *métaux ;* 3° les *combustibles ;* 4° les *sels ;* 5° les *terres.* L'*air* et l'*eau* se rattachent, dans une sixième division, au règne minéral, uniquement par l'impossibilité de les rattacher aux deux autres règnes, bien que ces substances, l'une gazeuse, l'autre liquide, n'offrent pour ainsi dire aucune analogie avec les minéraux proprement dits. Il est probable, en raison des explorations faites avec beaucoup de soin dans toutes les contrées où l'homme civilisé a pu pénétrer, que, s'il reste encore des minéraux à trouver, il en reste peu, et que les collections de minéralogie sont complètes, à très-peu de chose près. En France, les investigations les plus minutieuses doivent avoir laissé très-peu de place à des découvertes nouvelles. Il y a des départements, entre autres celui de la Loire-Inférieure, dont le chef-lieu possède dans son musée d'histoire naturelle des armoires vitrées représentant chacun des arrondissements et de leurs cantons. Sur les tablettes de ces armoires sont rangés tous les minéraux de chaque localité, de sorte que le visiteur qui étudie le contenu de ces armoires passe une revue complète des minéraux du département, avec l'indication exacte de leurs gisements respectifs. Si le même travail de classement était fait pour toute la France, aucun détail de sa richesse minérale ne pourrait être ignoré ; dans l'état actuel des choses, on peut regarder cette richesse comme suffisamment connue dans son ensemble, et exploitée partout où elle peut l'être.

§ IX. — Les pierres.

Tout le monde connaît les pierres, les unes dures à faire feu sous le briquet, comme les *cailloux de silex*; les autres friables, s'écrasant au moindre choc, comme les *moellons* et la *pierre de taille* commune, ou bien susceptibles d'acquérir par le frottement un beau poli, comme les *marbres*. Il y a autant de pierres différentes qu'il existe de roches géologiques et de variétés de ces roches ; qu'elles se présentent redressées, comme les pics granitiques des hautes montagnes; inclinées ou bien en couches horizontales superposées , comme dans les dépôts des terrains sédimentaires; bizarrement tourmentées par l'action du feu, comme les laves et les scories des volcans, ce sont toujours des pierres. Celles d'entre les pierres dont il est possible à l'homme de tirer un parti quelconque, sont exploitées dans des carrières, les unes à ciel ouvert, devant être comblées après leur complet épuisement, les autres en galeries souterraines formant, comme les grottes artificielles de Maëstricht et les catacombes de Paris, des dédales où, sans guide, il est impossible de ne pas se perdre : vestiges d'un travail d'extraction de matériaux de construction continué par une longue suite de générations successives.

Les pierres les plus répandues, celles qu'il importe le plus de bien connaître sont : le *granit*, le *porphyre*, le *calcaire*, le *gypse*, le *quartz*, le *grès*, la *meulière*, le *feldspath*, le *talc* et le *mica*.

Granit. — Quoique le granit soit partout uniformément la base de l'écorce solide du globe, il n'est pas partout sous la main de l'homme. En France, à l'exception des pays de hautes montagnes et des cinq départements de la presqu'île armoricaine (Bretagne), le granit se montre rarement à fleur de terre. Les deux principales variétés de granit, le *gris* et le *rose*, y sont également communes. Le granit, en raison de son excessive dureté, est difficile à tailler, et rarement employé pour la construction des édifices. Il n'en a pas toujours été ainsi. Avant la conversion des Gaulois au christianisme, les prêtres du culte druidique, à l'exemple de ceux de l'antique Egypte, adoptaient de préférence le granit pour leurs monuments grossiers ; les *dolmens*, *menhyrs*, *pierres levées*, et les célèbres avenues de Carnac, en Bretagne, sont de granit. Au moyen âge, beaucoup de châteaux forts, construits en granit, avaient une solidité telle que les ravages du temps et les efforts de l'homme ont été, pour ainsi dire, impuissants à les détruire, comme l'attestent encore les ruines imposantes du château de Clisson (Deux-Sèvres), dont un poëte a pu dire avec vérité :

> Sa masse indestructible a fatigué le temps.

A Nantes, l'une des tours du château des ducs de Bretagne, construite en granit, ayant servi temporairement de dépôt de poudre au commencement de ce siècle, la poudre prit feu, par accident, et la tour sauta; mais elle retomba juste à sa place, parfaitement d'aplomb, sans autre dommage que quelques dégâts intérieurs, et, sauf le chapitre des accidents, elle durera encore des siècles. On peut, par ces exemples, se former une idée de la solidité des constructions de granit.

Le granit gris de Cherbourg, le plus largement exploité de ceux de France, est débité en petits pavés employés sur une très-grande échelle au pavage des rues de Paris, en concurrence avec le grès; les fragments de la même pierre sont la base du meilleur empierrement pour les rues et routes à la macadam.

Porphyre. — Les gisements de porphyre sont rares, et parmi ceux qu'on connaît, dans nos pays de montagnes, bien peu sont dans des situations qui les rendent facilement exploitables. Le prix élevé des objets d'ornement, tels que vases, socles de pendule, consoles et dessus de meubles en porphyre, tient autant à la rareté de cette pierre qu'à sa beauté réelle, égalée par plusieurs marbres de France. Le porphyre, d'un rouge obscur, presque aussi difficile à travailler que le granit, prend un très-beau poli; il résiste mieux que les marbres les plus durs à l'action lente de l'humidité, et aux autres causes de dégradation que le temps amène à sa suite. C'est pourquoi les objets antiques en porphyre, retrouvés après vingt ou trente siècles , paraissent presque neufs.

CALCAIRE. — On désigne sous le nom de *pierres calcaires* toutes celles qui, soumises à l'action du feu (*calcination*), se convertissent en une substance caustique nommée *chaux*. La chaux est nommée *chaux vive* au moment où elle sort du four à chaux; lorsqu'on verse dessus de l'eau en quantité suffisante, elle s'échauffe, se fendille et se change en une poudre blanche; c'est alors la *chaux éteinte*, base indispensable du mortier pour toute espèce de constructions.

L'homme utilise une multitude de variétés de pierres calcaires. Les naturalistes nomment *oolithe* le calcaire grossier le plus commun; ce nom, tiré du grec, exprime la ressemblance de ce calcaire avec des œufs de poisson. L'oolithe fournit le moellon et la pierre de taille pour les constructions de toute sorte. Quoique très-friable, le calcaire grossier prend par son exposition à l'air une certaine solidité qui le rend assez durable. On augmente cette solidité en imprégnant les parties extérieures des édifices en pierre calcaire oolithique avec une solution concentrée de *silicate de potasse*, procédé connu et très employé de nos jours sous le nom de *silicatisation*.

On ne calcine le calcaire oolithique pour en obtenir de la chaux que quand on ne peut pas s'en procurer de meilleur. Plus la pierre calcaire est tendre, plus la chaux qu'elle donne par la calcination est de qualité inférieure ; le calcaire le plus compact est toujours celui qui fournit la meilleure chaux. On nomme *chaux grasse* celle qui, lorsqu'elle est éteinte, prend la forme d'une poudre blanche et absorbe beaucoup d'eau pour se convertir en mortier. On nomme *chaux maigre* celle qui, par la cuisson, devient d'un gris verdâtre ; elle n'absorbe qu'une faible quantité d'eau ; mais si elle est employée dans des constructions qui doivent séjourner sous l'eau, elle y acquiert avec le temps une grande solidité, ce qui lui a fait donner le nom de *chaux hydraulique*. La pierre calcaire qui fournit la chaux hydraulique n'est pas pure ; elle contient une dose plus ou moins élevée d'argile ; c'est ce qui en modifie les propriétés.

L'une des meilleures pierres calcaires pour les constructions est la *pierre de liais*, très-répandue en France ; cette pierre prend un poli qui approche de celui du marbre. La *pierre lithographique*, dont les applications à un genre particulier de gravure ont rendu justement célèbre le nom de *Senefelder*, est une variété de pierre calcaire qui se rapproche beaucoup de la pierre de liais.

La France abonde en marbres de toutes les nuances ; les plus belles carrières de marbre sont exploitées dans la partie française de la chaîne des Pyrénées. Dans le Nord et le Centre, l'un des marbres les plus usités est le marbre de *Sainte-Anne*, bigarré de noir et de blanc. Sur l'extrême frontière du Nord, on emploie fréquemment pour la décoration des églises le beau marbre belge de *Theux*, d'un noir pur, sans veines d'autre couleur. L'Italie est le pays qui fournit le plus de marbres de prix au reste de l'Europe ; on cite parmi les plus beaux marbres d'Italie, les *lumachelles*, le *jaune de Sienne* et le *blanc de Carrare*, le seul usité de nos jours comme marbre statuaire.

La *craie* est une des formes les plus communes du calcaire ; on rencontre des bancs puissants de craie grise et verdâtre; la craie blanche est seule utilisée comme blanc pour la peinture à la détrempe, sous le nom de *blanc d'Espagne*. Le meilleur blanc d'Espagne est préparé à Meudon (Seine) entre Paris et Saint-Cloud.

Gypse. — Le gypse, plus connu sous son nom vulgaire de *plâtre*, a, comme la pierre de taille et les marbres, la chaux pour base. Mais, dans le calcaire commun, les marbres et la craie, la chaux est unie à *l'acide carbonique*; dans le gypse, elle est unie à l'acide sulfurique. Lorsqu'on fait cuire le gypse pour le convertir en plâtre proprement dit, l'action du feu sépare la plus grande partie du soufre qu'il contient, en donnant lieu à un dégagement abondant de gaz acide sulfureux. On sait que le plâtre cuit forme avec l'eau une pâte qui se consolide rapidement au contact de l'air. Cette propriété du plâtre est utilisée pour enduire les murs et mouler toute sorte d'objets d'art. Le plâtre le plus fin et le plus estimé pour tous ses usages artistiques est celui de Mòntmartre ou de Paris. Les gisements de plâtre ne sont ni très-communs ni d'une grande étendue; quelque pays, entre autres la Belgique à nos portes, et les Etats du nord de l'Amérique de l'autre côté de l'Océan, sont totalement dépourvus de plâtre; c'est la France qui les en approvisionne; tout le plâtre employé à New-York et dans les autres villes du littoral américain est du plâtre de Paris.

Quartz. — Toutes les roches qui ont pour base la silice sont, à proprement parler, du quartz; mais on réserve ce nom pour une pierre généralement blanche, très-compacte, très-dure, d'un grain très-fin, qu'on trouve fréquemment seule ou associée à d'autres roches. En Californie et en Australie, c'est dans les roches de quartz brisées et entraînées par les eaux des rivières et des torrents qu'on rencontre les morceaux d'or natif désignés sous le nom de *pépites*.

Le *cristal de roche*, nommé par les naturalistes *quartz hyalin*, est le quartz à son plus grand état de pureté. Quand le quartz hyalin est coloré par divers oxydes de métaux qui, sans en altérer la transparence, le colorent en jaune, en vert ou en rouge, il ressemble à diverses pierres fines et constitue les pierres fausses, qu'on peut aussi imiter artificiellement, et qui, pour ceux qui ne s'y connaissent pas, produisent le même effet que les pierres fines. Le *strass* ou *caillou du Rhin* est du quartz hyalin très-pur, d'une transparence parfaite, brisé et roulé dans les eaux du Rhin et de ses affluents.

Grès. — Le grès est un assemblage de très-petits fragments de quartz, réunis par un ciment naturel. On connaît son usage, qui remonte en France au commencement du moyen âge, pour le pavage des routes et des rues des villes. Le grès, lorsqu'il se montre hors de terre, affecte des formes arrondies, mamelonnées, d'un effet très-pittoresque; telles sont en particulier les roches de la forêt de Fontainebleau (Seine-et-Marne). Souvent le grès de la meilleure qualité pour le pavage n'est point à découvert ; il s'étend en masses compactes d'une grande puissance, sous une couche mince de terre d'alluvion propre à la culture, et une seconde couche de *pierre meulière*. Telle est la position du grès débité en pavés dans le rayon de Paris, pour le service des rues et pour les routes qui aboutissent à la capitale. L'exploitation du grès répand dans l'atmosphère une poussière

siliceuse très-divisée, qui pénètre dans les voies respiratoires des ouvriers carriers, et leur fait contracter des maladies de poitrine ; bien peu d'entre eux
dépassent l'âge de quarante ans. Ce malheur pourrait
être prévenu, si les carriers occupés aux carrières
de pavés, au lieu d'y travailler toute l'année sans
interruption, voulaient s'astreindre à n'y travailler que
temporairement, et à faire alterner le travail malsain
des mines avec les travaux éminemment salubres de
l'agriculture. La ville de Paris, dans les carrières
de grès qu'elle fait exploiter en pavés pour son propre
compte, à Marcoussis (Seine-et-Oise), a commencé,
en 1861, à substituer en partie les machines au
travail de l'homme pour les opérations les plus péni-
bles de ce genre d'exploitation, ce qui a déjà sensiblement réduit le nombre et la gravité des maladies
de poitrine parmi les carriers ; quelques améliorations
dans ce sens placeraient les carriers qui exploitent
la roche de grès à peu près dans les mêmes conditions
de salubrité que ceux qui exploitent le calcaire grossier en moellons et en pierre de taille.

Meulière. — La *pierre meulière* est une roche
quartzeuse, de silex très-dur ; elle ne se présente
jamais extérieurement en rochers, comme le grès ;
elle forme des bancs qui, le [plus souvent, recouvrent
la roche de grès, et qui sont eux-mêmes recouverts par
une couche de terre végétale plus ou moins fertile.
Les naturalistes nomment la pierre meulière *silex ca-
verneux* ; son nom de *meulière* vient des meules de
moulin qu'on taille dans les bancs épais de cette pierre
à la Ferté-sous-Jouarre et à Bergerac. Il est à
regretter que les gisements de pierre meulière ne
soient pas plus communs en France : car la pierre

meulière est la meilleure de toutes pour les constructions qui, comme les quais et les égouts, sont continuellement en contact avec l'humidité.

FELDSPATH.—Cette pierre, presque aussi commune
que le quartz, a pour base l'alumine pure ; on trouve
assez fréquemment dans les hautes montagnes des
Alpes des cristaux de feldspath blancs, transparents,
ou diversement colorés, offrant une grande ressemblance avec le quartz hyalin. C'est au feldspath d'une
pureté parfaite, qui se montre alors en poudre d'une
blancheur égale à celle de la neige, qu'on doit la *terre
à porcelaine* ou **kaolin**. Il en existe des gisements
considérables dans le département de la Haute-Vienne,
notamment à Saint-Yrieix, dont l'exploitation alimente de matière première les fabriques renommées de
porcelaine de Limoges.

TALC. — Le talc s'offre souvent en lames demi-
transparentes, dont la composition est la même que
celle du gypse ou pierre à plâtre. On le rencontre
aussi, toujours peu abondant, sous forme de pâte
blanche assez consistante pour qu'on y puisse tailler
des crayons, connus sous le nom de *craie de
Briançon*.

MICA. — Le *mica*, encore moins abondant que le
talc, tire son nom du verbe latin *micare*, briller. Il
est formé de petites lames qui ont l'éclat de l'or ou de
'argent. En cet état, il constitue la poudre d'or, autrefois d'un usage général pour sécher l'écriture ; le mica
en poudre se trouve en très-grande quantité aux îles
d'Hyères, voisines de la côte du département du Var.
Dans le nord de la France, le mica se trouve souvent

associé au *schiste,* roche lamellaire dont la base est, comme celle du feldspath et du mica, l'alumine plus ou moins pure. C'est alors un *mica-schiste,* ou *schiste micacé,* dont une variété est utilisée pour le polissage des aiguilles. On enferme dans des tiroirs les aiguilles à polir avec des fragments de mica-schiste par lits alternatifs ; le tout est arrosé d'huile ; puis, on imprime aux tiroirs un mouvement de va-et-vient qui force les aiguilles à rouler continuellemeut sur les morceaux de schiste imbibés d'huile ; au bout d'une heure, le poli des aiguilles est parfait.

§ X. — Les pierres précieuses.

La valeur élevée que l'homme a attribuée dès la plus haute antiquité à certaines pierres brillantes, comprises sous la dénomination générale de *pierres précieuses,* a surtout pour cause leur excessive rareté. Les pierres précieuses sont classées dans deux sections, dont la première comprend seulement le *dia·mant,* la *topaze,* l'*émeraude* et le *corindon,* qui sont les *pierres fines* à proprement parler. La seconde section comprend les pierres de moindre valeur, la *turquoise,* le *grenat,* l'*agate* et la *lazulite.*

PIERRES FINES. — Ces pierres, aussi désignées dans leur ensemble sous le nom de *pierreries,* sont ou des corps simples cristallisés, parfaitement purs, comme le diamant, lequel n'est que du charbon à l'état de cristal, ou des corps simples associés à une très-faible quantité d'une matière colorante, qui n'en altère pas la transparence. Lorsqu'on se rend compte de la réunion des circonstances nécessaires pour la formation naturelle des pierres précieuses, on comprend sans peine les causes de leur rareté, qui, comme on l'a dit, contribue bien plus que leur éclat et leur beauté réelle à en déterminer la valeur.

L'homme parviendra-t-il à faire du diamant, c'est-à-dire à contraindre le charbon à prendre la forme cristalline? Cela est probable; il y a même lieu de croire que quelques chimistes ont déjà obtenu ce résultat, mais avec tant de frais et sur des quantités tellement minimes, que ce genre de production n'est point entré dans sa période industrielle. Toutefois, de nos jours, un chimiste du premier ordre, M. Ebelmen, a fait de toutes pièces le *rubis*, variété du corindon, l'une des pierres fines dont la valeur arbitraire approche le plus de celle du diamant. Cette opération remarquable a été réalisée dans le laboratoire de la manufacture de porcelaine de Sèvres. Les rubis faits par M. Ebelmen sont parfaitement identiques avec le vrai rubis naturel d'Orient; les lapidaires les plus expérimentés n'ont pu saisir entre ces deux pierres la plus légère différence; les horlogers les plus habiles ont employé les rubis artificiels de M. Ebelmen à la fabrication des montres de prix et des chronomètres, les prenant pour des rubis véritables. Si la chimie est parvenue à fabriquer l'une des pierres les plus précieuses, il n'y a pas de raison pour ne pas croire que l'on parvienne, dans un temps donné, à les reproduire toutes; la chimie n'a évidemment à faire pour cela qu'un effort, qui ne paraît pas au-dessus de ses forces. En attendant, les pierreries qui existent en la possession des familles princières et des têtes couronnées représentent un grand nombre de millions, valeur fictive absolument sans emploi.

DIAMANT. — Il n'y a que les lapidaires de profession et les connaisseurs les plus exercés qui soient capables de distinguer le vrai diamant du diamant faux à première vue. A la grande exposition universelle de Paris, en 1855, figuraient des représentations en pierres fausses des diamants de la couronne de France, d'Angleterre et des principaux Etats de l'Europe ; le public les considérait avec admiration ; il n'a su que plus tard que les véritables diamants n'avaient pas été déplacés. A part sa valeur de convention, le diamant n'est pas tout-à-fait sans utilité; il possède la propriété de couper nettement le verre. Tout vitrier doit être muni d'une pointe de vrai diamant adaptée à un manche, avec lequel il coupe les carreaux de vitre de la grandeur voulue, sans risquer de les briser; c'est la seule application utile de cette pierre précieuse.

L'Inde orientale, spécialement les provinces de Golconde et de Visapour, et le Brésil, dans la province de Minas-Geraës, sont les deux contrées de l'univers où l'on trouve le plus de diamants. Il n'est pour ainsi dire pas d'années où ces deux pays n'envoient à l'Europe des diamants d'un volume tel, que la fortune d'un empire ne suffirait pas à les payer ; après examen, on reconnaît bien vite que ce sont des pierres fausses. Il y a près d'un siècle qu'il n'a été trouvé de diamant d'un volume réellement extraordinaire ; si l'on en trouvait, qui les achèterait? Les souverains de l'Orient, autrefois très-amateurs de pierreries, sont ruinés; ceux d'Europe ont à faire d'autres dépenses plus utiles ; tout diamant d'une valeur qui dépasse 50,000 francs est difficile à placer.

Topaze. — Le Brésil, la Sibérie, la Saxe et l'Inde orientale sont les pays où l'on rencontre le plus de topazes, toujours dans le granit, le mica-schiste ou le grès. Cette pierre est jaune, d'une transparence parfaite, d'un éclat comparable à celui du diamant, mais d'une dureté beaucoup moindre. Les topazes les plus transparentes, du jaune le plus franc, sont les plus estimées. On en trouve de toutes les nuances de jaune, depuis le jaune paille jusqu'au jaune orange; les belles topazes d'Orient sont toutes jaune soufre ou jaune citron. La topaze est sans usage en dehors de son emploi comme objet d'ornement; c'est celle de toutes les pierres fines dont la valeur de convention est la moins élevée.

ÉMERAUDE. — La véritable émeraude, d'un vert franc, d'une transparence parfaite, est une des pierres précieuses les plus recherchées. Sa dureté est inférieure à celle de la topaze, par laquelle elle est rayée, tandis que l'émeraude ne peut rayer la topaze. On trouve l'émeraude dans les mêmes terrains que la topaze, dans l'Inde, en Sibérie et au Brésil; on en trouve aussi de fort belles dans les montagnes du pays de Saltzbourg, province de l'empire d'Autriche. On trouve quelques émeraudes en France, spécialement dans la Haute-Vienne; mais elles sont de peu de valeur. La variété d'émeraude dont la couleur est comme indécise entre le vert et le bleu est connue des lapidaires sous le nom d'*aigue-marine;* elle est fort estimée, quoique son prix soit un peu inférieur à celui des belles émeraudes fines d'Orient :

CORINDON. — Le corindon est la plus dure de toutes les pierres précieuses, après le diamant; il les raye toutes, même la topaze ; mais il est rayé lui-même par le diamant. On connaît trois espèces de corindon: le *saphir,* d'un beau bleu, qui ne se trouve que dans l'Inde orientale ; l'*améthyste*, d'un ton lilas clair, plus commune et moins chère que le saphir, et le *rubis*, d'un rouge vif, le plus cher et le plus estimé des corindons. Le plus rare entre les rubis est celui d'Orient, d'un rose très-légèrement teint de violet ; il est connu sous le nom particulier de *rubis balais*. On trouve d'assez beaux rubis dans les terrains d'alluvion et le gravier des torrents de plusieurs cantons du centre de la France, spécialement dans la Haute-Loire ; mais ils ont rarement assez de volume pour que leur valeur soit considérable. On les utilise, ainsi que les autres espèces de corindons, pour les pièces à frottement de l'horlogerie et des instruments de précision à l'usage de la physique.

Le rubis est la première des pierres précieuses que la chimie ait réussi à reproduire parfaitement identique avec la même pierre naturelle.

PIERRES PRÉCIEUSES DU SECOND ORDRE.—TURQUOISE.— Cette pierre précieuse est opaque, d'un bleu clair, susceptible d'un très-beau poli ; sa dureté n'approche pas de celle des pierres fines de la section précédente. Les pierres qu'on trouve dans le commerce sous le nom de turquoise sont de deux qualités très-différentes, ce qui tient à leur origine. La *turquoise pierreuse* est une vraie pierre, contenant du phosphate de cuivre auquel elle doit sa couleur ; on la trouve en morceaux quelquefois assez volumineux dans certains cantons, au sol calcaire mêlé de cuivre phosphaté, de l'Inde orientale et de la Perse. La *turquoise osseuse* n'est autre chose que l'émail des dents de plusieurs animaux fossiles, minéralisé et coloré par une petite quantité de phosphate de fer. On trouve en assez grande quantité, mais en fragments généralement peu volumineux, cette espèce de turquoise en Russie, où les bijoux communs de turquoise sont fort recherchés, et en France dans le département du Gers. Le prix de la turquoise osseuse est à peine la moitié du prix de la turquoise pierreuse ; c'est pourquoi l'on a jusqu'à présent négligé en France de la rechercher dans les terrains qui doivent en contenir des gisements assez abondants.

GRENAT. — Le grenat se rencontre en France et en Italie, dans les terrains schisteux, et dans quelques terrains volcaniques anciens. Il se présente en cristaux d'un rouge obscur, demi-transparent. Il est utilisé pour objets de parure d'une valeur médiocre. Les grenats d'Orient, sans être d'un grand prix, sont cependant plus beaux et un peu plus chers que ceux d'Occident. L'*escarboucle*, qui joue un si grand rôle dans les contes fantastiques des Orientaux, et à laquelle les peuples de l'Asie attribuent un éclat et des propriétés qui n'ont jamais existé que dans l'imagination de leurs conteurs, n'est en réalité qu'un grenat, d'un rouge plus clair et un peu plus brillant que les autres ; on trouve cette pierre dans le Pégu, province de la presqu'île de l'Indo-Chine.

AGATE. — L'agate, l'une des moins précieuses entre les pierres utilisées comme objets d'ornement, prend les noms de *cornaline*, de *calcédoine*, de *sardoine* et d'*onyx*, selon la diversité de ses nuances ; ce n'est en réalité qu'un silex (pierre à fusil), un peu plus élégant que les cailloux communs, dont elle a la composition. La mode des agates montées en bagues et en cachets est à peu près passée. On trouve des agates en France parmi les cailloux roulés de tous les terrains anciens d'alluvion ; elles n'ont pas assez de valeur pour être recherchées, si ce n'est des amateurs de collections minéralogiques. Néanmoins les agates onyx, d'un beau volume, qu'on peut sculpter en camées ou façonner en divers objets d'ornement, ont encore une certaine valeur ; on en trouve de fort belles dans la partie française des Alpes et des Pyrénées.

LAZULITE. — Cette pierre, aussi désignée sous les noms de *lapis lazuli* et de *pierre d'azur*, est commune dans toute l'Asie Mineure et dans plusieurs provinces de la Perse ; elle s'y trouve en pierres ou concrétions, sous forme régulière. Cette espèce de lazulite est la moins chère, bien qu'elle soit toujours rare dans le commerce. La plus belle espèce, deux ou trois fois plus chère, est en cristaux d'un très-beau bleu ; on ne la trouve que dans les mines de la Sibérie ; elle y est très-rare, et il est difficile de s'en procurer. On fabrique avec la lazulite divers bijoux, surtout des colliers et des bracelets d'un bel effet. Les rognures, traitées par des procédés chimiques, fournissent à la peinture artistique un bleu très-beau et surtout très-durable, connu dans les arts sous le nom de *bleu d'outre-mer*. La rareté et la cherté de ce bleu ont provoqué de nombreuses tentatives pour le remplacer. On doit au baron Thénard l'*outre-mer de cobalt*, presque aussi beau et plusieurs fois moins cher que l'outre-mer de lazulite.

§ XI. — Les métaux.

Les métaux, soit purs à l'état *natif*, soit combinés avec l'oxygène à l'état d'oxydes, soit associés au soufre ou à d'autres substances, tiennent une place importante dans le règne minéral ; ils sont au nombre des minéraux les plus remarquables et les plus utiles à l'homme. C'est ici le lieu de bien définir le sens propre des deux termes vulgaires *minéral* et *minerai*. Toute substance quelconque, métallique ou non, dès qu'elle appartient au règne minéral, est un *minéral*. Mais si cette substance contient un métal utile quelconque, en quantité suffisante pour qu'il soit possible de l'exploiter, c'est un *minerai*.

Parmi les nombreux métaux connus, décrits et classés par les minéralogistes, on en peut signaler dix-sept qui jouent un rôle plus ou moins important dans l'industrie humaine : ce sont l'*or*, l'*argent*, le *platine*, l'*aluminium*, le *cuivre*, l'*étain*, le *fer*, le *plomb*, le *zinc*, le *nikel*, l'*antimoine*, le *bismuth*, le *mercure*, le *chrôme*, la *manganèse*, le *cobalt* et l'*arsenic*.

OR. — L'or, jusque dans les temps tout à fait modernes, s'est constamment trouvé en quantités très-limitées à la portée de l'homme; sa rareté, autant que son éclat et son inaltérabilité, l'ont fait adopter, presque dès la naissance des sociétés humaines, en concurrence avec l'argent, comme signe représentatif de toutes les valeurs.

On sait combien l'or fut rare dans l'antiquité et durant tout le moyen âge. Les mines d'or exploitées du temps des Romains dans les Pyrénées , ont cessé de l'être depuis que les quantités extraites ont cessé d'avoir assez de valeur pour couvrir les frais d'exploitation. L'or devint subitement commun en Europe à l'époque de la Renaissance, qui fut aussi celle de la découverte du nouveau monde , où l'or et l'argent étaient et sont encore extrêmement abondants, comparativement à leur rareté dans l'ancien continent.

On trouve encore un peu d'or en France dans le lit de quelques rivières qui descendent des Pyrénées, particulièrement dans les sables de l'Ariége, qui donne son nom à l'un de nos départements du Midi. Mais la quantité en est si minime qu'elle ne vaut pas la peine d'être recherchée. Les chercheurs de pépites d'or dans les sables de l'Ariége gagnent à peine à ce métier 1 fr. 50 à 2 fr. par jour.

Depuis que l'éveil a été donné de nos jours par les succès des chercheurs d'or de la Californie, au lieu de reprendre les travaux des anciennes mines d'or du Mexique et du Pérou, l'on s'est mis à chercher de nouveaux dépôts aurifères plus riches et plus faciles à utiliser. L'Australie et l'île de Vancouver, sur les bords de la rivière Fraser, près de la côte ouest du continent de l'Amérique du Nord, sont jusqu'à présent les deux pays qui ont mis, après la Californie, le plus d'or en circulation. On a trouvé depuis des mines qui semblent très-riches, dans les colonies françaises de Cayenne en Amérique et du Sénégal en Afrique ; enfin dans les montagnes du centre de la presqu'île armoricaine en France, des gisements aurifères dont la richesse n'est pas encore appréciable viennent d'être reconnus. Au moment où la Californie, qui a déjà extrait de ses *placers* pour plus de *deux milliards d'or*, a commencé à verser son or dans la circulation, de sérieuses alarmes se sont répandues dans plusieurs pays de l'Europe, en Hollande entre autres, où l'on a cessé de frapper de la monnaie d'or, dans la persuasion que ce métal ne tarderait pas à être complétement déprécié. Ces craintes ne se sont pas réalisées : l'or de la Californie, de l'Australie, de la rivière Fraser, continue à affluer en Europe, et la valeur de l'or n'en a pas été sensiblement altérée.

L'or parfaitement pur est trop mou pour être facilement converti soit en monnaie, soit en bijoux ; la loi admet pour la monnaie un dixième d'alliage ; l'or des monnaies en France est donc au titre de 900 millièmes ; 1 kilogr. de pièces d'or ne contient que 900 gr. d'or pur ; 1 kilogr. de bijoux n'en contient que 800 grammes ; l'or de bijoux est au titre de 800 millièmes.

ARGENT. — L'argent, relativement à sa valeur, est moins répandu de nos jours que l'or dans la circulation monétaire; non pas qu'il soit rare à la surface du globe : il est au contraire très-commun au Mexique, au Pérou et dans plusieurs pays de l'ancien continent; mais au lieu de s'offrir le plus souvent, comme l'or, à l'état natif, l'argent ne se montre guère qu'associé au plomb et au soufre, sous forme de sulfure de plomb argentifère. Les opérations nécessaires pour extraire l'argent de ce sulfure, dans des pays où la main d'œuvre est rare et très-chère, rendent l'exploitation des mines d'argent très-dispendieuse. La France en possède quatre, d'un produit peu important, dans les montagnes d'Auvergne. Les pays de l'Europe les plus favorisés quant aux mines d'argent sont la Norwége , la Saxe et la Carinthie en Autriche.

De même que l'or, l'argent parfaitement pur est trop mou pour être facilement travaillé; il faut lui associer pour les monnaies un dixième de cuivre. La vaisselle d'argent dite *vaisselle plate*, qui retirait autrefois d'énormes masses d'argent de la circulation monétaire, n'est pour ainsi dire plus en usage que chez les princes et dans les maisons les plus opulentes, depuis que, par le procédé de la galvanoplastie (procédé Ruolz), on fabrique de la vaisselle argentée aussi durable et d'un aussi bel aspect que l'ancienne argenterie massive.

Platine. — Les Espagnols, qui ont les premiers fait connaître le platine, trouvé par eux dans les mines de métaux précieux du sud de l'Amérique, lui avaient donné le nom de *platina* (petit argent), regardant ce métal comme une espèce d'argent de qualité inférieure. Mais le platine, d'un blanc gris, d'une nuance peu différente de celle de l'étain, n'a rien de commun avec l'argent ; son inaltérabilité est égale à celle de l'or, auquel il est supérieur en dureté. Les principaux gisements de minerai de platine, qu'on ne trouve presque jamais à l'état natif, sont dans les provinces des rives de la Plata en Amérique, et dans les monts Ourals en Sibérie. La Russie n'exploite ses mines de platine qu'avec de grands ménagements, afin de n'en pas trop diminuer le prix. Elle a tenté, mais en vain, à plusieurs reprises, de fabriquer et de mettre en circulation de la monnaie de platine. Cette monnaie est fort belle ; elle s'use et se ternit moins vite que les monnaies d'or et d'argent. Malheureusement le platine est une marchandise sujette à tant de fluctuations dans ses prix, que le gouvernement russe n'a jamais pu lui donner la fixité de valeur indispensable à une monnaie légale ; il a dû y renoncer.

Le platine rend de grands services à l'industrie des produits chimiques ; pour la fabrication des acides il a toutes les qualités du verre et n'en a pas la fragilité. Aussi, malgré le prix élevé du platine, tous les appareils à l'usage des fabriques d'acides sont doublés de feuilles de ce métal. On prépare avec les fils très-minces de platine enchevêtrés confusément l'*éponge de platine*, très-usitée pour les expériences les plus délicates de la physique et de la chimie.

Aluminium. — Ce métal, le plus récemment décou-

vert de tous les métaux usuels, est néanmoins le plus
répandu dans la nature : car il est la base de l'alumine
ou argile, substance qu'on trouve partout en France et
en Europe, en quantités illimitées. Depuis 1827, année
où l'aluminium fut trouvé par Wholer, jusqu'en 1854,
où ses procédés d'extraction furent perfectionnés et sim-
plifiés par M. Deville, l'aluminium fut complétement
oublié. Aujourd'hui il entre à peine dans sa période
industrielle, comme matière première, pour un genre
particulier de bijouterie ; mais c'est probablement le
métal qui a le plus d'avenir. D'abord, il n'y a pas besoin d'en chercher les mines ; le minerai d'aluminium,
c'est l'argile ; il y en a partout, on marche dessus. Ensuite, ce métal joint à l'éclat et à l'inaltérabilité de l'argent une force de résistance supérieure , et une légèreté
telle qu'avec 1 kilogr. d'aluminium on peut fabriquer
autant de couverts ou d'autres objets usuels qu'avec
4 kil. d'argent. La pesanteur spécifique de l'aluminium,
sans nuire à sa solidité, est à peine celle du verre. Enfin, et c'est là au point de vue pratique son principal
avantage, ce métal peut être façonné à l'état de pureté,
sans avoir besoin d'un alliage de cuivre, comme l'or et
l'argent. Il s'ensuit que , si la meilleure argenterie,
tenue avec négligence, peut donner lieu à du vert-de-
gris, par conséquent à des cas d'empoisonnement, l'aluminium, exempt d'alliage, offrira toutes les garanties
désirables de salubrité, quand il sera devenu assez
commun et d'un prix assez modéré pour qu'on en
puisse faire de la vaisselle et des ustensiles de cuisine
à l'usage de tout le monde.

Cuivre. — Quoique le cuivre soit d'un usage universel dans les arts et dans l'industrie, il n'est commun
nulle part à la surface du globe. Les mines de cuivre

ne sont abondantes que dans l'Amérique du Nord, où le cuivre se trouve fréquemment à l'état natif, et en Norwége, où le cuivre allié au soufre (sulfure de cuivre) est exploité sur une très-grande échelle. Les mines de cuivre des monts de Kolen, en Norwége et en Suède, fournissent à l'Europe la plus grande partie du cuivre dont elle a besoin. Le cuivre pur est d'un beau rouge ; mais il est si facilement oxydable au contact de l'air humide, qu'il ne tarde pas à s'y couvrir d'un oxyde vert, connu sous son nom vulgaire de *vert-de-gris*, l'un des poisons les plus dangereux. C'est pourquoi la batterie de cuisine en cuivre a besoin d'un étamage fréquemment renouvelé. Le cuivre s'allie facilement au zinc et à l'étain. L'alliage de cuivre et de zinc est le *cuivre jaune*, ou *laiton*, moins cher que le cuivre rouge, aussi sujet que celui-ci à se couvrir de vert-de-gris. Le cuivre allié à l'étain constitue le *bronze* ou *airain,* dont on fait les canons, les cloches et une foule d'objets d'art. Les peuples primitifs, longtemps avant de se servir du fer, fabriquaient avec le cuivre et ses alliages leurs armes et leurs outils. Les anciens peuples à demi civilisés du Mexique et du Pérou, qui ignoraient les usages du fer avant leurs rapports avec les Européens, savaient *tremper* le bronze et lui donner une dureté qui leur permettait d'en fabriquer d'assez bons outils pour tailler et sculpter la pierre dure. L'alliage de cuivre et d'étain constitue en Europe la monnaie dite de cuivre ou de *billon*, d'un usage indispensable pour tout le commerce de détail. La pesanteur spécifique du cuivre est égale à neuf fois celle de l'eau ; c'est donc un métal à la fois lourd, malsain, d'une odeur pénible, que l'aluminium paraît destiné à détrôner avant peu. Cependant le cuivre est très-recherché ; l'exploitation des mines de cuivre est pour les pays du Nord une source de grande richesse, et le cuivre, ainsi que ses divers alliages, a toujours une grande valeur.

ÉTAIN. — Les usages de l'étain sont très-multipliés , et son prix est plus élevé que celui des autres métaux communs, le cuivre seul excepté. L'étain est d'un gris bleuâtre, brillant dans les pièces neuves, mais terni en très-peu de temps par l'action de l'air. On vient d'indiquer les propriétés principales de son alliage avec le cuivre ; l'alliage de plomb et d'étain sert à souder les pièces de fer-blanc : aussi est-il connu sous le nom de *soudure des ferblantiers*. L'étain est rare dans le monde ; il ne se présente nulle part à l'état natif. Les mines d'étain du comté de Cornwall (Cornouailles), en Angleterre, fournissent au reste de l'Europe la plus grande partie de l'étain qu'elle emploie. Les anciens Phéniciens, longtemps avant l'ère chrétienne, exploitaient les mines d'étain des îles Sorlingues, connues des géographes grecs sous le nom d'îles de l'Etain (*Cassitérides*). Dans le département du Finistère, en Bretagne, on rencontre fréquemment des échantillons assez riches de minerai d'étain, en tout semblables à celui des mines de Cornouailles , et il est probable que des fouilles bien dirigées feraient découvrir dans cette partie de la Bretagne des mines d'étain assez abondantes pour être exploitées avec avantage. Quelques mines d'étain sont aussi exploitées en Saxe et en Bohême , mais leurs produits sont très-peu importants. Après les mines de Cornouailles , dont la richesse n'a pas diminué, bien qu'elles soient exploitées de toute antiquité, celles qui fournissent le plus d'étain sont celles de la presqu'île de Malacca, et celles de l'île de Bauca, dans le grand archipel Indien.

Fer. — On ne peut refuser au fer le premier rang parmi les métaux utiles à l'homme; c'est pourquoi beaucoup de naturalistes lui accordent le pas même sur l'or, dont la valeur est plus conventionnelle que réelle. Il serait superflu d'énumérer les innombrables usages du fer; on fait seulement remarquer que s'il sert à détruire les hommes, sous forme d'armes blanches et d'armes à feu, par compensation, il sert à les nourrir, sous forme de bêches et de socs de charrue. Le fer ne se trouve que par exception à l'état natif, toujours en petite quantité, sur quelques points seulement de l'Europe et de l'Amérique du Nord. On exploite une vingtaine d'espèces distinctes de minerais de fer, dont les plus remarquables sont le fer *spathique,* le fer *carbonaté terreux,* et le fer *oligiste.* Ce dernier existe en mines inépuisables dans l'île d'Elbe, où il est exploité de temps immémorial; il donne le meilleur fer de toute l'Italie.

On exploite le fer dans des appareils nommés *hauts-fourneaux,* où le minerai, mêlé à du charbon, est traité à une haute température, qui le fait couler sous forme de *fonte.* La fonte refroidie prend le nom de *gueuse ;* c'est un fer impur cassant comme du verre. Par une seconde fusion, la gueuse devient de la *fonte affinée ;* c'est alors du fer presque pur, encore plus ou moins aigre et cassant, mais pouvant néanmoins être converti en une foule d'ustensiles et d'objets usuels. La fonte soumise au travail du *martinet,* dans de vastes usines, devient le *fer forgé* ou fer proprement dit, dont on connaît les divers emplois. Passé sous le laminoir, il devient la *tôle ;* revêtu d'un enduit d'étain, *c'est le fer-blanc.* La Suède fournit le meilleur fer de l'Europe, le fer des îles Britanniques vient en seconde ligne, et celui de France, en troisième. Le fer combiné avec une

faible proportion de charbon, par divers procédés industriels, devient de l'*acier*, matière première des
outils de toutes les industries, et d'une foule d'objets
d'art. Le fer, à divers degrés d'oxydation, ou combiné
à divers acides, est la base de plusieurs médicaments
très-utiles, et de plusieurs sels, dont le plus employé est le *sulfate de fer*, ou vitriol vert, très-usité
pour la fabrication de l'encre et pour la teinture en
noir. L'une des formes naturelles les plus remarquables
du fer, est l'oxydule de fer nommé *aimant*, dont on
connaît les propriétés magnétiques, propriétés que
l'aimant peut communiquer au fer pur et auquel le
genre humain est redevable de la boussole.

PLOMB.— Le plomb est le plus mou et le plus fusible des métaux utiles; c'est aussi l'un des plus
répandus. On trouve les mines de plomb dans des
terrains primitifs, schisteux et calcaires compactes,
presque toujours uni au soufre. Les mineurs donnent
au minerai de plomb sulfuré le nom de *galène*;
presque toujours la galène contient des traces d'argent; quelquefois elle en contient assez pour que la
valeur de l'argent extrait de la mine couvre entièrement les frais d'exploitation du plomb, qui dans ce
cas ne coûte rien. Les deux principaux emplois du
plomb sont les balles d'armes à feu, et la fabrication
des tuyaux pour l'éclairage au gaz. Le plomb peut
aussi être laminé en feuilles minces employées à la
couverture des édifices; mais, depuis le commencement
de ce siècle, on a préféré pour cette destination le zinc
au plomb, qui charge trop la maçonnerie et se gerce
trop facilement. La valeur vénale du plomb est sujette
à de grandes fluctuations. En temps de guerre, la fabrication des balles en absorbe d'énormes quantités;

en temps de paix le plomb baisse de prix, et l'exploitation des mines de plomb se ralentit. C'est l'Angleterre qui exploite le plus de mines de plomb. Celles de Vedrin, près de Namur (Belgique), sont au nombre des plus riches de l'Europe. La France, bien qu'elle possède un assez grand nombre de mines de plomb, n'en extrait pas assez pour les besoins de la guerre et de l'industrie. Les oxydes de plomb connus sous les noms de *céruse*, *minium* et *massicot*, le premier d'un beau blanc, les autres d'un rouge feu, sont très-usités dans la peinture en bâtiment. Ce sont les émanations de ces oxydes de plomb, broyés et délayés dans l'huile de lin et l'essence de térébenthine, qui donnent lieu à la maladie connue sous le nom de *colique de plomb*, ou *colique des peintres*. L'industrie emploie des quantités importantes des mêmes oxydes de plomb pour la fabrication des glaces et des cristaux ; c'est en temps de paix l'un des principaux débouchés pour les produits des mines de plomb.

Zinc. — Quoique le zinc fût connu et utilisé de toute antiquité , principalement sous forme d'oxyde et de sulfate (vitriol blanc) pour l'usage médical, la grande importance industrielle du zinc ne remonte pas au delà des temps tout à fait modernes. Le zinc ne se rencontre jamais à l'état natif. Ses deux minerais exploités sont la *blende* (sulfure de zinc) et la *calamine* (silicate de zinc). La mine de calamine de la Vieille Montagne, sur la frontière de la Belgique et de la Prusse Rhénane, est celle qui fournit le plus de zinc à l'industrie européenne. Les mines de zinc nombreuses et riches que possède la France, principalement dans l'Ariége et dans l'Isère, ne sont exploitées que depuis 1846. Le zinc laminé est préféré au plomb

pour la couverture des toits ; il est moins pesant et se
gerce moins facilement sous l'action successive du
froid et de la chaleur. On fabrique avec le zinc laminé
une foule d'ustensiles d'un emploi très-commode. Le
fil de fer et la tôle revêtus de zinc prennent le nom de
fer galvanisé, et deviennent inoxydables au contact
de l'air humide. L'oxyde de zinc et ses diverses préparations, outre leurs usages médicaux, servent à faire
le *blanc de zinc*, rival du blanc de céruse ; ils produisent dans les feux d'artifice la lumière éclatante connue sous le nom de *feu de Bengale*.

NICKEL. — Le nickel est un métal blanc, qui possède
seul, après le fer, la propriété magnétique, c'est-à-dire
celle de pouvoir être aimanté par le contact d'un aimant. Il ne se montre jamais isolé ; il n'existe qu'associé
en assez faible proportion aux minerais d'autres métaux,
spécialement au fer, au plomb et au zinc. Le nickel,
demeuré longtemps sans usage, a été utilisé de nos
jours pour former avec le cuivre et le zinc, dans diverses proportions, les alliages nommés *maillechort,
métal anglais, aljénide*, compositions métalliques
blanches, difficilement oxydables, faciles à argenter
par la galvanoplastie, ce qui en a beaucoup étendu
les applications. Le gouvernement belge a émis, en
1862, une monnaie de nickel, consistant en pièces de
5 et de 10 centimes. Ces pièces neuves ressemblent
à des monnaies d'argent ; elles se ternissent vite au
contact de l'air.

ANTIMOINE. — Les préparations d'antimoine, médicaments énergiques, souvent dangereux, ont joué
longtemps un rôle important, aujourd'hui très-réduit

dans la pratique médicale contemporaine. Le métal pur, désigné jadis sous le nom de *régule d'antimoine*, n'a qu'un seul débouché : il forme avec le plomb l'alliage dont on fond les caractères d'imprimerie, ce qui lui donne une certaine valeur industrielle. La France possède, dans les montagnes de l'Auvergne et du Dauphiné, des mines d'antimoine exploitées seulement pour en extraire les quantités de ce métal nécessaires pour le service des fonderies de caractères.

BISMUTH. — Le minerai de bismuth ne se trouve qu'associé à ceux de plomb, d'argent et de cuivre, dans les mines de la Suède et de la Norwége. Il est sans usage à l'état métallique; mais son oxyde très-blanc sert à préparer le *blanc de fard*, et sa combinaison avec l'acide azotique (nitrate de bismuth) est d'un usage fréquent en médecine.

MERCURE. — Ce métal, sous plusieurs rapports, se rapproche sensiblement de l'argent; il s'en distingue surtout par la propriété qu'il possède, seul entre tous les métaux, de rester liquide à la température ordinaire, ce qui le rend propre à la construction des baromètres et des thermomètres. Il gèle à la température de 40 degrés centigrades au-dessous de zéro, de sorte que les thermomètres à mercure ne peuvent indiquer un froid plus intense que 40 degrés. Il n'existe pas en France de mines de mercure; les plus riches d'Europe sont celles d'Almaden en Espagne, et d'Istria dans l'empire d'Autriche. En Amérique, les mines de mercure de Guanca-Vélinca, au Pérou, sont au rang des plus riches du monde. Le mercure est surtout utile par la propriété qu'il possède de former des *amalgames* avec les métaux précieux, ce qui le rend indispensable pour l'exploitation des mines d'or et d'argent. Comme le mercure peut être évaporé par la chaleur, de même que tout autre liquide, après lui avoir fait absorber l'or et l'argent des minerais de ces métaux précieux, on distille l'amalgame : l'or ou l'argent reste pur dans l'appareil ; le mercure évaporé est recueilli pour servir à d'autres opérations semblables : c'est sa principale utilité. Le mercure uni au soufre est le *cinabre* ou *vermillon*, substance d'un beau rouge employé comme fard et pour la peinture artistique. La médecine fait fréquemment usage de diverses préparations mercurielles. Plusieurs industries, celle de la chapellerie entre autres, emploient la vapeur de mercure, non sans compromettre gravement la santé des ouvriers. Le mercure a été longtemps le principal agent de la dorure et de l'argenture sur métaux, industries meurtrières, dont les dangers ont disparu depuis que la galvanoplastie permet de dorer toute sorte d'objets sans employer le mercure comme intermédiaire.

CHROME. — De même que le bismuth, le chrôme est sans usage à l'état métallique ; mais ses diverses préparations fournissent à l'industrie un vert d'émeraude pour la coloration du verre et la fabrication des pierres fausses, et de très-beaux tons jaunes pour la teinture. Le jaune de chrôme est un des plus beaux de ceux dont dispose la peinture artistique. La France ne possède pas de minerai de chrôme ; on extrait l'oxyde de chrôme du minerai de *fer chrômé*, en le traitant d'abord par la potasse. Les sels de chrôme sont très-usités dans l'industrie moderne, et leur emploi s'étend de jour en jour.

MANGANÈSE. — Comme le métal précédent, le

manganèse est sans usage à l'état métallique; il est au contraire très-usité à celui de peroxyde, sous lequel on le rencontre communément en bancs d'une grande puissance. La France en possède des mines inépuisables, dont les plus riches sont dans les départements de Saône-et-Loire et de l'Allier; on extrait tous les ans environ 20 millions de kilogr. de manganèse des mines de France. Les usages du peroxyde de manganèse sont nombreux et variés. On s'en sert surtout dans les verreries pour décolorer le verre ou pour le colorer en violet, ce qui a fait surnommer cette substance le *savon des verriers*. C'est avec le manganèse qu'on obtient le dégagement de chlore, tant pour la désinfection de l'atmosphère intérieure des lieux habités que pour le blanchiment des tissus.

COBALT. — On ne rencontre nulle part le cobalt à l'état natif; il ne se trouve qu'associé au soufre ou à l'arsenic; il est difficile à réduire à l'état de métal pur, état sous lequel il est sans emploi. Les combinaisons diverses du cobalt sont très-usitées en industrie; elles donnent aux verreries le *verre bleu opaque* nommé *bleu de smalt* ou *bleu de cobalt*, et à la peinture, outre ce même bleu, un vert très-estimé. Le chlorure de cobalt donne une solution d'un rose très-pâle. Si l'on écrit avec cette solution des caractères qui cessent aussitôt d'être visibles, et qu'on chauffe ensuite la feuille de papier, les caractères reparaissent en bleu : c'est une des formes les plus usitées de l'*encre sympathique*. La France ne possède pas de mines de cobalt; presque tout le cobalt employé par l'industrie européenne provient des mines de cobalt arsenical du Harz, en Allemagne.

Arsenic. — Le nom de ce métal rappelle à la pensée le plus violent des poisons. L'arsenic du commerce, souvent employé comme mort-aux-rats ou pour la préparation d'un très-beau vert nommé *vert de Scheele*, est de l'acide arsénieux. On trouve l'arsenic, soit à l'état natif soit associé au soufre et au cobalt, principalement dans les mines du nord de l'Allemagne. Il n'y a pas de mines d'arsenic exploitées en France. Personne n'ignore les propriétés vénéneuses de toutes les préparations dans lesquelles entre l'arsenic. La présence de ce poison se trahit par la forte odeur d'ail qu'il répand lorsqu'on le projette sur des charbons ardents. La médecine fait usage avec succès de plusieurs préparations arsenicales.

Les métaux autres que ceux dont on vient d'esquisser les propriétés, sont ou complétement sans usage, comme l'*iridium*, le *rhodium*, le *palladium*, ou d'une excessive rareté, comme l'*urane* et le *tellure*. Quelques-uns, entre autres le *calcium*, métal présumé de la chaux, existent, de même que l'aluminium, en quantités inépuisables; mais la chimie n'a point encore réussi à leur donner la forme qui les rendrait applicables à l'usage de l'homme. Ils attendent leur tour et joueront peut-être un jour un rôle du premier ordre parmi les minéraux les plus utiles à l'industrie humaine.

§ XII. — Les combustibles minéraux.

La production artificielle de la chaleur est un des premiers besoins de l'homme, depuis le sauvage qui se sert du feu seulement pour faire cuire ses aliments jusqu'aux peuples les plus avancés en industrie, qui demandent au feu l'un de leurs plus puissants moyens d'action. Cela seul donne une importance du premier ordre aux minéraux qui possèdent la faculté de produire en brûlant la chaleur artificielle, et qu'on désigne pour cette raison sous le nom de *combustibles minéraux*. Ces combustibles sont la *houille*, l'*anthracite*, les *lignites*, les *bitumes* et la *tourbe*.

Houille. — La houille, aussi nommée *charbon de terre* ou *charbon fossile,* est le premier des combustibles minéraux. L'usage de ce combustible remonte à une époque fort reculée. Les Romains, dans les tranchées qu'ils avaient fréquemment occasion d'ouvrir pour leurs monuments impérissables, ont plusieurs fois rencontré des veines de charbon de terre, et tout porte à croire qu'ils en connaissaient l'utilité. Mais les besoins de ce temps-là n'étaient pas ceux du nôtre. Au xve siècle, un cardinal, envoyé par le Saint-Père pour affaires ecclésiastiques près du prince-évêque de Liége, rapporte, dans sa correspondance, l'étonnement qu'il éprouva, dit-il, « en voyant le clergé de Liége faire l'aumône aux indigents de la ville avec de *vilaines pierres noires,* dont ils emportaient des charges avec grands remercîments; ils s'en servent pour faire du feu. » La houille, à cette époque, était complétement inconnue en Italie. Ce sont les travaux des géologues et des minéralogistes des temps tout à fait modernes qui ont permis de se faire une idée exacte de la nature des dépôts houillers, de leur origine et de la manière dont ils se sont formés à l'intérieur de la terre. Le charbon fossile est dû à une végétation puissante, ayant vécu probablement dans une atmosphère plus chaude et plus humide que la nôtre. Des forêts ont été enfouies par l'affaissement du sol qui les portait, et recouvertes par des dépôts sédimentaires que nous retrouvons sous forme de grès et de schistes houillers. Le phénomène a dû se reproduire au moins à trois reprises différentes : car dans tous les *bassins houillers* actuellement exploités par l'homme, le travail des mineurs constate l'existence de trois couches de houille de différentes épaisseurs, que recouvrent trois étages de terrains houillers. A la partie supérieure des galeries, que les mineurs nomment *le toit*, on trouve dans les mines de houille des empreintes carbonisées, mais parfaitement distinctes, de fougères, de palmiers, d'araucarias, preuve incontestable de l'origine végétale du charbon de terre. La houille contient, outre le charbon, une substance inflammable, le *bitume*, dont la présence en quantité plus ou moins considérable détermine les caractères des différentes qualités de houille et leur valeur commerciale. Les deux principales variétés de charbon de terre sont la *houille grasse* et la *houille maigre*. La houille grasse, très-bitumineuse, brûle avec beaucoup de flamme et donne une chaleur intense; elle est principalement destinée aux chauffages industriels et à la production du gaz d'éclairage. La houille maigre donne par sa combustion moins de flammes, moins de fumée et une chaleur moins vive; on s'en sert de préférence pour le chauffage domestique.

Plusieurs des usages industriels de la houille, spécialement son emploi pour le chauffage des locomotives faisant le service sur les chemins de fer, exigent que la houille soit séparée de toute sa partie bitumineuse, soit par une demi-combustion, soit par la distillation en grand pour la production du gaz d'éclairage; elle passe ainsi à l'état de charbon pur, et prend alors le nom de *coke*. Dans les houillères, l'hydrogène, que la houille grasse ou maigre contient toujours en forte proportion, se dégage par un suintement continu, et se mêle à l'air respirable qui remplit les galeries des mines. Le mélange d'air respirable et de gaz hydrogène dégagé par la houille peut produire d'épouvantables explosions, malheureusement trop fréquentes, malgré l'emploi obligatoire de la lampe de sûreté inventée par Davy pour les prévenir. Le seul moyen réellement efficace d'empêcher le retour de ces explosions, qui font tous les ans tant de victimes, c'est d'assurer le renouvellement constant de l'air dans les galeries des mines, par un système de ventilation assez actif pour entraîner et chasser au dehors le gaz hydrogène à mesure qu'il se dégage. Les mineurs désignent la détonation du mélange d'air et de gaz hydrogène dans les galeries des houillères sous le nom de *feu grisou*, fléau qui donne lieu tous les ans à d'épouvantables catastrophes.

Les grands dépôts de charbon minéral que les géologues et les minéralogistes nomment *bassins houillers*, sont assez inégalement répartis sur les divers points de la terre habitable. En France, les bassins houillers les plus riches sont ceux de la Loire, et d'Anzin, dans le département du Nord. Les mines de houille les plus abondantes et les mieux exploitées dans le reste de l'Europe sont, en première ligne, celles de la Grande-Bretagne, et, en seconde ligne, celles de la Belgique, dont nos houillères d'Anzin ne sont que la prolongation.

ANTHRACITE. — L'anthracite est une variété de charbon fossile d'origine végétale, comme la houille ; elle en diffère surtout en ce qu'elle est absolument dépourvue de gaz hydrogène, et qu'elle ne contient pas de traces de substance bitumineuse : ce qui la rend très-difficile à allumer. On y parvient cependant en associant l'anthracite au bois sec ou à d'autres matières inflammables, et alors elle brûle sans flamme, mais en donnant une chaleur très-forte et très-prolongée. La France n'exploite pas de mines d'anthracite. Les principaux dépôts de ce charbon minéral sont dans l'Amérique du Nord ; on les utilise comme combustible, pour les usages industriels.

Lignites. — Les lignites ont la même origine que la houille ; mais ils sont, en général, de formation plus récente. Presque toujours, comme leur nom l'indique, les lignites conservent une apparence ligneuse qui permet de reconnaître la structure du bois dont ils sont formés. Le terrain qui recouvre les dépôts de lignites appartient toujours aux terrains tertiaires, c'est-à-dire aux terrains sédimentaires les moins anciens, imprégnés de matière bitumineuse, renfermant des coquilles d'eau douce et des ossements de grands mammifères antédiluviens. On rencontre des lignites qui, par leur apparence extérieure, ressemblent à la houille à s'y méprendre ; ils brûlent de même avec flamme ; mais leurs cendres ne sont pas mêlées de scories comme les cendres de houille : ce sont de véritables cendres de bois.

On distingue deux espèces de lignites, le *lignite pyriforme*, et le *lignite terne*. Le premier est celui qui ressemble le plus à la houille et qui donne le plus de chaleur par sa combustion ; le second brûle moins bien : il est rarement utilisé comme combustible, si ce n'est faute de mieux, pour cuire la chaux et les briques dans certaines localités. Les dépôts de lignites abondent en France·dans plus de vingt départements ; on utilise surtout ceux de la Moselle et de l'Aisne. Quand les lignites ne fournissent pas assez de chaleur pour servir de combustible, on en peut néanmoins tirer un excellent parti pour l'amendement des terres cultivées, soit en les brûlant pour les répandre sous forme de cendres, soit en les mêlant au fumier par lits alternatifs, sans les avoir préablement brûlés. L'industrie utilise une variété de lignites connue sous les noms de *jais* et de *jayet*. C'est une substance d'un très-beau noir, prenant un poli parfait, dont on fabrique des parures élégantes et d'un prix très-modéré.

BITUMES. — Les bitumes, longtemps dédaignés, mais employés en grand de nos jours à divers usages industriels, méritent d'être classés parmi les combustibles minéraux, à cause de leur nature essentiellement inflammable, bien qu'ils ne soient jamais employés, comme les combustibles minéraux proprement dits, à la production de la chaleur artificielle. Les bitumes sont les uns solides, les autres liquides. Le *bitume solide*, également connu sous le nom d'*asphalte*, est une sorte de goudron végétal, noir, fusible à la température de l'eau bouillante, doué d'une odeur aromatique qui lui est propre. Il en existe des dépôts très-abondants en France, dans toute la région de l'est, principalement sur les frontières de la Suisse. L'asphalte le plus estimé est celui de la mer Morte (*lac Asphaltite*), en Syrie, dans l'ancienne Judée. On s'en sert pour daller les trottoirs des rues des villes, les hangars et les passages des gares des chemins de fer ; à cet effet, on le mêle, tandis qu'il est en fusion, avec du gravier fin, qui en augmente la solidité et le rend plus durable.

Le *bitume liquide* est plus connu sous les noms de *naphte* et d'*huile de pétrole*. C'est un liquide le

plus souvent incolore, limpide , d'une odeur analogue
à celle de l'asphalte en fusion. Il n'existe pas en France
de source de naphte ; on y exploite seulement des
bancs de schistes bitumineux qui recouvrent les lignites ; ces schistes, soumis à la distillation, donnent une
variété de naphte connue dans le commerce sous le
nom d'*huile de schiste*. Le naphte ou bitume liquide,
quelle que soit sa provenance, est propre à alimenter les
lampes, comme toute autre huile à brûler ; seulement
il faut l'allumer avec précaution , sans quoi il s'en-
flamme avec explosion et peut donner lieu à des
accidents graves. La province de Parme, en Italie,
possède des sources naturelles inépuisables d'huile
de pétrole. On en exploite en Amérique des sources
d'une abondance à défrayer les lampes de toute
l'Europe.

TOURBE. — La tourbe est, comme les lignites, composée de la partie la plus charbonneuse des végétaux.
Au lieu d'appartenir à des arbres ou arbustes , elle
provient exclusivement de plantes herbacées vivant dans
l'eau, ou sur les terrains marécageux. La formation de
la tourbe ne se rattache à aucun des bouleversements
qui ont modifié la surface du globe et formé les dépôts
de houille et de lignite. Dans plusieurs pays habités ,
notamment dans la province hollandaise de la Frise ,
la tourbe se reforme incessamment dans les tourbières
les plus anciennement exploitées, qui peuvent ainsi
être soumises à une exploitation périodique. Les
plantes herbacées annuelles ou vivaces, dont les débris
accumulés forment la tourbe, sont préservées de la décomposition par l'eau qui les recouvre et par une acidité
d'une nature particulière, qui les empêche de pourrir.
On taille la tourbe en mottes cubiques qu'on laisse sé-

cher à l'air libre et qui brûlent ensuite avec peu de flamme, en donnant une chaleur douce très-durable, et une grande quantité de cendres, précieuses pour l'amendement des terres cultivées. De nos jours, la tourbe a donné lieu à une industrie nouvelle assez importante ; on la comprime, puis on la carbonise : elle est alors propre au chauffage domestique ou industriel, ce qui donne une grande impulsion à l'exploitation des tourbières.

La France, dans les départements du nord et de l'ouest, possède de nombreuses tourbières ; la tourbe de ces dépôts n'est pas partout assez riche en charbon pour qu'on puisse s'en servir comme combustible. Les tourbes les plus pauvres, mêlées avec une petite quantité de chaux, forment un excellent composé, spécialement propre à développer la force productive des terres rendues à la culture, après être restées longtemps à l'état de landes ou de bruyères. On voit que la tourbe est placée, pour ainsi dire, sur la limite du règne minéral et du règne végétal ; plus près du second que du premier : car même dans les tourbes les plus anciennes les végétaux sont si incomplétement décomposés que leurs fibres et leur contexture y sont parfaitement reconnaissables.

La classification minéralogique rattache à la section des minéraux *combustibles*, outre les corps ci-dessus décrits, le *soufre* et le *succin* ou *ambre jaune*, très-différents l'un de l'autre par leur nature, leur origine et leurs propriétés. L'une et l'autre de ces deux substances peuvent, en effet, brûler avec production de flamme et de chaleur ; mais il va sans dire que jamais on ne les utilise en qualité de combustibles.

Soufre. — Le soufre est un corps simple qu'on

trouve en grande quantité à l'état isolé, seulement dans le voisinage des volcans en activité. Ce sont les dépôts de soufre existant près de l'Etna et du Vésuve, en Sicile et dans l'Italie méridionale, qui fournissent à l'industrie européenne tout le soufre dont elle a besoin. Les environs du mont Hécla, en Islande, fourniraient aussi du soufre en quantités inépuisables ; mais la nature du climat de cette île et le chiffre minime de sa population, ne permettent pas d'y exploiter le soufre, non plus que les autres richesses minérales que doivent recéler ses montagnes. Les principaux usages du soufre sont la fabrication de la poudre de guerre et celle de l'acide sulfurique. Depuis l'invasion de la maladie de l'oïdium , qui attaque la vigne pendant la plus grande activité de sa végétation, le soufre en poudre (fleur de soufre) est employé avec succès en très-grande quantité, pour préserver les vignobles des atteintes de cette maladie. Le soufre est employé en onguent et en lotions contre plusieurs maladies de la peau , et en pastilles contre certaines affections de poitrine. La flamme de soufre en combustion est d'un bleu pâle ; elle produit des vapeurs d'acide sulfureux dangereuses à respirer; ces vapeurs sont employées avec succès soit pour arrêter la fermentation des vins et leur conserver la saveur sucrée du *moût* ou vin doux, soit pour faire disparaître certaines taches des étoffes de soie. Les eaux thermales de plusieurs localités, entre autres celles de Baréges dans les Pyrénées, doivent à la présence du soufre leur mauvaise odeur et leurs propriétés médicales. Ces propriétés compensent jusqu'à un certain point le mal que fait le soufre à la race humaine, comme l'un des éléments essentiels de la poudre à canon.

SUCCIN, OU AMBRE JAUNE. — C'est à tort, très-probablement, que le succin, également connu sous le nom d'*ambre jaune*, à cause de l'odeur ambrée qu'il exhale lorsqu'il est frotté ou chauffé, est rangé parmi les substances minérales. Tout semble, au contraire, lui assigner une origine purement végétale. Ce qui le prouve surtout, ce sont les insectes entiers ou les débris d'insectes que renferment fréquemment les morceaux de succin. On ne peut expliquer la présence de ces débris qu'en considérant le succin comme une gomme-résine, exsudée par un arbre d'espèce disparue, ayant fait partie de la flore du globe à l'époque du déluge ; il n'est pas rare, en effet, que des insectes se prennent dans les gommes exsudées par les arbres gommeux ou résineux de la flore actuelle. Le succin se trouve en assez grande quantité dans les dunes de sable des rivages de la mer Baltique, sur divers points du littoral de la Prusse et de la Suède. Il est en masses peu volumineuses, d'un beau jaune, le plus souvent limpides et transparentes, quelquefois troubles et laiteuses. On en fait des colliers, des bracelets et des porte-cigares, d'un prix toujours assez modéré. L'ancienne médecine faisait usage de diverses préparations de succin, actuellement abandonnées par la médecine contemporaine.

§ XIII. — Les sels.

Un grand nombre de sels prennent place dans la classification minéralogique ; tous ne sont pas également dignes de l'attention du naturaliste. Les uns n'existent qu'en très-petite quantité et ne se trouvent qu'en rares échantillons dans la nature ; les autres, comme le carbonate de chaux (pierre calcaire), et le sulfate de chaux (pierre à plâtre), ont trouvé leur place parmi les pierres ; d'autres enfin sont absolument sans usage, et n'offrent d'intérêt que pour remplir les cases d'une collection de minéralogie. Ces considérations réduisent à deux le chiffre des sels qu'il importe d'étudier : ce sont le *sel gemme* et l'*alun*.

Sel gemme. — La combinaison de chlore et de soude que les chimistes nomment *chlorure de sodium* et que tout le monde connaît sous les noms de *sel marin*, *sel de cuisine*, ou *sel*, sans autre désignation, n'existe pas seulement dans les eaux des mers, où l'homme va la prendre pour les besoins de sa cuisine et de son industrie. Le chlorure de sodium se rencontre aussi dans le sein de la terre, par masses égales ou supérieures en puissance aux roches les plus volumineuses : il prend alors le nom de *sel gemme*, en tout semblable au sel marin, quant à ses propriétés et à sa composition chimique. Il est assez difficile de se rendre compte de la manière dont certaines crevasses de l'écorce solide du globe ont pu se remplir de sel marin cristallisé : car le sel gemme n'est et ne peut être que du sel marin. Ces dépôts existent toujours très-loin de la mer ; ils sont une ressource inappréciable pour les populations de l'intérieur des continents : car le sel, outre qu'il est indispensable à l'homme comme assaisonnement de ses aliments, lui fournit la matière première du verre et du savon, deux produits industriels dont la consommation est, pour ainsi dire, illimitée.

L'exploitation des mines de sel gemme n'expose les mineurs à aucun des dangers qui les attendent dans la plupart des autres mines ; ce sont des masses d'une solidité à toute épreuve, dans lesquelles on taille sans

risque, en laissant de distance en distance le nombre
de piliers nécessaires pour soutenir la voûte. L'air à
l'intérieur de ces mines est sec et très-pur ; il ne s'en
dégage aucun gaz malsain à respirer, et les éboule-
ments y sont inconnus. Dans les mines célèbres de
Wielizka (Pologne autrichienne), au pied des monts
Krapacks, le sel exploité depuis des siècles semble
inépuisable. Des villages de mineurs ont été construits
au sein de ces immenses galeries ; il y a des gens qui
naissent, vivent et meurent ainsi sous terre, sans
jamais en sortir. Leur carrière est plutôt plus longue
que plus courte que celle du reste des hommes. La
France est bien partagée quant aux mines de sel
gemme ; celles de Dieuze, dans la Moselle, sont très-
bien placées pour dispenser les habitants de nos départements de l'est et du centre de la nécessité de
faire venir du sel de la Manche, de l'Océan ou de la
Méditerranée.

Quant au sel marin , origine incontestable du sel
gemme , comment se produit-il au sein des mers? C'est
là un des mystères de la nature dont l'homme n'a pas
pu jusqu'à présent pénétrer le secret. Toutes les mers
ne sont pas également salées : la mer Baltique est la
moins salée des mers intérieures du continent européen. On a bien des fois essayé d'introduire des huîtres
dans cette mer qui en est dépourvue ; ces tentatives
ont toujours échoué, et l'on a fini par s'apercevoir que
si l'huître ne vit pas dans la Baltique, c'est qu'elle n'y
trouve pas la dose de sel nécessaire à son existence.
En France, les salines qui fournissent le sel le plus
estimé sont celles de Guérande (Loire-Inférieure), sur
l'Océan, et celles d'Hyères (Var), sur la Méditerranée.

Alun — L'alun est, quant à sa composition chimique, un *sulfate double d'alumine et de potasse*. On le trouve tout formé, en masses composées de cristaux confus, dans les terrains volcaniques; il est exploité et livré au commerce, sans autre préparation; on le nomme *alun de roche*, à cause de son origine et de sa forme, et *alun de Rome*, parce qu'il est exploité en quantités importantes entre Rome et Civita-Vecchia. On exploite aussi, pour en extraire de l'alun, les *schistes aluniers* assez communs dans les Ardennes et sur les bords de la Meuse, dans la province de Liége (Belgique). Ces schistes ne contiennent pas l'alun tout formé à l'état natif; on l'en sépare au moyen du lessivage et on le soumet à divers procédés de purification, avant de le mettre dans le commerce. L'industrie emploie de grandes quantités d'alun, soit dans la teinturerie, pour aviver et fixer les couleurs, soit dans les fabriques de papier, pour l'opération du *collage*. Ni l'alun natif ni celui qu'on retire des schistes aluniers ne peuvent satisfaire aux demandes d'alun pour l'industrie; on en serait trop dépourvu sans les fabriques de produits chimiques où l'alun artificiel est préparé en quantités illimitées avec toutes les propriétés de l'alun naturel.

§ XIV. — Les terres.

Si l'on mentionne ici les terres, c'est uniquement pour se conformer à la classification minéralogique la plus généralement admise. Les substances minérales qu'on nomme vulgairement *terres* ne sont autre chose que des oxydes de métaux, dont une partie seulement a pu être jusqu'à présent obtenue à l'état de pureté; ou bien ce sont des mélanges de substances diverses, n'ayant entre elles aucun lien d'analogie, de composition, ni de propriétés. Quatre terres méritent d'être étudiées séparément, à cause du rôle qu'elles jouent dans l'industrie humaine; ce sont l'*argile*, la *marne*, le *tripoli* et l'*humus* ou *terreau*.

ARGILE. — L'argile pure, c'est l'alumine ou oxyde d'aluminium, dont la chimie contemporaine est parvenue à isoler le métal. (Voyez *Métaux*.) L'argile, l'un des corps les plus répandus à la surface du globe, s'y présente rarement pure; l'argile commune est un mélange de 30 à 40 parties d'alumine et de 25 à 30 parties de sable, avec le surplus d'eau; ces proportions sont d'ailleurs très-variables. On connaît les usages innombrables de l'argile commune pour la fabrication des tuiles, briques, carreaux, tuyaux de drainage; pour le moulage des objets d'art (*argile plastique*); pour la fabrication de la faïence (*terre de pipe)*; pour l'amendement des terres (*argile brûlée*); enfin, pour l'extraction du nouveau métal, l'aluminium. C'est une des matières premières dont l'industrie des premières sociétés a fait usage dès l'époque la plus reculée; c'est encore une de celles dont l'industrie des nations les plus civilisées pourrait le moins se passer.

MARNE. — La marne est un composé de trois oxydes métalliques, l'*oxyde de calcium* (chaux), l'*oxyde d'aluminium* (argile) et l'*oxyde de silicium* (sable). La marne, dont des dépôts très-abondants se rencontrent à peu près partout en Europe, soit à fleur de terre, soit à une faible profondeur dans le sous-sol, n'a qu'une seule application; mais cette application est d'une grande importance : elle sert à l'amendement des terres cultivables. Les effets utiles de la marne comme amendement sont d'autant plus prononcés qu'elle est plus riche en principes calcaires ; elle peut en contenir depuis 2 pour cent jusqu'à 70 pour cent. On distingue, d'après le principe qui domine dans leur composition, les marnes calcaires, argileuses, sableuses, toutes propres à l'amendement des terres cultivables de nature diverse. La marne employée sans discernement peut donner à la terre un excès passager de fertilité suivi d'une longue période de stérilité; de là le proverbe qui dit : « La marne enrichit les pères et appauvrit les enfants. » Cela n'est vrai que quand on abuse de la marne; quand on en use prudemment, le marnage des terres ne peut que développer et entretenir d'une manière permanente leur force productive.

Tripoli. — La roche nommée *tripoli*, de la régence de Tripoli, en Afrique, d'où cette substance minérale a été dans l'origine importée en Europe, est de la silice presque pure, puisqu'elle contient en moyenne 90 pour cent de son poids de silice. On l'emploie à l'état pulvérulent pour le polissage des objets d'ornement en or, argent, cuivre, ivoire et bois d'ébénisterie. On trouve des gîtes de tripoli dans les montagnes du Cantal et du Puy-de-Dôme. Le plus estimé vient des îles Ioniennes; il est connu dans le commerce sous le nom de tripoli de Venise. C'est une substance minérale peu abondante dans la nature, et d'un prix relativement assez élevé.

Humus ou Terreau. — On se rend difficilement compte des motifs qui ont pu faire admettre au rang des *terres*, et classer parmi les substances minéralogiques, le terreau, mélange d'éléments très-divers provenant de la décomposition des matières animales

4

et végétales, qui ne se présente presque nulle part à l'état isolé. Ce n'est que dans les régions désolées, inhabitées et inhabitables de la Sibérie septentrionale, dans la partie inférieure des bassins des grands fleuves qui ont leur embouchure dans la mer Glaciale, que le terreau couvre de vastes espaces, où les courtes chaleurs de l'été polaire ne lui permettent pas de dégeler à plus d'un ou deux décimètres de profondeur, et où, par conséquent, il ne peut alimenter aucune espèce de végétation. Le terreau du nord de la Sibérie rend seulement témoignage de la puissante végétation que la terre qu'il recouvre a dû porter pour le produire.

Ce qui donne au terreau une importance particulière par rapport à la race humaine, c'est que sans lui les terres sont complétement dépourvues de force productive. Ce sont les terres naturellement les plus riches en terreau qui produisent le plus; c'est pour maintenir leur approvisionnement en terreau qu'on est forcé de leur donner périodiquement du fumier, lequel, parvenu au dernier terme de sa décomposition, devient du terreau. C'est par le terreau provenant de la décomposition des débris de la végétation forestière, que les riches plaines de la Brie, de la Beauce et de la Normandie, couvertes de forêts après le dépeuplement, suite de l'invasion des barbares, sont devenues les terres les plus fertiles de la France, on pourrait dire, de l'Europe.

L'aperçu précédent sur les richesses minérales du globe n'en donne qu'une idée affaiblie; de nos jours, les distances sont supprimées par la rapidité des moyens de communication, l'activité humaine est surexcitée par des besoins inconnus aux générations précédentes; toutes les ressources offertes aux hommes par le règne minéral pour son industrie et ses moyens d'échange, sont exploitées ou vont l'être ; l'heure semble venir où il faut que l'homme prenne en même temps possession de toute la terre cultivable par le soc de la charrue, et de toutes les richesses du sous-sol, par la pioche du mineur.

§ XV. — L'air et l'eau.

Ces deux corps, aussi nécessaires l'un que l'autre à la vie végétale comme à la vie animale, ne sont assurément pas des minéraux ; mais il est impossible de leur donner place, soit dans le règne végétal, soit dans le règne animal ; et, comme néanmoins l'histoire naturelle ne peut se dispenser de les mentionner, la nécessité de les caser quelque part a fait adopter pour eux une place à la suite du règne minéral, auquel d'ailleurs ils se rattachent par des liens réels qu'il est utile de faire connaître.

Air. — L'air est cette enveloppe gazeuse qui, sous le nom d'*atmosphère*, entoure notre planète, et dont l'épaisseur moyenne est de 60 kilomètres environ. On sait que l'air, tel qu'il existe en contact avec nous à la surface du globe, est indispensable pour la respiration et la combustion. Il perd ses propriétés à cet égard en se raréfiant dans sa partie supérieure ; déjà sur les sommets des Alpes et des Pyrénées, en France, à une hauteur de 9 à 10,000 mètres, on respire péniblement, et il est difficile d'allumer du feu. La composition chimique de l'air est partout sensiblement de 23 parties d'oxygène et de 77 parties d'azote. Il contient, en outre, une petite quantité de gaz acide carbonique, et des traces d'ammoniaque. L'air n'est jamais parfaitement sec ; il contient tou-

jours une plus ou moins grande quantité d'eau en di
solution; on ne l'obtient tout à fait sec que dans le
laboratoires des savants; l'air complétement s
n'est pas respirable. Les rapports de l'air avec
règne minéral consistent à lui restituer incessammel
des parties solides incorporées dans les végétaux p
l'acte de la *respiration* de leurs feuilles et de toute
leurs parties vertes. Considérez un chêne séculair
ou un de ces ormes dont quelques-uns subsister
encore entre Montrouge et Bourg-la-Reine, qui furer
plantés l'année de la mort de Henri IV (1610)
supposez qu'un de ces arbres est abattu, dépecé e
converti en charbon, il en fournirait bien des cen
taines de kilogrammes. Ce n'est pas dans la terre
qui en contient à peine des traces, que ces vieux ar
bres ont puisé tout ce charbon; ils se le sont appropri
aux dépens de l'air, par la respiration de leurs feuilles
Or le même phénomène a lieu depuis que Dieu
décoré la terre de sa première végétation; tous le
dépôts de charbon fossile, d'anthracite, de lignites, d
tourbe, sont composés des débris de végétaux dont l
charpente ligneuse, c'est-à-dire le charbon, avait ét
extraite, soutirée de l'atmosphère, par leur feuillage
tel est le lien intime qui rattache l'air au règne minéral

Par la décomposition des matières végétales et animales, l'air est continuellement traversé par divers gaz,
dont les uns, plus lourds que lui, tels que le gaz acide
carbonique, remplissent les caves et les cavernes naturelles d'un niveau inférieur au niveau moyen de la
surface du sol; les autres, plus légers que l'air, tels que
le gaz hydrogène, gagnent sa partie supérieure où ils
forment, avec l'air raréfié, des mélanges *détonnants*.
Quand ces mélanges, pendant les orages, viennent à
être traversés et enflammés par l'étincelle électrique,

il en résulte la lueur des éclairs et le bruit de la foudre. On ne peut énumérer les innombrables usages de l'air; on se borne à constater que, de nos jours, l'air comprimé joue dès à present un rôle important comme force motrice, et qu'il tend à devenir, pour les usages industriels, le rival préféré de la vapeur, dont il terminerait le règne brillant, mais passager.

Eau. — L'eau, plus intimement encore que l'air, se rattache au règne minéral. Elle tient une place notable parmi les corps solides sur les hautes montagnes et dans le voisinage des deux pôles, où la température moyenne est assez froide pour que la glace ne fonde jamais. Supposez, dit le docteur Buckland , qu'il ait plu à la toute-puissance divine de donner à notre planète une température moyenne de 10 degrés au-dessous de zéro au lieu de celle de 11 à 12 degrés de chaleur au sein de laquelle nous vivons, de peupler la terre de végétaux et d'animaux organisés pour vivre dans ces conditions, et d'y accommoder la constitution de l'homme physique; il en résulterait que l'eau, s'offrant constamment à nous sous sa forme solide, serait à nos yeux une des roches qui nous entourent, et rien ne nous empêcherait de nous en servir comme *pierre de taille*. Les rares habitants des régions polaires (Esquimaux), manquant absolument de matériaux de construction, passent l'hiver dans des cabanes de neige parfaitement travaillées, et l'été rapide de leur affreux climat sous des tentes de peau de veau marin; l'eau solide leur sert d'abri pour l'hivernage. L'eau à l'état de vapeur, transportée sous forme de nuages par les courants atmosphériques, est l'agent principal de la vie végétale. Il y a des pays où il ne pleut presque jamais; l'Egypte, qui touche presque à l'Afrique française, est dans ce cas : elle serait frappée d'une stérilité absolue si le fleuve du Nil qui la traverse, n'y déversait les eaux de la fonte des neiges des montagnes où il prend sa source. Sur les côtes de la province d'Aréquipa, au Pérou, il pleut très-rarement ; quand le professeur Boussingault visita cette province en 1838, il y avait soixante-seize ans qu'il n'y était tombé une goutte de pluie. La terre se couvrait cependant d'un peu de verdure entretenue par les rosées de la nuit, rosées extrêmement abondantes. Dans tous les pays chauds, l'absence prolongée des pluies amène la stérilité et la famine ; la pluie est pour le laboureur le premier des bienfaits, et l'Écriture prend soin de faire remarquer que l'indulgente bonté du Père commun fait tomber la pluie sur le champ de l'injuste comme sur celui du juste, pour provoquer chez l'injuste la reconnaissance et le repentir. L'eau, de même que l'air, ne se rencontre pas à l'état de pureté absolue ailleurs que dans les laboratoires des chimistes. On regarde comme relativement pure l'eau qui ne contient que des quantités très-faibles de divers sels, qui dissout complétement le savon, et dans laquelle les légumes cuisent avec facilité. Ce sont les qualités exigées des eaux bonnes à boire. Les eaux qu'on nomme *séléniteuses*, *lourdes* et *crues* contiennent un excès de carbonate et de sulfate de chaux ; leur usage prolongé est éminemment insalubre. L'eau des mers n'est pas potable, à cause du sel marin (*chlorure de sodium*) qu'elle tient en dissolution, ainsi que divers autres sels de chaux et de magnésie, en moins grande quantité.

On nomme *eaux minérales* les eaux de sources riches en sels divers et propres pour cette raison à l'usage médical. Les plus efficaces sont celles qui tiennent en dissolution du sulfure de potasse, des sels de fer et du gaz acide carbonique; ces dernières, dont les gens en bonne santé font usage plus encore que les malades, sont connues sous le nom d'*eaux gazeuses*; elles sont faciles à imiter artificiellement. Quand les eaux minérales, venant d'une grande profondeur, arrivent à la surface à une température suffisamment élevée, elles prennent le nom d'*eaux thermales*, utilisées sous forme de bains contre une foule de maladies. D'inépuisables nappes d'eau règnent sous terre entre les couches des terrains sédimentaires; des puits creusés jusqu'à ces nappes en font jaillir l'eau fort au-dessus de la surface; ce sont les *puits artésiens*, bienfait inappréciable pour les pays où il pleut rarement et où manquent les sources naturelles à fleur de terre.

DEUXIÈME PARTIE

BOTANIQUE

CHAPITRE III

ORGANISATION DES VÉGÉTAUX

---

§ XVI. — Grandes divisions de la botanique.

La botanique est la division la plus attrayante de l'histoire naturelle : car elle comprend l'étude des plantes, et les plantes sont, comme on l'a dit, la parure de la terre. Plus une contrée est riche en plantes de toute espèce : plus elle offre à la fois d'attrait à l'homme par sa beauté et de ressources variées pour tous les besoins de son existence ; il suffit, pour s'en convaincre, de rapprocher par la pensée le lichen grisâtre et l'herbe rare et courte, seule végétation du Groënland (*terre verte*), de la profusion éblouissante d'arbres et de plantes de toute espèce qui décore les rives du Gange ou celles de l'Amazone.

Le végétal nous montre sous sa première forme la vie, c'est-à-dire une existence marquée par des périodes distinctes, ayant son début, son milieu, sa fin ;

entretenue par des organes grâce auxquels la plante peut naître, se nourrir, grandir, fleurir, fructifier, et laisser après elle avant de mourir, des graines appelées à la perpétuer : cet ensemble de fonctions, c'est la vie végétale. Avant de dresser l'inventaire de la végétation du globe et d'y rechercher les plantes les plus dignes d'intérêt sous divers rapports, ce qui est à proprement parler le but de la botanique, il est nécessaire de se former une idée exacte des organes qui entretiennent la vie végétale et des fonctions de ces organes. Il résulte de ces premières données trois divisions principales de la botanique : 1° l'*organographie végétale*, ou étude des organes des plantes ; 2° la *physiologie végétale*, étude des fonctions des organes des plantes ; 3° la *classification* , ou description méthodique des végétaux rangés dans un ordre rationnel, qui permet de les distinguer entre eux et de se rendre compte de toutes leurs propriétés.

L'*organographie végétale*, dont l'étude doit naturellement précéder celle de la physiologie végétale, a pour base l'*anatomie végétale*, c'est-à-dire la dissection des plantes et de leurs diverses parties , et l'examen approfondi de leur agencement à l'aide de la loupe et du microscope. On comprend que cette manière d'épier les secrets de la vie végétale n'est accessible qu'à un petit nombre de savants de profession. Mais ces savants ont travaillé et travaillent encore sans interruption, précisément pour ceux qui sont dans l'impossibilité de faire par eux-mêmes la même besogne ; ceux-ci en acceptent les résultats pour se guider dans l'étude de la botanique.

La *physiologie végétale*, de même que l'organographie végétale, doit beaucoup à l'anatomie végétale ; c'est encore une division de la botanique où le commun de ceux qui s'en occupent doit accepter les résultats d'observations et d'expériences qu'il leur est impossible de répéter. L'étude de la physiologie végétale révèle une foule de rapports d'analogie des plus curieux entre la vie végétale et la vie animale ; elle seule peut donner la clef des systèmes et des méthodes servant à déterminer la classification régulière des végétaux.

La *classification* a pour objet la connaissance des familles, des groupes et des individus dont l'ensemble compose le règne végétal, immense ensemble dont il serait matériellement impossible à l'homme d'acquérir la connaissance approfondie, sans le fil conducteur d'un arrangement qui place tous les végétaux à côté les uns des autres, selon leur plus grande analogie de formes, de propriétés et d'organisation. Sans un pareil secours la botanique est impossible ; aussi n'existe-t-elle réellement comme science que depuis l'époque où Tournefort a posé les premières bases d'une classification, fort insuffisante assurément, mais qui a ouvert la porte aux systèmes et aux méthodes que ses continuateurs devaient introduire plus tard,

§ XVII. — Organographie végétale.

Tous les végétaux ne sont pas complets, c'est-à-dire qu'ils ne sont pas tous doués de tous les organes qui se trouvent réunis chez ceux dont l'organisation est la plus parfaite ; mais chez tous les mêmes organes tiennent la même place, jouent le même rôle et remplissent les mêmes fonctions. Les organes des plantes peuvent être rangés dans deux sections comprenant : la première, les *organes essentiels*, et la seconde, les *organes accessoires*. Les organes essentiels existent chez le plus grand nombre des végétaux ; ce sont : 1° la *tige*, 2° la *racine*, 3° les *feuilles*, 4° la *fleur*, 5° le *fruit*, 6° la *graine*. Les organes accessoires n'existent que chez un certain nombre de végétaux ; ils ne sont jamais indispensables à la vie végétale, dont toutes les fonctions peuvent s'accomplir aussi complétement que possible chez les plantes auxquelles ces organes manquent. Les organes accessoires des végétaux sont : 1° les *stipules*, 2° les *vrilles*, 3° les *épines*, 4° les *poils*.

Tige. — La forme et les dimensions des tiges varient, pour ainsi dire, à l'infini. Les plus développées, dont le tissu ligneux plus ou moins solide constitue le bois, sont désignées sous le nom spécial de *tronc*. Toutes les tiges qui ne sont pas ligneuses, et dont la durée est annuelle, ou tout au plus bisannuelles, sont *herbacées* ; leur centre est ordinairement occupé par un canal rempli de moelle ; ces tiges meurent toujours nécessairement après avoir fleuri et porté graine, tandis que les tiges ligneuses des arbres et arbustes produisent tous les ans des fleurs et des graines pendant un nombre d'années plus ou moins long, avant d'arriver au terme de leur existence. Les plantes d'ornement de nos parterres que nous nommons *vivaces*, comme les *phlox*, les *asters* et le *pavot de Tournefort*, ne sont en effet vivaces que par leurs racines ; les tiges sont annuelles. Parmi les tiges herbacées annuelles, celles des *graminées*, famille à laquelle appartiennent les blés et toutes les céréales, se distinguent par les nœuds qui les interrompent de distance en distance, et desquels partent les feuilles ; on nomme ces tiges des *chaumes* ; elles sont généralement creuses et vides dans les intervalles de leurs nœuds.

La forme du tronc est le plus souvent celle d'un

cône très-allongé, duquel se détachent des branches latérales dont chacune est individuellement conique, de même que le tronc. Cette disposition est particulièrement remarquable dans les arbres résineux à feuilles persistantes, de la famille des *conifères* (*pins, sapins, épicéas*).

Sciez transversalement le tronc de n'importe quel arbre : vous distinguerez sur la coupe, en allant de la circonférence au centre, d'abord l'*écorce*, ensuite l'*aubier*, bois encore tendre, en voie de formation ; puis le *bois* proprement dit, disposé par couches concentriques, dont il se forme une tous les ans par-dessus les précédentes ; enfin, au centre de l'arbre, le *canal médullaire*, contenant la moelle et s'étendant sous forme de *rayons médullaires* à travers toutes les couches du bois. Cette disposition est celle du tronc de tous les arbres de nos climats. Sous les tropiques, la nombreuse famille des *palmiers* produit des troncs d'une nature particulière que les botanistes nomment *stipe*. Dans les stipes des palmiers sciés transversalement, on ne retrouve ni l'écorce, ni l'aubier, ni les couches concentriques de bois, ni le canal médullaire central. On n'y remarque qu'un assemblage de fibres longitudinales soudées ensemble, qui ne constitue pas un bois dans le vrai sens du mot, mais qui néanmoins ne manque pas de solidité.

La loupe et le microscope montrent dans l'écorce, l'aubier, le bois et la moelle du tronc des arbres, une multitude de canaux et de vaisseaux de diverses formes, servant à la circulation et à l'élaboration de a séve. Dans les plantes herbacées, ces vaisseaux sont remplacés par le *parenchyme* et le *tissu cellulaire*, qui composent aussi le tissu organique des feuilles et la substance des fruits.

On nomme *acaules*, c'est-à-dire dépourvues de tiges, les plantes chez lesquelles la tige manque. A la rigueur, il n'y a pas de plantes réellement *acaules*; chez le *chardon acaule*, par exemple, la tige, quoique très-courte, existe au centre des feuilles régulièrement étalées, et supporte la fleur. Les tiges qui ne portent qu'une ou plusieurs fleurs se nomment *hampes :* telles sont celles de la *tulipe*, de l'*auricule* et du *narcisse*.

On nomme *volubiles* les tiges qui ont la singulière propriété, on pourrait presque dire l'instinct, de s'enrouler, comme celles du *liseron* et du *haricot*, autour de tout ce qu'elles peuvent trouver à leur portée pour les soutenir. Quand elles ne trouvent rien, elles s'accrochent les unes aux autres pour former des faisceaux qui leur permettent de se redresser, ainsi qu'on peut l'observer dans un champ de haricots qu'on a négligé de ramer. Parmi les plantes à tiges volubiles, les unes s'enroulent invariablement de gauche à droite, et les autres de droite à gauche, sans qu'on en connaisse la cause, et sans qu'il soit possible de les faire dévier de la direction qui leur est naturelle.

Racine. — Les formes des racines sont aussi variées que celles des tiges. Elles tendent généralement à s'enfoncer dans le sol, en prenant une direction inverse de celle des tiges. Chez quelques végétaux, doués d'une énergie extraordinaire de vitalité, les branches peuvent devenir des racines, et les racines des branches. On connaît l'expérience faite à ce sujet par le savant Duhamel sur un jeune saule, qu'il arracha pour le replanter immédiatement la tête en bas. Les branches mises en terre ne tardèrent pas à se convertir en racines, et les racines, exposées à l'air et à la lumière, se couvrirent de feuilles et devinrent de véritables rameaux. Une telle transformation n'est possible que chez un nombre très-limité de végétaux ligneux. Les principales variétés de racines sont désignées sous les noms de racines *ligneuses, fibreuses, fusiformes, tuberculeuses* et *bulbeuses*.

Les racines ligneuses, qui sont celles des arbres et des arbustes, ont la même contexture que le tronc, et sont comme celui-ci recouvertes d'écorce. Elles se terminent toutes par des *radicelles* (*chevelu*), qui sont elles-mêmes terminées par des *spongioles*, sorte de suçoirs par lesquels la plante puise dans la terre les principaux éléments de sa nourriture. Les racines ligneuses peuvent être *pivotantes*, comme celles des arbres conifères, qui s'enfoncent droit dans le sol, en continuant le tronc, mais en sens inverse. Elles peuvent être diversement *ramifiées*, comme celles de l'*orme* et du *poirier*, ou bien *horizontales*, et enchevêtrées dans tous les sens comme celles du *mûrier*, à une faible profondeur, parallèlement à la surface du sol. Dans tous les cas, il y a un rapport très-remarquable entre les racines des arbres et leurs branches. Si, par une cause accidentelle, une partie des racines rencontre en terre des conditions particulièrement favorables, et qu'elles y prennent un développement extraordinaire, on voit bientôt les branches de l'arbre suivre la même marche : ce qui fait dire aux pépiniéristes que les *racines font les branches*, et que réciproquement les *branches font les racines*. Le fait est réel, et dans la pratique il reçoit une application très-ingénieuse. Quand on veut avoir, dans un petit jardin, des arbres fruitiers *en colonne*, occupant très-peu de place, pouvant par conséquent être plantés très-près les uns des autres, on taille périodiquement leurs racines, auxquelles on ne laisse que des tronçons ; les racines fibreuses qui se forment sur ces tronçons suffisent pour faire vivre l'arbre, qui , n'ayant pas de racines, n'a pour toutes branches que de courts rameaux à fruit, et n'en est pas pour cela moins productif.

Les *racines fibreuses* sont formées de divisions d'un petit diamètre, souvent de la grosseur d'un simple fil, et toutes à peu près du même volume : telles sont celles des *giroflées*, des *balsamines*, des *pensées*, du *réséda*, et d'une foule de plantes d'ornement de nos parterres. Ces racines forment quelquefois un gros paquet assez semblable à une brosse; elles affectent cette forme chez le *maïs* et le *soleil*.

Les racines *fusiformes* sont celles qui vont en diminuant de diamètre depuis le collet jusqu'à la pointe; elles sont simples et le plus souvent annuelles ou bisannuelles, comme la *carotte* et le *panais*.

On admet, pour se conformer à la classification reçue, les *racines tuberculeuses*, et les *racines bulbeuses*, en faisant observer que ni les tubercules ni les bulbes ne sont de véritables racines. La *pomme de terre* et l'*asperge*, deux des plus communes parmi les plantes à racines tuberculeuses, ont en même temps des tubercules de diverses formes, et de vraies racines fibreuses, qui partent du collet de la plante et qui la font vivre. Les tubercules ne contribuent pas à la nutrition de la plante : ce sont simplement des bourgeons pouvant donner naissance à des individus complets de même espèce, en tout semblables à la plante mère. De même, les bulbes, improprement nommées *racines bulbeuses*, ne sont que des bourgeons, qui, lorsqu'on les plante, émettent de leur plateau inférieur des racines fibreuses, et donnent alors naissance à un paquet de feuilles du centre desquelles sortira la tige florale. C'est ce qu'on observe dans l'*oignon commun*, l'*ail*, l'*échalotte*, la *jacinthe*, la *jonquille* et les autres oignons à fleurs.

Dans les régions tropicales, un grand nombre de plantes parasites de la famille des *orchidées* sont pourvues de racines d'une nature entièrement différente de celle des racines des plantes du climat européen. Ces racines, après avoir fixé la plante à laquelle elles appartiennent, sur un tronc d'arbre, un pan de mur, ou la surface d'un rocher, s'écartent dans toutes les directions, en plongeant dans l'atmosphère, ce qui les a fait nommer *racines aériennes*. Elles se terminent par un mamelon vert qui leur sert à décomposer l'air et l'humidité atmosphérique, au profit de la plante. C'est ce qu'on peut observer chez plusieurs des plus belles *orchidées* qui décorent nos serres chaudes, spécialement chez la *rhinantera coccinea*, qui dans le midi de la Chine, son pays natal, couvre de grands espaces, comme le lierre en Europe, et nourrit ses innombrables tiges florifères par ses racines aériennes.

Feuilles. — La forme des feuilles est encore plus variable que celle des racines; on rencontre dans le règne végétal des feuilles de toute grandeur depuis les *aiguilles* des arbres conifères, qui consistent en une simple nervure, jusqu'aux feuilles du bananier, dont les habitants des régions tropicales couvrent le toit de leurs cabanes. L'épaisseur des feuilles ne varie pas moins que leur largeur; il y en a de minces comme des pelures d'oignon, comme celles de la *mercuriale*, et d'autres de plusieurs centimètres d'épaisseur, comme celles de la *victoria regia*, des bords de l'Amazone. Quoique presque tous les végétaux soient décorés de feuilles, quelques-uns en sont dépourvus : telle est en Europe la *cuscute*, qui consiste en longs filaments portant des paquets de fleurs de distance en distance; telles sont, dans le nouveau monde, les plantes de la nombreuse famille des *cactées*, chez lesquelles la tige épaisse et charnue remplit en même temps les fonctions de feuilles. Chez ces plantes, la tige et les feuilles sont, par exception, un seul et même organe. Les feuilles ne sont pas toutes complètes; quelques-unes, comme les aiguilles des *pins*, n'ont, ainsi qu'on l'a fait remarquer plus haut, qu'une nervure en tout et pour tout, et n'en sont pas moins des feuilles; chez d'autres, il y a absence complète de nervures, comme dans la feuille du *chiendent* et celle des *céréales*. Une feuille complète, celle du sycomore, par exemple, se compose d'une nervure centrale et d'une surface plus ou moins étendue nommée *limbe*, qui constitue la feuille à proprement parler. Le limbe est traversé par un réseau de nervures secondaires, dont les intervalles sont comblés par une pulpe verte nommée *parenchyme*. Le tout est recouvert des deux côtés par une pellicule excessivement mince, ou *épiderme*, qui n'offre pas exactement les mêmes caractères sur les deux surfaces de la feuille. L'*endroit*, c'est-à-dire la surface supérieure, est à peine percé d'un petit nombre de trous; l'*envers*, c'est-à-dire la surface inférieure de la feuille, en est au contraire criblé. Ces trous, que les botanistes nomment pores ou *stomates*, servent à la respiration végétale des plantes. Quand la feuille adhère directement à la tige, on la nomme *sessile*; quand elle est munie d'un support, ou *pétiole*, elle est *pétiolée*. Le pétiole est ce qu'on nomme en langage vulgaire la *queue* de la feuille; la nervure centrale en est le prolongement. Les feuilles sont *simples* quand elles n'ont qu'un seul limbe, comme la feuille du *peuplier*, et composées quand elles en ont plusieurs, comme la feuille du *marronnier d'Inde* ou celle du *persil*. Les feuilles sont *glabres*, quand leur surface est lisse et dépourvue de poils, comme celles du *poirier* et du *pêcher*; elle sont *velues* quand elles sont garnies de quelques poils, et *tomenteuses* quand ces poils sont assez nombreux pour constituer un épais duvet, tel que celui qui recouvre les feuilles du *bouillon-blanc*. On remplirait un volumineux album des dessins des innombrables formes des feuilles, dont les plus communes sont les feuilles *lancéolées*, en forme de fer de lance, *cordiformes*, en forme de cœur, et *ligulées*, en forme d'aiguilles. Quand les feuilles, quelle que soit leur forme, sont traversées par la tige, on les nomme *amplexicaules*. Les bords du limbe peuvent être *entiers*, *crénelés* ou *dentés*; les feuilles sont aussi souvent partagées en deux ou plusieurs lobes. Si les lobes sont complétement séparés, et que chacun d'eux représente une feuille entière, on les nomme *folioles*, dont plusieurs réunis sur un pétiole commun constituent une vraie feuille; tels sont les feuillages du *frêne* et du *robinier*, ou *faux acacia*.

Chaque progrès nouveau de la botanique fait connaître des faits nouveaux, dont l'existence n'était pas même soupçonnée. Quant aux feuilles en particulier, il reste encore beaucoup à apprendre. C'est ainsi que, tout récemment, on a constaté un changement imprévu dans la forme des feuilles d'un arbre de l'Australie, l'*encalyptus globosus*, précieux comme bois d'œuvre, et naturalisé pour cette raison dans nos départements du Midi. Cet arbre est à feuilles persistantes, comme le houx de nos climats; ses feuilles d'abord lisses, luisantes et lancéolées, s'allongent la seconde année et deviennent semblables à des feuilles de saule, avant de tomber successivement pour faire place à celles qui doivent les remplacer, et qui subissent à leur tour la même transformation, de sorte que l'arbre, d'une année à l'autre, change entièrement de physionomie.

Fleur. — La fleur renferme tous les organes qui contribuent à la reproduction ; elle est le but, et comme le résumé de toutes les fonctions de la vie du végétal. Toutes les fleurs ne sont pas complètes ; celles qui le sont se composent de quatre parties principales, savoir : 1º le *calice* ; 2º la *corolle*; 3º les *étamines*, 4º le *pistil*. La fleur dans laquelle manque une partie de ces organes, est *incomplète*. Chaque organe faisant partie d'une fleur, soit complète soit incomplète, se décompose en un certain nombre de parties distinctes, fort utiles à connaître pour la classification régulière des végétaux. Les étamines et les pistils sont les parties les plus essentielles de la fleur; ce sont les seules qui contribuent à la reproduction, l'acte le plus important de la vie végétale. Une fleur qui n'a que des étamines, est *mâle* ; celle qui n'a que des pistils est *femelle ;* celle qui réunit des étamines et des pistils est *hermaphrodite ;* elle peut être hermaphrodite et néanmoins être incomplète, s'il lui manque le calice ou la corolle.

Beaucoup de fleurs sont odorantes, aussi bien la *violette,* l'*œillet* et la *rose* des climats tempérés, que la *fleur d'oranger* et les *orchidées* des pays les plus chauds. Quelques-unes se signalent par des odeurs nauséeuses, vireuses, dangereuses à respirer, véritables avertissements qu'elles nous donnent pour nous en écarter. Telles sont, en Europe, la *ciguë*, le *stramoine,* plusieurs *arums*, à odeur de viande corrompue, et en Amérique les grandes espèces d'*aristoloches* et la *sto-*

pélia, aussi bizarre que jolie, mais douée de l'odeur la plus repoussante.

Comme exemple d'une fleur complète hermaphrodite, examinez une fleur de *fraisier*. Le *calice* est formé de cinq divisions nommées *sépales* ; il renferme la *corolle*, formée de même de cinq divisions nommées *pétales ;* c'est ce qu'on nomme vulgairement les *feuilles* de la fleur : effeuiller une fleur, c'est lui enlever ses pétales. Au centre de la corolle sont les *étamines,* et au milieu des *étamines,* les *pistils* ; rien n'y manque, et c'est bien une fleur hermaphrodite complète. D'autre part, ramassez au moment où elle tombe naturellement à terre, avant le développement des feuilles, une grappe de fleurs de noyer ; chacune des fleurs de cette grappe ne contient que des étamines dans un calice, mais sans corolle ; les fleurs femelles ne renferment de même, sans apparence   le, rien que le pistil. Ce sont des fleurs incomplètes, les unes mâles, les autres femelles. Enfin, au moment de la floraison des céréales en été, cueillez une fleur d'avoine ; vous y trouverez des *glumes*, ou *balles calicinales*, entourant les étamines et le pistil ; mais pas de traces de corolle ; c'est une fleur hermaphrodite incomplète.

Quand plusieurs fleurs, ayant chacune un calice particulier, sont réunies dans un *calice commun*, on les nomme *fleurs composées ;* telles sont celles des *chardons*, de l'*artichaut*, de la *laitue*, et de toutes les plantes sauvages ou cultivées de la famille des *chicoracées*, dont la *chicorée sauvage* est le type.

Fruits. — Il ne faut pas confondre le *fruit* avec la *graine*, dont le fruit est seulement l'enveloppe et la protection. Les fruits sont *secs* ou *charnus* ; les fruits secs se divisent en *siliques* ou *légumes*, tels que le *pois* ou le *haricot*, et en *capsules* ou *boîtes*, tels que celles de la *nigelle* ou du *pavot*. Les *fruits charnus* sont des *drupes*, (fruits à noyau), des *baies* (raisin, groseilles, sureau), ou des *pommes* (fruits à pepins) composées d'une *peau extérieure* ou *épiderme*, d'une *pulpe charnue* ou *péricarpe*, et de *loges* centrales renfermant les graines ou pepins. Souvent plusieurs drupes d'un petit volume se soudent les uns aux autres pour former un seul fruit, comme la *mûre* et *l'ananas*; ou bien, plusieurs fruits secs sont réunis en *cône* ou *strobile*, comme les fruits du *pin*, du *sapin* et du *cèdre*.

C'est surtout en examinant les formes variées des divers genres de fruits, qu'on reconnaît la prévoyance de la nature, qui sacrifie tout à la perpétuité des espèces. Les fruits très-pulpeux tels que le *melon*, la *citrouille*, la *pastèque*, pourrissent sur place à l'époque de la maturité de la graine, leur substance corrompue sert d'engrais pour les jeunes plantes qui doivent naître de leurs graines. Il en est de même des fruits pulpeux, tels que la pomme, la poire et le coing. D'autres ne se séparent des graines que quand elles ont germé et développé des racines prêtes à s'enfoncer dans le sol : tel est le *cèdre du Liban*, dont les cônes ou strobiles se divisent d'eux-mêmes après la germination des graines qu'ils renferment. C'est à tort que la plupart des ouvrages de botanique rangent parmi les fruits les semences des céréales et des plantes légumineuses à graines comestibles; ce sont, non pas des *fruits*, mais des *graines*; le mot *fruits* n'exprime que l'enveloppe sèche ou charnue de la graine, quand celle-ci a une enveloppe. Quelques fruits ont une importance économique extraordinaire. Telle est surtout en Afrique la *datte*, fruit du *palmier dattier*, aliment très-nourissant sous un petit volume, et d'une conservation des plus faciles. Horneman, dans ses voyages au Darfour, fut fort étonné de voir, sur le marché de Mourzouck, de petits paniers remplis de dattes, d'un poids déterminé, servir de moyen d'échange pour la vente des chameaux, des armes et des vêtements. En Europe, le fruit de la vigne crée tous les ans des centaines de millions ; c'est celui de tous les fruits par lequel l'homme réalise les plus fortes valeurs. On accorde généralement la première place entre tous les fruits, quant au parfum et à la saveur, à l'ananas des régions intertropicales. D'autres fruits, entre autres le *coco* et la *banane*, sont une vraie manne, une nourriture saine , qui ne coûte que la peine de la récolter, offerte à l'homme dans les contrées où les travaux de la culture seraient trop au-dessus de ses forces.

GRAINE. — La prévoyance de la nature se montre dans tout son jour dans la production de la graine, comme dans celle du fruit. Les graines sont prodiguées avec une profusion que nul chiffre ne saurait exprimer ; sans cette prodigalité, beaucoup d'espèces s'éteindraient, tant il y en a dont les graines, dans le voisinage de la plante mère, ne peuvent trouver les conditions nécessaires à leur germination, et donner naissance à des plantes nouvelles. On insiste sur la nécessité de bien distinguer la graine du fruit qui la renferme : plusieurs botanistes regardent la graine comme une partie du fruit ; cette définition n'est pas rationnelle ; c'est l'erreur des Mexicains qui regardaient les cuirasses d'acier des Espagnols comme parties intégrantes de leur individu. La graine loge à l'intérieur du fruit ; elle ne fait pas partie de son habitation.

Dans la graine on distingue plusieurs parties, ordinairement visibles sans le secours de la loupe et du microscope. Dans un pepin de pomme par exemple, il y a la peau extérieure que les botanistes nomment l'*épisperme*, consistant en deux téguments , l'un épais , de consistance coriace, l'autre mince et peu résistant. Le tout recouvre l'*amande*, composée de deux lobes nommés *cotylédons*. — Entre les deux cotylédons, on aperçoit l'*embryon* ou germe, dans lequel se distinguent déjà d'un côté le rudiment de la tige, de l'autre celui de la racine. Cette graine peut être comparée à l'œuf d'un oiseau ; l'*épisperme* représente la coquille ; la seconde peau de l'épisperme correspond à la membrane intérieure qui tapisse la coquille de l'œuf ; la substance des cotylédons remplit les fonctions du blanc de l'œuf ; l'embryon ou germe en figure le jaune. La graine, en effet, joue dans la reproduction du végétal le même rôle que l'œuf joue dans la reproduction de l'oiseau.

Parmi les substances végétales servant à la nourriture de l'homme, ce sont les graines qui lui rendent le plus de services ; il suffit de rappeler l'usage universel chez les peuples plus ou moins civilisés des *céréales* , du *riz*, des *graines légumineuses*, du *cacao* et du *café*. L'homme doit encore aux graines des huiles comestibles ou industrielles, des parfums et divers médicaments. En Europe, les graines des céréales, ordinairement désignées dans leur ensemble sous le nom de *grains*, sont le plus précieux des produits de l'agriculture.

ORGANES ACCESSOIRES DES VÉGÉTAUX. — Quelques végétaux seulement sont pourvus de certains organes particuliers, qui, sans être indispensables à la vie végétale, ont cependant leur genre d'utilité relative. Ce sont, comme on l'a dit plus haut, les *stipules*, les *vrilles*, les *épines* et les *poils*. Les *stipules* ne diffèrent en rien des feuilles quant à leur contexture et à leur composition. Ce sont des appendices foliacés qui accompagnent le pétiole des feuilles de diverses plantes, et qui paraissent avoir pour destination principale de préserver et de consolider cette partie de la feuille qui la rattache à la tige. Peu de plantes ont apparemment besoin de cet organe : car celles dont les feuilles sont accompagnées de stipules sont assez rares en France, et ne sont communes nulle part. Les feuilles du *pois vivace*, plante d'ornement de nos parterres, sont munies de stipules.

Les Vrilles ont, pour les végétaux qui en sont pourvus, une utilité plus directe et plus apparente que celle des stipules. Sans leur secours, les plantes à tiges faibles, sarmenteuses, qui ne sont pas douées de la faculté de s'enrouler autour des corps à leur portée, ou qui, comme disent les botanistes, ne sont pas *volubiles*, traîneraient à terre ; elles y fleuriraient péniblement, et leurs fruits, manquant d'air et de lumière, arriveraient difficilement à maturité. C'est ce qu'il est facile d'observer chez la *vigne*, dont les vrilles donnent à ses longs sarments de solides points d'appui, et chez la *bryone*, qui, grâce à ses vrilles, élève ses tiges au-dessus des haies et des buissons au pied desquels végètent ses puissantes racines vivaces.

Les Épines se rangent dans deux divisions naturelles, dont l'une comprend les *épines proprement dites*, et l'autre les *aiguillons*. L'*épine* est un véritable rameau avorté, terminé par une pointe ligneuse, dure et piquante ; elle a, comme les rameaux, son point de départ dans le bois de la branche qui la porte, et dont elle ne peut se détacher sans effort ; l'*aubépine* en offre

un exemple vulgaire. La culture peut modifier la végétation des épines de ce genre, et les convertir en
branches à fruit. C'est ce qui a lieu chez le poirier,
dont les sujets *francs*, obtenus de semis de pepins,
sont tous plus ou moins épineux; par la greffe, la
taille et les soins de culture, ils cessent de l'être; ce
qui chez ces arbres eût été une longue épine, devient
une courte production fruitière.

Les AIGUILLONS sont d'une autre nature que les
épines : ce sont de simples excroissances de l'écorce,
adhérant seulement à l'épiderme, s'en détachant facilement, et n'y laissant pas de cicatrice, ainsi qu'on
peut le vérifier sur les aiguillons improprement nommés les épines du rosier.

Les POILS sont au nombre des organes les plus curieux des végétaux. On nomme *glabres* les plantes ou
les parties de plantes qui sont dépourvues de poils. Les
bourgeons sont fréquemment velus; ceux de la vigne,
que les vignerons nomment *bourres*, sont environnés
d'un duvet *tomenteux* très-épais, qui les préserve des
atteintes des froids tardifs. C'est aussi comme garantie contre l'action destructive du froid, que les
feuilles de quelques plantes, celles du bouillon-blanc
entre autres, sont couvertes de poils épais et serrés,
qui les font ressembler à une pièce de molleton. Les
poils des végétaux, malgré leur très-faible diamètre,
sont souvent creux à l'intérieur. Dans ce cas, leur
base est munie d'une glande qui secrète un liquide
particulier. Sous le climat européen, l'*ortie brûlante*
porte sur ses feuilles et ses tiges des poils creux,
glanduleux, dont la piqûre douloureuse ne produit sur
la peau la rougeur et l'enflure que parce que chaque

poil introduit dans la peau une gouttelette de liquide caustique. Cette connaissance sommaire des organes principaux et des organes accessoires des végétaux, suffit pour faire comprendre le jeu de ces organes et leurs fonctions, ce qui constitue la PHYSIOLOGIE VÉGÉTALE.

CHAPITRE IV.

PHYSIOLOGIE ET CLASSIFICATION

§ XVIII. — Physiologie végétale.

De même que la vie physique de tous les animaux se compose d'un certain nombre de fonctions accomplies par leurs organes, la vie végétale résulte du jeu régulier des organes des plantes. Elles ont comme les animaux leur *naissance*, résultant du développement du germe d'une graine, leur période d'*accroissement*, résultant de leurs organes de nutrition, et leur *reproduction*, résultant des fonctions de leurs organes sexuels. Ces trois divisions naturelles de la physiologie végétale doivent être exposées séparément.

Naissance des végétaux. — L'embryon végétal est né, dans le vrai sens du mot, au moment où la graine fécondée est arrivée à maturité. Quant à la plante qui doit naître de cet embryon, son existence dépend de plusieurs circonstances dont les deux plus importantes sont l'humidité et la chaleur. Tant que les conditions exigées pour que l'embryon devienne plante ne se réalisent pas, le germe sommeille, attendant quelquefois pendant des années qu'il soit en passe de se développer. Certaines graines perdent en peu de jours leurs propriétés germinatives ; le germe meurt, si ces graines ne sont pas semées au moment même où elles achèvent de mûrir. D'autres restent enfouies dans le sous-sol durant un temps indéterminé, et germent dès qu'un labour profond les ramène assez près de la surface du sol.

GERMINATION. — Dès que, sous l'influence d'une température humide et douce, l'embryon s'éveille à la vie végétale, l'acte de la germination commence. Considérons cet acte dans un noyau de pêche confié à la terre aussitôt après la complète maturité du fruit, et livré à lui-même jusqu'au printemps de l'année suivante. L'amande, qui constitue seule la véritable graine, se gonfle, et fait entr'ouvrir les deux moitiés du noyau. Les deux moitiés de l'amande, nommées *cotylédons*, entre lesquels l'embryon a longtemps sommeillé, lui envoient une portion de leur substance. C'est sa première nourriture. D'une part, le germe s'allonge par l'une de ses extrémités sous forme de racine, et s'enfonce dans le sol ; de l'autre l'extrémité opposée du germe, dégagée du noyau, se soulève dans le sens opposé, emportant avec elle les cotylédons devenus des *feuilles séminales*. La jeune plante existe déjà ; elle a sa racine, sa tige, ses feuilles ; elle commence à vivre en puisant sa nourriture dans la terre par sa racine, dans l'air par ses parties vertes ; les organes que nous venons d'étudier vont entrer en fonction ; l'acte de la germination est accompli : la plante, quelle que doive être sa durée, est née à la vie végétale.

ACCROISSEMENT DU VÉGÉTAL. — L'agent principal de la vie chez les plantes, celui qui contribue le plus à leur accroissement, c'est la *séve*, liquide dont l'eau est la base, et qui joue dans la vie végétale le même rôle que le sang dans la vie animale. La séve est puisée dans la terre par les extrémités des racines, ce que les jardiniers nomment le *chevelu*; elle est fortement attirée et en quelque sorte aspirée par les extrémités des rameaux, et par les bourgeons nés sur ces rameaux; elle circule ainsi dans toutes les parties du végétal, et y porte les principes nécessaires à leur accroissement: c'est ce qu'on nomme la *séve ascendante*. Dans les régions tropicales, le mouvement de la séve ne s'arrête jamais; les arbres ne perdent pas leurs feuilles, ou plutôt, celles qui tombent sont remplacées par un nouveau feuillage, sans interruption. Sous les climats tempérés, l'hiver arrête la circulation de la séve; cette circulation recommence au printemps; elle éprouve un temps d'arrêt en été, et se remet en mouvement vers la fin de juillet : c'est ce qu'on nomme la *séve d'août*. Quand le second mouvement de la séve est entièrement accompli, la vie végétale entre dans sa période de repos, les feuilles tombent, et le végétal cesse de s'accroître, jusqu'au printemps de l'année suivante.

La séve contribue à l'accroissement des végétaux en leur cédant pendant son ascension les substances qu'elle tient en dissolution; à mesure qu'elle parvient aux extrémités des rameaux et des feuilles, l'eau de la séve s'échappe en grande partie par évaporation. Ce qui en reste recommence en sens inverse son mouvement de circulation, après s'être profondément modifié par le contact des produits de la respiration végétale. Les végétaux respirent, en effet, tout aussi bien que les animaux, quoique d'une manière différente. Les pores dont sont percées les feuilles et toutes les parties vertes des végétaux, absorbent l'air, le décomposent, s'en approprient une partie et rejettent le reste. Ce sont les produits de la respiration des végétaux, qui rendent continuellement à l'atmosphère les principes dont il est incessamment dépouillé par la respiration des animaux. Pendant l'hiver, la végétation, suspendue dans les régions au climat tempéré, suit son cours dans les régions tropicales ; les courants d'air venant de ces contrées maintiennent l'équilibre dans toutes les parties de l'atmosphère, et c'est pourquoi l'air, pris sur n'importe quel point de la surface du globe, donne toujours à l'analyse chimique les mêmes proportions des mêmes éléments.

La séve descendante contribue à la formation du bois et de toute la charpente solide des végétaux. Aussi leur accroissement, conséquence naturelle de leur nutrition, s'opère d'un côté aux dépens du sol par l'intermédiaire des racines, de l'autre aux dépens de l'air par l'intermédiaire des feuilles et de toutes les parties vertes des végétaux. La lumière est l'agent indispensable de la respiration végétale ; en l'absence de la lumière, cette respiration se fait mal ; on dit alors que les plantes sont *étiolées ;* les parties qui devraient être vertes restent blanches, comme les feuilles de l'intérieur des pommes des choux et des laitues ; la plante étiolée manque d'énergie vitale, elle n'est capable ni de fleurir ni de fructifier.

Reproduction du végétal. — Dans tous les végétaux complets, la reproduction s'opère invariablement par le même procédé. L'*étamine*, organe mâle de la fleur, se compose de deux parties, le *filet* et l'*anthère*. Le filet est pour l'étamine ce que le pétiole est pour la feuille et le pédoncule pour la fleur : c'est le support dont l'extrémité contient l'anthère. Si l'anthère est soudée immédiatement à la corolle, et que le filet manque, l'anthère est *sessile*, comme les feuilles qui manquent de pétiole. Au moment de l'épanouissement de la fleur, l'anthère s'ouvre naturellement, et laisse échapper le *pollen*, ou *poussière fécondante*, dont elle est remplie. Le *pistil*, organe femelle de la fleur, se compose de trois parties distinctes : le *stigmate*, qui constitue son extrémité supérieure; le *style*, qui forme le corps principal de l'organe, et l'*ovaire*, qui en est la partie inférieure, celle par laquelle le pistil complet adhère au calice de la fleur. Au moment où l'anthère de l'étamine laisse échapper le pollen, cette poussière pénètre par le stigmate dans le style, et par celui-ci dans l'ovaire; le pollen y rencontre l'*ovule* dont il opère la fécondation, et qu'il convertit en une graine capable de reproduire le végétal. L'acte de la fécondation s'opère toujours ainsi, quel que soit le nombre des étamines et des pistils; il n'est pas non plus modifié par les dispositions relatives de ces deux organes. De même que la nature est prodigue de semences pour assurer la perpétuité des espèces, elle est aussi prodigue de pollen, dans le but d'assurer surabondamment la fécondation des semences. Quand les fleurs mâles et les fleurs femelles existent sur des pieds séparés, le pollen peut être porté par les vents à de grandes distances en conservant ses propriétés, et aller au loin opérer la fécondation des fleurs femelles. Ce phénomène est fréquemment observé dans la fécondation des fleurs du palmier-dattier, dans nos provinces africaines.

Les globules en forme d'œufs, d'une excessive petitesse, dont se compose le pollen, ne résistent pas au contact de l'humidité; la moindre parcelle d'eau les fait immédiatement crever, et détruit leurs propriétés fécondantes. C'est pourquoi, chez toutes les plantes aquatiques, la nature multiplie les précautions afin d'assurer à la fleur qui vient s'épanouir à la surface de l'eau, les meilleures chances pour la fécondation de ses graines. Les tiges florales de plusieurs de ces plantes sont roulées en spirale, de manière à pouvoir suivre, sans se laisser submerger, les changements de niveau des eaux qui peuvent s'élever ou s'abaisser, selon l'abondance ou l'absence des pluies.

C'est en examinant avec soin la manière dont s'opère l'acte de la fécondation, qu'il est aisé de vérifier l'utilité de la corolle. C'est elle qui, en se refermant aux approches de la pluie et s'épanouissant sous l'influence des rayons solaires, favorise la libre action des étamines sur le pistil. Dès que la fécondation est opérée, la corolle, devenant inutile, cesse de recevoir sa part de la séve ; elle se dessèche et tombe. Chez les plantes dont la fécondation s'opère lentement, la corolle persiste jusqu'à ce que cet acte, but essentiel de la vie végétale, soit accompli. C'est ce qui explique pourquoi les fleurs de plusieurs plantes, celles des *orchidées* entre autres, restent épanouies pendant quinze à vingt jours, tandis que celles de l'*éphémère* et du *tigridia* sont flétries quelques heures après leur complet épanouissement.

Les insectes qui, comme l'abeille, la guêpe et plusieurs autres, visitent l'intérieur des fleurs afin d'y puiser les éléments du miel, contribuent puissamment à la fécondation des fleurs, notamment à celle des fleurs des arbres fruitiers. Ce sont eux aussi qui donnent assez souvent naissance à des sous-variétés, en transportant le pollen d'une fleur sur le pistil d'une autre fleur de même espèce, mais d'une variété différente. L'art de l'horticulture, depuis les premières années de ce siècle, a utilisé en grand cette propriété du pollen pour faire naître une multitude de variétés hybrides des plus belles plantes d'ornement ; on lui doit les collections si riches et si variées de *fuchsias*, dè *dalhias,* de *rosiers* et de *pélargoniums.*

Divers modes de reproduction des végétaux. — La graine fécondée, qui doit donner naissance à une plante capable de croître, de fleurir et de se perpétuer à son tour par ses graines, n'est pas le seul mcde de multiplication des végétaux. Chez le végétal, la vie n'est pas, comme chez l'animal, concentrée sur un point ou deux, le cœur, le cerveau, qu'il suffit de blesser pour occasionner la mort. Les centres vitaux sont distribués dans toutes les parties du végétal ; on en peut détacher un rameau, une feuille, un simple fragment de feuille, et, en plaçant ce fragment sous l'empire de circonstances favorables, en obtenir un individu semblable de tout point à celui dont il a été détaché. C'est ce caractère particulier de la vie végétale que l'horticulteur sait utiliser, pour multiplier un grand nombre de végétaux par des boutures.

La vie végétale peut aussi se communiquer d'une plante à une autre, c'est-à-dire qu'une portion d'une plante peut être bouturée sur une autre plante, faire corps avec elle, et se nourrir de la séve que lui envoient ses racines. C'est la multiplication par la *greffe*, l'un des procédés les plus utiles dans la pratique du jardinage.

§ XIX. — Classification des végétaux.

Aucune mémoire humaine ne serait assez puissante pour retenir le nom, la physionomie et les propriétés d'une faible partie des végétaux connus, sans le secours d'une bonne classification. Les botanistes s'étaient bornés à ranger les plantes d'après leurs propriétés les plus apparentes, et à en dresser des catalogues, dans un ordre plus ou moins arbitraire, lorsque, sous le règne de Louis XIV, un médecin français, Tournefort, imagina la classification entièrement artificielle qui porte son nom. Cette classification repose sur un seul organe des plantes, la fleur. Elle avait le grave défaut de placer côte à côte, des végétaux qui se ressemblent seulement par la fleur, et qui peuvent du reste n'avoir entre eux aucune autre analogie. Dans le système de Tournefort, l'ensemble des végétaux est d'abord partagé en deux grandes divisions, celle des *plantes herbacées* ou *herbes*, et celle des *plantes ligneuses* ou *arbres*. Chacune de ces deux divisions est partagée en deux subdivisions, comprenant, la première, tous les végétaux dont la fleur a une corolle, et la seconde, tous ceux dont la fleur n'a pas de corolle. Les plantes *pétalées* et *apétalées* de Tournefort offrent entre elles les dissemblances les plus choquantes. Le système n'était réellement ingénieux et commode qu'à l'égard des plantes pétalées, chez lesquelles une même forme de la corolle est le plus souvent accompagnée de profondes similitudes d'organisation.

Tournefort admettait comme types pour sa classification, les plantes à corolle *monopétale*, ou *polypétale régulière* ou *irrégulière, campaniforme, infundibuliforme, hypocratériforme, personnée, labiée, cruciforme, rosacée, ombelliférée et papilionacée.* Tout cela n'est plus d'aucun usage et n'appartient plus qu'à l'histoire de la science; on a dû mentionner la classification de Tournefort, parce que ceux qui ont marché après lui dans la même voie s'en sont approprié une grande partie, et que la plupart des termes introduits par ce savant sont restés en usage dans le langage de la botanique.

Après Tournefort, Linné, savant suédois, placé à juste titre au premier rang des naturalistes de son époque, introduisit une meilleure classification du règne végétal. Ce n'était cependant encore qu'un *système*, c'est-à-dire un arrangement basé exclusivement sur un seul organe. Linné avait adopté pour base de son système les organes reproducteurs des plantes ; aussi est-il souvent désigné sous le nom de *système sexuel*. A l'exemple de Tournefort, Linné partage en deux tout le règne végétal ; il place d'un côté, dans la *phanérogamie*, toutes les plantes dont les organes sexuels sont apparents, et de l'autre, dans la *cryptogamie*, toutes celles chez lesquelles ces organes sont invisibles. Dans la phanérogamie, il établit d'abord dix classes composées des plantes ayant d'une à 10 étamines, puis trois autres classes comprennent les plantes qui ont 12 étamines, 20 étamines, et plus de 20, en nombre indéterminé. Cette division est défectueuse en un point capital : le nombre des étamines n'est pas forcément et constamment le même chez les mêmes plantes, et si l'on s'en tient à ce seul caractère, il est facile de confondre les plantes d'une classe avec celles d'une autre.

A partir de la 13e classe, le nombre des étamines ne pouvait plus être pris comme caractère déterminant. Linné choisit pour la 14me et la 15me classe la longueur des filets des étamines, longueur régulièrement inégale, qui lui fit nommer la 14me classe *didynamie*, et la 15me *tétradynamie*. La réunion des étamines en un, deux, ou plusieurs faisceaux, détermina les 16me, 17me, et 18me classes, sous les noms de *monadelphie*, *diadelphie*, et *polyadelphie*. La soudure des étamines les unes aux autres détermina les caractères de la 19me

classe sous le nom de *syngénésie;* l'insertion des étamines sur le pistil fournit à Linné les caractères de sa 20me
classe, qu'il nomma *gynandrie.* Enfin, les 21me, 22me et
23me classes eurent pour signes distinctifs la disposition
des organes sexuels, ce qui donna la *monoécie* pour
toutes les plantes ayant des étamines et des pistils,
mais sur des fleurs séparées; la *dioécie,* pour les plantes ayant des fleurs mâles et des fleurs femelles sur des
pieds séparés, et la *polygamie,* pour les plantes dont les
fleurs sont mâles, femelles ou hermaphrodites, sur le
même pied. La 24me classe, sous le nom de *cryptogamie,* est la plus défectueuse de tout le système de
Linné; elle réunit pêle-mêle les grandes fougères arborescentes de l'Australie, égales en hauteur aux plus
grandes espèces de palmiers, et les lichens de nos rochers, plantes à peine visibles sans le secours de la
loupe et du microscope, n'offrant avec les fougères
aucun caractère commun, aucune analogie d'organisation.

Le système de Linné n'est pas, comme celui de
Tournefort, totalement hors d'usage; en dépit de quelques imperfections, il est resté le plus simple, le plus
clair, celui par lequel on arrive le plus facilement à
reconnaître une plante et à trouver sa place dans la classification. Toutefois, ce n'est qu'un échafaudage artificiel, excellent pour guider et éclairer les recherches,
insuffisant pour arriver à un classement rationnel du
règne végétal. Linné lui-même comprenait l'insuffisance de son système, et la nécessité de lui substituer
une *méthode;* c'est ce qu'a réalisé Laurent de Jussieu.
La *méthode naturelle* introduite par ce botaniste satisfait à toutes les exigences; on ne peut aspirer au
titre de botaniste, si l'on ne connaît à fond cette méthode. Le but que se proposait Jussieu, et qu'il a com

plétement atteint , c'est de présenter le tableau de
toute la nature végétale rangée d'après la plus grande
analogie des plantes , au point de vue de leurs
propriétés et de leur organisation . A cet effet , il
emprunte les caractères de ses familles naturelles, non
plus seulement à la corolle, comme Tournefort, ou
bien aux seuls organes sexuels , comme Linné ; mais
à toutes les parties des végétaux, à tous ceux de leurs
organes qui déterminent entre eux de véritables ressemblances, auxquelles il n'est pas possible de se méprendre.

Ses études approfondies sur la structure des végétaux, lui firent adopter pour première base la *graine* qui
renferme l'embryon, rudiment du végétal tout entier.
Il eut ainsi pour l'ensemble des plantes trois sections
très-naturelles, celle des *acotylédonées* dont les grains
n'ont pas de cotylédons ; des *monocotylédonées* ayant
un seul cotylédon, et des *dicotylédonées* ayant deux
cotylédons. Cette dernière section comprend les végétaux les plus importants et les plus complets dans leur
organisation.

La première section n'a point de subdivisions; les
plantes *acotylédonées* correspondent en grande partie
aux *cryptogames* de Linné; elles se distinguent suffisamment de toutes les autres par l'absence, non-seulement des cotylédons, mais encore des étamines et
des pistils.

La seconde section, celles des plantes *monocotylédonées,* admet trois divisions distinctes, fondées sur la
position des étamines, qui peuvent être insérées *sous
l'ovaire, autour de l'ovaire,* ou *sur l'ovaire.* Ces caractères déterminent les plantes *hypogynes, périgynes*
et *épigynes.*

La troisième section comprend un tel nombre de

végétaux, qu'il a fallu, pour les classer rationnellement, recourir à d'autres bases. Les plantes *dicotylédonées* sont d'abord partagées en quatre groupes, d'après des caractères pris les uns dans l'absence, la présence et la forme de la corolle, les autres dans la position' relative des organes sexuels : ce qui donne d'abord les plantes à fleurs *apétales*, *monopétales* et *polypétales*, suffisamment signalées par leur nom seul, emprunté au système de Tournefort; puis, dans un quatrième groupe, les plantes *diclines*, dont les fleurs, les unes mâles, les autres femelles, sont sur des pieds séparés, comme les plantes *dioïques* du système de Linné.

Chacun de ces groupes se partage à son tour en *classes*, d'après des caractères qui n'ont rien d'arbitraire, mais qui correspondent à des ressemblances profondes d'organisation.

Les plantes *apétales* composent trois classes sous les noms d'*épistaminie*, *péristaminie* et *hypostaminie*, dont les étamines sont insérées sur l'ovaire, sur le calice ou sur le réceptacle.

Les plantes *monopétales* forment de même trois classes sous les noms de *hypocorollie*, *péricorollie* et *épicorollie*, dont la corolle est insérée sur le réceptacle, sur le calice ou sur l'ovaire.

Les plantes *polypétales* forment aussi trois classes : *épipétalie*, *hypopétalie* et *péripétalie*, dont les étamines sont insérées sur l'ovaire, sur le réceptacle ou sur le calice.

Les plantes *diclines* n'admettent pas de subdivisions.

Dans ces quinze grandes classes, les plantes sont partagées en *familles*, *genres* et *espèces*; c'est pourquoi la méthode de Jussieu, la seule qu'on suive aujourd'hui généralement en Europe pour l'enseignement de la botanique, est souvent nommée méthode des *familles naturelles*. Quoique moins simple que le système de Linné, la méthode des familles naturelles satisfait plus complétement au désir de bien connaître les plantes, et fournit à la mémoire un guide sûr, sans la surcharger.

PRODUITS UTILES DES VÉGÉTAUX. — Il ne peut entrer dans le cadre de cet ouvrage d'énumérer et de décrire les produits utiles à divers titres que l'homme emprunte au règne végétal, pour sa nourriture, celle des bestiaux, et les plus indispensables de ses industries. On doit se borner à jeter un coup d'œil sur la nature des produits utiles fournis par les diverses parties des végétaux, et sur ceux de ces produits qui se rattachent intimement à l'histoire naturelle de la France.

TIGES. — Les tiges des grands végétaux ligneux fournissent à l'homme deux produits de première nécessité, le *bois* et l'*écorce*; les arbres réunis en forêts arrêtent les nuages, divisent les pluies, dont ils tamisent l'eau à travers leur feuillage, et préviennent à la fois les inondations désastreuses, et la dégradation par les eaux des terrains en pente rapide. C'est pourquoi le reboisement des hauteurs, actuellement en pleine activité en France, est regardé à juste titre comme une opération qui intéresse au plus haut degré la prospérité agricole de la France. Les principales essences qui dominent daus nos forêts sont le *chêne*, l'arbre sacré de nos ancêtres les Gaulois; le *hêtre* et les arbres résineux à feuilles persistantes, spécialement le *pin sylvestre*, le *pin maritime* et l'*épicea*. Les forêts, soit celles de l'Etat, soit celles qui appartiennent aux communes ou à des particuliers, couvrent encore environ un 23ème de la surface totale du territoire de la France. L'écorce que nos forêts de chênes fournissent annuellement par millions de kilogr., alimente l'industrie de la tannerie ; une partie est exportée avec avantage. Le sol français ne produit guère d'autre bois d'ébénisterie que celui du *noyer*, principalement cultivé pour ses fruits ; les autres bois de luxe , l'*acajou*, l'*ébène*, le *palissandre* , nous sont envoyés des régions tropicales, ainsi que les bois de *campêche* et du *Brésil*, utilisés en grand pour la teinture. La plus précieuse des écorces, le *quinquina*, l'un des médicaments les plus utiles et les plus usités, nous vient encore exclusivement du Pérou. L'arbre qui porte cette écorce pourrait croître et prospérer sur les pentes des montagnes de l'Afrique française. L'homme doit aux tiges du *lin* et du *chanvre* les fibres textiles dont il fabrique ses toiles et ses cordages ; il doit à ces mêmes fibres végétales empruntées à une foule d'autres plantes, le papier si nécessaire à la propagation de la pensée par l'écriture et l'imprimerie.

Racines et Tubercules. — Plusieurs racines sont au nombre des produits les meilleurs de nos potagers ; parmi les tubercules, la *pomme de terre* est toujours la grande assurance de l'Europe contre la disette, et le *topinambour* est le produit le plus utile qu'on puisse demander aux terres les plus stériles, pour la nourriture des bestiaux et la production de l'alcool. D'autres racines tiennent le premier rang comme matières premières à l'usage de l'industrie : telles sont en France la *betterave* pour la sucrerie indigène , et la *garance* pour la teinture.

La séve, puisée dans la terre par les racines, élaborée dans les tiges, fournit aux Russes le *vin de bou-*

leau, aux Américains le *sucre d'érable*, aux habitants des Landes, la *résine*, obtenue par incision du tronc des pins de ce pays, depuis une époque antérieure au Christianisme.

FEUILLES. — La cuisine européenne utilise les feuilles d'un grand nombre de végétaux, dont les plus usités sont l'*oseille*, l'*épinard*, le *chou*, et les diverses espèces de *salades*, mets national par excellence en France, quoiqu'il soit d'origine italienne, et que son usage remonte aux Grecs et aux Romains. La feuille du *thé* remue presque autant de millions que le café; celle de l'*indigotier* fournit l'un des meilleurs bleus pour la teinture.

On a mentionné précédemment les plus utiles à l'homme entre les fruits et les graines. La France, par l'heureuse variété de sols et de climats qu'elle doit à la Providence, est essentiellement la terre des bons fruits, sans cesse améliorés par une culture de plus en plus éclairée et intelligente.

En résumé, les produits que l'homme obtient du règne végétal n'ont jamais, comme plusieurs de ceux qu'il emprunte au règne minéral, les caractères d'une richesse fictive et de convention ; leur valeur est réelle, incontestable, et, hors de cette richesse, il n'y a que misère et dénûment.

TROISIÈME PARTIE

ZOOLOGIE

CHAPITRE V.

ANIMAUX D'UN ORDRE INFÉRIEUR

---

§ XX. — Notions générales.

On ne peut nier que la zoologie, comprenant l'histoire naturelle des animaux, en tête desquels est placé l'homme, ne soit la division la plus importante de l'étude de la nature. L'imagination a peine à se figurer cette multitude prodigieuse d'êtres doués de la vie à divers degrés, depuis les *infusoires*, visibles seulement à l'aide d'un fort microscope, jusqu'à la *baleine* et au *cachalot*, dont le poids se compte par centaines de mille kilogrammes. Il reste à l'homme moins de découvertes à faire en zoologie qu'en botanique; toutefois, les régions encore inexplorées de la surface du globe et les profondeurs immenses de l'océan peuvent recéler encore beaucoup d'êtres animés dont l'existence a jusqu'à présent échappé aux recherches des naturalistes.
Ainsi qu'on l'a fait observer précédemment, les limites

extrêmes du règne animal et du règne végétal se confondent en quelque sorte. L'animal se nourrit et respire de même que la plante, quoique d'une autre manière et à l'aide d'organes très-différents ; il a de plus deux facultés qui lui sont propres : la *sensibilité* et le *mouvement*. Néanmoins, quelques plantes exécutent dans certaines de leurs parties des mouvements indices d'une sorte de sensibilité physique, comme les feuilles de la sensitive (*mimosa pudica*), qui se replient sur elles-mêmes lorsqu'on touche leurs bords ; bien des êtres, qualifiés animaux, d'un ordre tout à fait inférieur, n'exécutent pas d'autres mouvements et n'ont pas d'autre sensibilité.

Ce qui frappe le plus dans l'organisation des animaux seulement un peu complets, c'est la *symétrie* ; elle se retrouve, pour ainsi dire, à tous les degrés de l'échelle animale. Ainsi, il y a assurément une différence énorme entre un singe et un poisson. Cependant, l'un et l'autre ont leurs organes essentiels à la vie, symétriquement rangés des deux côtés d'une ligne centrale que termine une tête, siége de l'instinct, du sens de la vue, de l'ouïe et du goût, pourvue d'une bouche pour recevoir les aliments : l'analogie est incontestable. Le poisson diffère autant de l'insecte que le singe diffère du poisson ; pourtant, dans l'insecte comme dans le poisson, les organes essentiels sont distribués avec une parfaite symétrie ; la tête est le siége des mêmes sens et accomplit les mêmes fonctions que chez le poisson et chez le singe.

Deux grandes divisions de la science, l'*anatomie* et la *physiologie*, traitent spécialement de la description des organes des animaux, et des fonctions de ces organes ; c'est tout un monde de merveilles, que la vie d'un seul homme est insuffisante à étudier en entier,

Dans l'organisation des animaux, dans celle de l'homme lui-même, il reste encore bien des mystères à éclaircir. Toutefois, cette étude est dès à présent assez avancée pour qu'il ait été possible à la science moderne de la faire servir de base à la classification rationnelle du règne animal.

Les animaux le plus complétement organisés sont rangés dans cinq grandes classes : 1º les *mammifères,* 2º les *oiseaux,* 3º les *reptiles,* 4º les *poissons,* 5º les *insectes.*

Les animaux dont l'organisation est moins complète sont divisés en six classes : 1º les *myriapodes,* 2º les *arachnides,* 3º les *crustacés,* 4º les *annélides,* 5º les *mollusques,* 6º les *zoophytes.*

La plupart des auteurs qui ont écrit sur la zoologie, au point de vue de l'enseignement de l'histoire naturelle, débutent par l'homme, et redescendent l'échelle des êtres animés jusqu'aux zoophytes, dont l'organisation se rapproche le plus de celle des plantes; il semble plus conforme à la nature du sujet d'adopter, pour l'enseignement des éléments de l'histoire naturelle, l'ordre inverse, et de présenter en premier lieu les animaux les moins complets, les plus rapprochés des végétaux, pour remonter jusqu'à l'homme, l'être organisé le plus complet qui soit sorti des mains du Créateur.

Les Mammifères, animaux à sang chaud, sont suffisamment distincts par les mamelles dont les femelles de ces animaux sont toutes pourvues, sans exception, pour allaiter leurs petits; ce caractère existe également prononcé chez les plus petites souris, et chez les plus énormes baleines.

Les oiseaux ont pour caractère distinctif un bec

corné à la place de la bouche ; tous sont *ovipares*, c'est-à-dire qu'ils naissent d'un œuf, après que celui-ci a subi une période plus ou moins longue d'*incubation* ; ce dernier caractère est constant. On a bien découvert en Australie un mammifère quadrupède, l'*ornithorinque*, muni d'un bec de canard, et dont la femelle pond des œufs ; mais on ne connaît pas d'oiseau qui ne naisse pas d'un œuf. Les oiseaux sont à sang chaud, comme les mammifères.

Les REPTILES, animaux à sang froid, s'écartent plus encore des oiseaux que les oiseaux ne s'écartent des mammifères. Ils ont moins de caractères communs extérieurs que n'en ont entre eux les mammifères et les oiseaux ; ils se distinguent surtout par leur système de circulation, et la forme particulière du cœur. Malgré le sens direct du nom de cette classe, la plupart des reptiles marchent ou sautent, et ne rampent pas ; ce caractère n'appartient qu'à ceux d'entre les reptiles qui sont dépourvus de pattes.

Les POISSONS se distinguent des classes précédentes par la nécessité absolue de vivre dans un milieu liquide. Les branchies respiratoires qui leur tiennent lieu de poumons, adhèrent à la tête, et sont appropriées à l'acte de la respiration, dans le milieu où ces animaux doivent vivre.

Les INSECTES se distinguent par leur corps généralement divisé et comme coupé en deux, caractère très-saillant chez la *mouche commune*, l'*abeille* et la *guêpe*. Quoique tous les insectes n'offrent pas ce caractère, ceux auxquels il manque sont des exceptions.

Les Myriapodes, dont le nom, tiré du grec, signifie dix mille pieds, ne sont pas pourvus de pattes en nombre aussi exagéré. On les confond souvent avec les insectes ; ils se reconnaissent à leur forme très-allongée, et au nombre considérable de leurs pattes, bien qu'ils n'en aient pas dix mille.

Les Crustacés ont pour caractère distinctif une enveloppe calcaire qui se renouvelle tous les ans.

Les Annélides sont suffisamment caractérisés par les anneaux nombreux dont leur corps est composé.

Les Mollusques, dont la limace commune de nos champs et de nos jardins réunit les caractères les plus saillants, se distinguent par la mollesse de toutes leurs parties, et l'absence complète de toute portion solide, osseuse ou cornée ; les uns sont nus, comme la limace ; les autres enfermés dans des coquilles, comme le limaçon ; mais tous, sans exception, offrent le même caractère de mollesse d'où dérive leur nom.

Les Zoophytes ressemblent tellement à des plantes qu'on les a nommés *animaux-plantes ;* c'est le sens du mot *zoophyte* ; ils occupent le degré inférieur de l'échelle des êtres animés ; c'est par eux que nous commençons l'examen du règne animal.

§ XXI. — Les zoophytes.

L'organisation des zoophytes est excessivement simple ; on ne distingue en eux rien qui ressemble à une tête ; quoiqu'il soit impossible d'entrer en commu-

nication avec eux pour les interroger à ce sujet, on
est certain que des cinq sens dont les animaux complets sont doués aussi bien que l'homme, les zoophytes
n'en ont qu'un seul, celui du toucher ; encore n'est-il
que très-imparfaitement développé. Comme les plantes, auxquelles ils ressemblent sous tant d'autres rapports, ils sont privés de la faculté de se mouvoir ; ils
naissent, vivent et meurent pour la plupart fixés sur
les roches sous-marines. Malgré tous ces désavantages,
quelques zoophytes tiennent une place importante dans
la création, et sont pour l'homme, à divers titres, une
source de véritable richesse.

Les naturalistes rangent les zoophytes dans 5 classes, comprenant, en remontant l'échelle de l'organisation : 1º les *infusoires*, 2º les *spongiaires*, 3º les
polypes, 4º les *acalèphes,* 5º les *échinodermes.*

1º Les *infusoires* appartiennent aux *infiniment
petits* de la création; sans le microscope, leur existence
serait encore ignorée; il est probable que nous n'en
connaissons qu'une faible partie, et qu'on ignorera
longtemps, sinon toujours, les mystères de leur organisation. Prenez où vous voudrez une goutte d'eau,
saine ou croupie, ou d'une infusion quelconque conservée depuis un jour ou deux ; placez cette goutte sous
un fort microscope; vous y verrez fourmiller les infusoires. Inutile d'en donner l'énumération; les plus
connus sont les *vibrions*, assez semblables à des an-
guilles qui sont dans un état de continuelle agitation.
On ne peut former que des conjectures sur les sens des
infusoires, leur mode d'existence et leurs sensations.
Aussi, je me borne à faire observer le seul genre de
service que les infusoires rendent indirectement à
l'homme. Ils sont la seule nourriture de tous les poissons sans exception, pendant la première période de

leur existence ; beaucoup de poissons, entre autres les *cyprins dorés* de la Chine, vulgairement nommés *poissons rouges*, n'ont pas d'autre mode d'alimentation, toute leur vie. C'est à la présence des cadavres invisibles des infusoires qu'est due la corruption de l'eau douce conservée sans renouvellement ; c'est parce que les poissons rouges se nourrissent d'infusoires que l'eau douce dans laquelle ils vivent ne se corrompt pas rapidement, même sous l'influence d'une température tiède.

2° LES SPONGIAIRES commencent en réalité la série des vrais zoophytes, auxquels les naturalistes ne rattachent les infusoires que faute de pouvoir les classer ailleurs. On connaît les usages de l'éponge, type de cette classe; une éponge ressemble assurément plus à une plante qu'à un animal. Il a été jusqu'à présent impossible de vérifier l'organisation des animaux gélatineux auxquels l'éponge sert de demeure. D'habiles plongeurs vont chercher l'éponge à la surface des roches sous-marines auxquelles elle est fixée. Les plus belles éponges sont pêchées dans l'Archipel; on a commencé en 1861 des essais de naturalisation de l'éponge sur les points du littoral français de la Méditerranée qui semblent les plus favorables à sa multiplication. Ce zoophyte, ou, pour mieux dire, son habitation, est l'objet d'un commerce fort étendu.

3° LES POLYPES montent déjà d'un degré l'échelle de l'organisation animale; comme les *spongiaires*, ils n'ont pas la faculté de se mouvoir, et l'on ne peut leur supposer les sens de la vue, de l'ouïe et de l'odorat; mais l'une de leurs extrémités est

munie d'une bouche, et peut jusqu'à un certain point
passer pour une tête. L'existence de la bouche en-
tourée de bras ou *tentacules*, dont le polype se sert
pour saisir les animalcules dont il se nourrit, peut
faire supposer l'existence du sens du goût. La forme
générale d'un polype rappelle celle du ver de terre
commun. La vie est très-tenace chez ces singuliers
animaux ; on peut les retourner comme un doigt de
gant ; l'intérieur, qui faisait fonctions d'estomac,
devient le dehors ; l'extérieur devient l'estomac ; le
polype ne s'en porte que mieux, et n'en mange que
d'un meilleur appétit. Coupez un polype en plusieurs morceaux : à chaque fragment, il se produira
une bouche ornée de ces tentacules, et ce sera un polype complet.

Les polypes sont les uns nus, les autres pourvus
d'une enveloppe calcaire. Les uns habitent l'eau douce,
surtout celle des étangs et des lacs ; les autres ne
vivent que dans l'eau salée. Les polypes d'eau douce
sont nus ; le plus remarquable, quoique très-petit,
presque microscopique, a reçu le nom d'*hydre*, à
cause de la rapidité avec laquelle se reforment les têtes
qu'on lui retranche ; l'étude de ce groupe de polypes
n'est qu'un objet de curiosité. Les polypes vêtus
d'un étui calcaire, ou *polypes à polypiers*, ont au
contraire une très-grande importance, et occupent
une très-grande place dans la création. C'est chez
ces animaux, encore très-imparfaitement organisés,
que nous avons occasion d'observer en premier lieu
le singulier phénomène de la sécrétion d'une substance
entièrement différente de celle dont ils sont eux-
mêmes formés. Ce fait se passe continuellement
en nous, qui formons par un renouvellement non
interrompu nos os, nos ongles et nos cheveux. Le

polype forme de même, aux dépens de ses aliments, une sécrétion calcaire solide qui représente ses os ; mais, au lieu de les faire en dedans, il fait ses os en dehors, et se loge dedans. Nous retrouvons le même phénomène chez les *crustacés* et chez les *mollusques à coquilles*. Pour se former une idée du nombre impossible à chiffrer des polypes à polypiers, il suffit de se rappeler que, dans toutes les mers des régions équatoriales, le travail de ces polypes attachés aux roches sous-marines construit incessamment des récifs, des îles entières, et comble en peu d'années des bras de mer précédemment fréquentés des navigateurs. Ainsi, les étuis calcaires produits par des milliards de milliards de polypes, collés les uns aux autres, solidifiés par la pression des vagues, modifient sensiblement l'état géologique d'une partie de la surface du globe.

Un seul polype du même groupe que ceux qui édifient les récifs de la mer du Sud produit, sur quelques points de la Méditerranée et de la mer Rouge, une substance d'un beau rouge, le *corail*, recherchée comme un objet de parure pour la bijouterie, en Europe comme en Orient. C'est sur les côtes de l'île de Corse et sur celles de l'Afrique française, principalement aux environs de Bône, dans la province de Constantine, qu'on pêche le plus beau corail. Cette pêche produit annuellement des sommes importantes.

Les *madrépores*, étuis de polypes réunis en réseau de formes souvent très-élégantes, sont recherchés comme accessoire ornemental des collections d'objets d'histoire naturelle.

4° Les Acalèphes forment une classe peu nombreuse, dont l'organisation diffère peu de celle des polypes; mais tous les animaux de cette classe sont gélatineux et dépourvus d'enveloppe calcaire analogue à celle des polypes à polypiers. Le plus grand nombre des acalèphes vit, comme les polypes, sur les roches sous-marines, et n'a pas, par conséquent, la faculté de se mouvoir. L'une des espèces les plus répandues, la *méduse*, qui ressemble de loin au champignon du même nom, est très-commune en France, sur les côtes de l'Océan. La *physalie*, aussi connue sous le nom d'*ortie de mer*, parce que son contact avec la peau y cause de vives démangeaisons, diffère en un point essentiel des autres zoophytes de la classe des acalèphes : elle naît sur les rochers; mais elle s'en détache et flotte au hasard à la surface des mers, n'ayant pas de moyens de régulariser sa navigation, et probablement pas d'instinct pour vouloir se diriger vers un point plutôt que vers un autre.

5° Les Echinodermes (*peau épineuse*) sont les plus avancés en organisation de tous les zoophytes. Ils n'ont pourtant qu'un sens passablement développé, celui du toucher, et probablement, bien qu'à un degré très-faible, le sens du goût. Le genre le plus remarquable de cette classe est celui des *astéries*, vulgairement nommées *étoiles de mer*. Le corps, au centre duquel se trouve la bouche, est divisé en cinq rayons égaux, terminés en pointe, hérissés de piquants dont chacun fait fonctions de bras ou de tentacule, pour transmettre à la bouche les animalcules marins qui forment la nourriture de l'animal. Un autre genre, celui des *oursins* , est arrondi, sans appendice rayonné, revêtu d'une enveloppe calcaire percée d'une multitude de trous par lesquels passent les tentacules. Les oursins, sous le nom de *hérissons de mer* et de *châtaignes de mer*, sont recherchés comme aliment par les populations des côtes de nos départements maritimes.

Sur les rochers qui bordent les îles du grand archipel Indien, surtout à Java et à Sumatra, un autre zoophyte de la classe des échinodermes, l'*holothurie*, est exploitée par une pêche régulière, objet d'un commerce important avec le Céleste Empire. Les gastronomes chinois estiment autant ces holothuries, convenablement apprêtées, que ceux d'Europe estiment le saumon fumé et le thon mariné dans l'huile d'olives.

Quelques échinodermes rayonnés (*astéries* ou *étoiles de mer*) possèdent une étonnante faculté, que nous retrouverons chez beaucoup de crustacés, et même chez quelques reptiles : ils refont une partie de leur corps lorsqu'elle se trouve supprimée à dessein ou par accident. La physiologie ne peut expliquer d'une manière satisfaisante comment la partie qui doit être refaite attire à elle plus de nourriture que le reste du corps, jusqu'à ce que l'animal soit revenu à son état primitif.

§ XXII. — Mollusques.

Les mollusques sont en général plus avancés dans l'échelle de l'organisation que les zoophytes ; beaucoup ont une tête, et sont doués du sens de la vue ; le plus grand nombre possède la faculté de se déplacer, quoique avec peu d'agilité. Les uns sont nus, les autres secrètent pour s'y loger une enveloppe calcaire nommée *coquille*. L'étude des coquilles constitue une division intéressante de l'histoire naturelle, sous le nom de *conchyliologie*. Dans le langage ordinaire, on se sert à peu près indifféremment des mots *coquille* et *coquillage*. En histoire naturelle, la coquille est l'habitation ; le coquillage, l'habitant. Beaucoup de coquillages sont des aliments très-recherchés ; il suffit de rappeler la *moule* et l'*huître*, que de nos jours on est parvenu à faire multiplier artificiellement.

D'autres mollusques sont regardés à juste titre comme des fléaux à cause de leur voracité et de la rapidité déplorable de leur propagation ; tels sont les *limaçons* dans les jardins, et les *limaces* dans les champs cultivés ; les jardiniers et les cultivateurs ne négligent aucun moyen de les détruire.

Les naturalistes rangent les mollusques dans six classes : 1° les *céphalopodes*, 2° les *gastéropodes*, 3° les *ptéropodes*, 4° les *acéphales*, 5° les *tuniciens*, 6° les *bryozoaires*. Les mollusques des trois dernières classes sont à peine plus avancés en organisation que les zoophytes.

Les Bryozoaires sont tous des mollusques de mer ou d'eau douce, dont les formes étranges ont attiré de tout temps l'attention des naturalistes. Parmi ceux d'eau douce, les plus remarquables sont les *alcyons*, qui affectent tantôt la forme d'un champignon, tantôt celle d'un buisson. Le plus connu des bryozoaires marins est la *pennatule*, dont la forme rappelle assez exactement celle d'une plume à écrire. Tous ces mollusques, privés de la faculté de se mouvoir, dépourvus de tête et de tous les sens, sauf celui du toucher, n'offrent au naturaliste qu'un intérêt de curiosité ; on ne peut découvrir en eux aucun indice d'instinct. Les bryozoaires se rapprochent autant des végétaux que les moins parfaits d'entre les zoophytes ; ils sont, comme ceux-ci, sur l'extrême limite des deux règnes.

Les Tuniciens, d'une organisation aussi incomplète que les bryozoaires, se distinguent par une *tunique* ou enveloppe membraneuse qui les couvre en entier, comme la coquille couvre le coquillage, mais qui n'a qu'une consistance cartilagineuse. Les uns sont immobiles, fixés à la surface des roches sous-marines ; les autres, comme les *pyrosomes (corps de feu)*, flottent par bandes innombrables à la surface des mers. Le corps de ces tuniciens paraît être la cause du phénomène connu sous le nom de *phosphorescence de la mer*. Le phosphore, que ces animaux contiennent en forte proportion, s'en dégage continuellement en produisant une faible lueur, qui devient très-vive quand ils sont réunis par milliers, quelquefois par millions ; on dirait alors qu'une énorme quantité d'un liquide inflammable brûle tranquillement à la surface de la mer. De même que les bryozoaires, les tuniciens ont pour tout sens le toucher, et ne manifestent aucun instinct ; ils n'ont avec l'homme aucun rapport d'utilité ; tous appartiennent exclusivement à l'eau salée ; ils pullulent dans la Méditerranée, qu'ils rendent fréquemment phosphorescente.

Les Acéphales (sans tête) doivent leur nom à l'absence de tête ; comme les tuniciens, ils sont enfermés dans une enveloppe membraneuse que les naturalistes nomment *manteau ;* de plus, leur manteau secrète une coquille calcaire solide, en deux parties nommées *valves.* Beaucoup de mollusques acéphales sont comestibles ; la *moule*, l'*huître*, et plusieurs autres coquillages communs sur les côtes de France, offrent aux populations maritimes une ressource alimentaire précieuse. Malgré l'absence de tête et l'apparence d'une organisation très-incomplète, les acéphales ont un cœur, un foie, un appareil digestif, une bouche en communication avec l'estomac, et une circulation complète. L'instinct des acéphales se réduit à ouvrir et fermer leurs coquilles, et à recevoir les animalcules ou les débris de nature animale ou végétale que la mer veut bien leur envoyer. Depuis quelques années, on pratique en grand sur nos côtes la production artificielle des huîtres, en provoquant la formation de bancs d'huîtres, où les courants naturels apportent les germes qui deviennent des huîtres et se multiplient rapidement de manière à pouvoir être soumis à une exploitation régulière. Je fais observer en faveur de ceux qui mangent des huîtres et des moules crues avec plaisir, que les sensations de ces mollusques ne peuvent être que confuses, et qu'il n'est pas même possible à l'homme de s'en former une juste idée.

Un genre de coquillages, peu différent de la moule, renferme souvent, dans les parois intérieures de sa coquille nacrée, des excroissances globuleuses très-recherchées comme objet de parure, et dont le prix est surtout déterminé par leur rareté : ce sont les *perles fines*.

Les coquillages à perles sont pêchés à de grandes profondeurs, sur les côtes de l'île de Ceylan en Asie, et sur celles du golfe de Darien en Amérique. Triste destinée que celle des plongeurs dévoués à cette pêche si dangereuse, qui, chaque fois qu'ils se jettent à la mer, ont autant de chances pour n'en pas revenir que pour remonter à la surface !

Les plus curieux des mollusques acéphales, au point de vue de l'histoire naturelle, sont ceux qui malgré leur faiblesse apparente et le très-faible développement de leur instinct, exécutent un travail prodi-

gieux pour percer la roche dure et s'y creuser une retraite inaccessible à leurs ennemis. Ces acépales labo-
rieux appartiennent au genre *phollade*, dont quelques
espèces, qu'on trouve en France sur les côtes de
l'Océan, sont très-recherchées comme objet de gastro-
nomie. Pour les atteindre, il faut détacher les fragments
de roches qui en sont remplis, briser ces roches et en
extraire les phollades.

Les Ptéropodes, enfermés dans une coquille de forme
conique, ont une organisation aussi incomplète que
celle des acéphales; cependant ils s'élèvent d'un degré dans l'échelle de l'organisation : ils ont une tête,
et ils sont doués de la faculté de se déplacer à volonté.
Les mollusques des classes inférieures sont ou tout à
faitimmobiles, ou ballottés par les courants et l'agitation des vagues; aucun ne se transporte à son gré d'un
point à un autre. Les ptéropodes, mollusques marins
généralement de petites dimensions, ont des deux côtés de la tête des appendices en forme d'ailerons, qui
remplissent pour eux les fonctions de véritables nageoires, leur servant à se déplacer à la manière des
poissons. Le genre le plus répandu est le genre *hyale*,
très-commun dans la mer du Nord et dans la partie septentrionale de l'océan Atlantique. Aucun mollusque
ptéropode n'est utilisé par l'homme; leurs bandes innombrables sont la nourriture habituelle des jeunes
poissons des espèces voraces, tant que ces poissons ne
sont pas assez forts pour donner la chasse à d'autres
poissons et s'en nourrir.

Les Gastéropodes diffèrent essentiellement des *ptéropodes*, tant par leur forme extérieure que par leur organisation intérieure.

Les *gastéropodes* sont pour la plupart terrestres; quelques espèces vivent, les unes dans la mer, les autres dans l'eau douce.

Parmi les espèces terrestres, les unes sont nues, les autres sont munies d'une coquille *univalve* tournée en spirale. Ce sont des gastéropodes marins qui sécrètent ces belles coquilles également remarquables par leur forme et leurs couleurs, qui, sous les noms de *buccins*, de *porcelaines*, de *nérites*, font le principal ornement des collections de conchyliologie. Les mollusques gastéropodes n'ont pas de membres articulés; ils ne peuvent par conséquent ni sauter, ni courir, ni même marcher dans le vrai sens de cette expression; ils se traînent sur le ventre au moyen d'un organe unique nommé pied par les naturalistes, bien qu'il n'ait avec les pieds des autres animaux aucune analogie, excepté son usage comme moyen de déplacement. Les gastéropodes se reproduisent par des œufs; leur tête est munie d'appendices rétractiles, que l'animal allonge ou raccourcit à volonté, et dont les deux supérieurs sont considérés comme supportant à leur extrémité l'organe du sens de la vue, sens qui manque aux mollusques des classes inférieures.

Le plus commun des mollusques gastéropodes, le *limaçon* ou *hélice* de nos jardins, déploie une certaine dose d'instinct dans le choix de ses aliments, dans ses efforts pour les atteindre, dans les précautions qu'il prend, à l'approche de l'hiver, pour se choisir une retraite à sa convenance, s'enfermer dans sa coquille, et attendre la reprise de la végétation pour sortir de sa léthargie et recommencer à vivre. On mange en Bourgogne, et même à Paris, le gros limaçon à coquille grise, qui se nourrit principalement de feuilles de vigne. Le bouillon de limaçons est usité comme médicament contre les affections des organes respiratoires. La *limace,* d'une organisation tout à fait semblable à celle du limaçon, n'en diffère que parce qu'elle est dépourvue de coquille.

Les gastéropodes marins ne s'éloignent jamais des côtes où ils trouvent la végétation nécessaire à leur subsistance. Ceux d'eau douce, particulièrement ceux des genres *planorbe* et *lymnée,* quand la nourriture végétale leur manque dans l'eau des lacs et des étangs, en sortent pour s'élever en rampant sur les arbres du voisinage et se nourrir de leurs feuilles.

Les Céphalopodes ne marchent pas, comme les gastéropodes, sur le ventre ; ils marchent sur la tête : c'est-à-dire que le point sur lequel ils s'appuient pour ramper est placé sous la tête. Tous les mollusques céphalopodes sont des animaux marins ; un d'entre eux, la *sèche,* est utilisé sous deux rapports. Avec la matière colorante contenue dans le corps de cet animal, on prépare une couleur brune très-usitée des dessinateurs sous le nom de *sépia* ; avec la coquille plate qu'il porte sur le dos, et qu'on nomme dans le commerce *os de sèche,* on polit les objets d'art et d'ornement en ivoire et en bois précieux.

Les *poulpes,* de la classe des céphalopodes, sont pourvus de très-longs appendices, qui leur servent à nager à reculons, très-rapidement. Il y en a d'énormes, qui font une grande destruction de toute sorte d'animaux marins d'un ordre inférieur, auxquels il est difficile de leur échapper.

§ XXIII. — Les annélides.

Quoique les naturalistes accordent aux annélides le pas sur les mollusques, il est impossible de ne pas reconnaître que, soit pour l'organisation, soit pour l'instinct, les annélides, aussi désignés sous le nom vulgaire de *vers*, ne l'emportent nullement sur les mollusques, auxquels ils semblent plutôt inférieurs à plusieurs égards. Ils manquent généralement de tous les organes des sens, et chez ceux qui ont une tête, celle-ci n'est pas distincte du reste du corps.

Plusieurs annélides se propagent, à la manière de certains végétaux, par des bourgeons qui s'en détachent et deviennent bientôt des animaux aussi complets que ceux qui leur ont donné naissance. Quant à la locomotion, les annélides sont encore moins bien partagés que les mollusques gastéropodes ; comme eux, ils rampent sur le ventre, mais sans être pourvus d'aucun organe particulier qui les aide dans ce genre peu commode de locomotion. Quelques annélides sont parés des couleurs les plus vives ; ce sont des animaux marins dont les branchies, organes de la respiration, sont disposées en aigrette ou en éventail au-dessus de leur tête.

Les annélides sont divisés en trois groupes : 1º les *tubicoles*, 2º les *dorsibranches*, 3º les *abranches*. Il faut ajouter à ces trois groupes ceux des *helminthes* et des *rotateurs*, dont les naturalistes font deux classes distinctes, mais qui peuvent sans inconvénient être réunis à la classe des *annélides*.

Les Rotateurs et les Helminthes n'ont rien qui mé-

rite d'attirer particulièrement l'attention, excepté deux
faits étranges demeurés jusqu'à présent sans explication. Les *rotateurs*, animalcules d'eau douce de
très-petites dimensions, se rattachent aux annélides
par les anneaux dont leur corps est visiblement composé; on peut interrompre chez eux la vie par la des-
sication; il suffit pour les faire revivre de les remettre
en contact avec l'humidité : ils recommencent à se mouvoir et à remplir toutes leurs fonctions vitales, même
quand elles ont été suspendues pendant un temps illi-
mité.

Les *helminthes* comprennent tous les vers intes-
tinaux, source de maladies chez l'homme et chez la
plupart des mammifères. Ce sont des êtres dégoûtants,
dont on abandonne volontiers l'étude à ceux qui ont le
courage de rechercher les moyens de les détruire. Le
seul fait réellement merveilleux, c'est que ces annélides
qui vivent et se multiplient à l'intérieur de nos organes digestifs échappent à l'action de ces organes, et
ne soient pas digérés en même temps que nos aliments.

Les Abranches, qui, comme leur nom l'indique,
sont des annélides dépourvus de branchies respiratoires, contiennent l'un des animaux de cette classe avec
lequel nous sommes le plus fréquemment en contact :
le *lombric* ou *ver de terre* commun est un annélide
abranche. Il ne se nourrit directement ni des racines,
ni des tiges, ni des feuilles des végétaux cultivés;
mais les galeries qu'il pratique en tous sens dans les
plates-bandes des jardins et dans l'intérieur des couches
de fumier chaud, bouleversent les semis et empêchent
les graines de lever. On détruit les vers de terre dans

les couches en arrosant largement celles-ci avec de l'urine de bestiaux chauffée jusqu'à l'ébullition. Les vers de terre sont un aliment recherché des canards et des poules ; les naturels de l'Australie mangent des vers de terre comme nous mangeons des huîtres et des moules ; ils les trouvent excellents crus.

Quoique les vers de terre multiplient par des œufs assez semblables à ceux des mollusques gastéropodes, on peut aussi les multiplier en les coupant en plusieurs morceaux ; l'une des extrémités se cicatrise ; l'autre devient une tête pourvue d'une bouche, et le fragment de ver de terre devient un ver complet.

C'est à la classe des annélides abranches qu'appartient la *sangsue*, dont l'usage médical a pris dans les temps modernes une telle extension, que la race en France en était à peu près éteinte ; on en a fait venir des quantités incroyables de la Hongrie et de l'Afrique française. Toutes les sangsues ne sont pas également aptes à opérer chez l'homme des saignées locales ; la *sangsue médicale*, d'un brun verdâtre, marbrée de noir, constitue une espèce distincte. Toutes les sangsues ont la bouche armée de trois dents triangulaires, de consistance cornée, à l'aide desquelles elles entament la peau pour sucer le sang ; l'espèce désignée sous le nom de médicale a les dents assez courtes pour ne pas dépasser le but, en provoquant des hémorragies trop difficiles à arrêter. Depuis quelques années, la multiplication artificielle des sangsues a fait assez de progrès pour que le moment approche où la production pourra suffire à tous les besoins de la consommation. Il y a toujours eu malheureusement des modes en médecine ; mais l'effet des saignées locales opérées par les sangsues est si certain, il est si facile de le modifier selon la nature du mal à combattre, que très-pro-

bablement la mode des sangsues ne passera pas, et
qu'il y aura longtemps encore des bénéfices importants
à réaliser par la multiplication artificielle des sangsues.

Les Dorsibranches doivent leur nom à la position de
leurs branchies respiratoires. C'est à cette division des
annélides qu'appartiennent les animaux parés des couleurs les plus éclatantes. Ils n'ont pour l'homme qu'un
seul genre d'utilité, tout à fait secondaire ; les pêcheurs
vont les chercher dans les loges en formes de tubes
qu'ils se creusent pour s'y retirer, les uns dans le sable,
les autres dans la vase des bords de la mer ; ils les attachent comme amorce à leurs hameçons pour la pêche
des gros poissons en pleine mer.

Les Tubicoles sont les plus remarquables d'entre les
annélides. Comme les dorsibranches, ils se bâtissent
une demeure en forme de tube, ainsi que l'indique
leur nom. Les retraites des tubicoles sont littéralement
maçonnées avec des fragments de coquilles, du sable
et de l'argile ; elles sont ouvertes par les deux bouts ;
l'animal peut en sortir et y rentrer à volonté. Plusieurs
espèces de tubicoles construisent leurs tubes tout près
les uns des autres ; leurs tribus forment ainsi des
groupes souvent nombreux. Ces animaux semblent se
plaire dans la société les uns des autres ; l'homme ne
les utilise sous aucun rapport.

§ XXIV. — Les crustacés.

Des *annélides* aux *crustacés* la transition est brusque ; il semble que plusieurs degrés soient franchis à

la fois. Les crustacés ont tous une tête bien distincte, portant des yeux, souvent adaptés à un support mobile; leurs membres sont articulés, composés de pièces ajustées les unes dans les autres, flexibles à leur point de jonction, servant par conséquent à la locomotion. Quelques crustacés sont terrestres ; mais le plus grand nombre habite la mer ou les eaux douces ; ils marchent ou nagent avec assez d'agilité, et peuvent ainsi franchir de grandes distances. Leur corps est recouvert d'une enveloppe calcaire solide, ou *croûte*, de laquelle dérive leur nom. Cette enveloppe dont la partie contiguë à la tête a la forme d'une véritable cuirasse, se renouvelle tous les ans ; cette rénovation est accompagnée d'une crise pendant laquelle l'animal souffre beaucoup, et à laquelle il succombe quelquefois. Comme nous l'avons déjà remarqué chez plusieurs animaux des ordres inférieurs, les parties retranchées ou accidentellement détruites se refont assez promptement.

Les naturalistes rangent les crustacés en deux groupes principaux : 1° les *podophthalmaires*, 2° les *entomostracés*. Le premier de ces deux groupes est de beaucoup le plus important.

Podophthalmaires. — Ce nom signifie que les yeux des crustacés de ce groupe sont pédonculés, c'est-à-dire placés au sommet d'un support mobile. On les nomme aussi *malacostracés* ou crustacés, quoique leur enveloppe calcaire ne soit pas une *coquille* dans le vrai sens du mot. C'est parmi les crustacés de ce groupe que se trouvent le *crabe*, le *homard*, la *langouste*, l'*écrevisse* et la *crevette* ou *salicoque*, tous recherchés comme aliments par l'homme, qui commence seulement de nos jours à s'occuper de la multiplication artificielle des meilleures espèces de crustacés comestibles.

Les Crabes, très-communs sur les côtes françaises de la Manche et de l'Océan, sont pour la plupart comestibles ; le plus recherché est le gros crabe de forme ronde aplatie bien connu sous les noms vulgaires de *poupard* et de *tourteau*. Dans les régions tropicales, ils sont excessivement nombreux ; on sait que l'amiral anglais Drake, s'étant aventuré seul sur une île du grand Océan nommée depuis l'île des Crabes, fut assailli par des légions de ces crustacés, renversé, étouffé sous leur masse, puis dévoré avant que ses gens, dont il s'était imprudemment éloigné, aient eu le temps de venir à son secours.

Le Homard est le plus gros et le meilleur des crustacés comestibles ; il abonde, en France, dans les roches du Calvados, où, de temps immémorial, les pêcheurs français en prennent tous les ans des milliers au tiers ou au quart de leur grosseur, et les vendent aux Anglais dont les côtes sont presque dépourvues de ce crustacé. Les Anglais élèvent et engraissent ces jeunes homards, et les revendent avec bénéfice lorsqu'ils sont assez gros pour être livrés à la consommation. En France, on s'occupe activement de faire multiplier artificiellement le *homard* et la *langouste*, sa proche parente, qui en diffère surtout en ce qu'elle est privée des pinces larges et fortes dont le homard est armé.

L'Écrevisse, le meilleur des crustacés d'eau douce de France et d'Europe, est aussi celui dont on connaît le mieux les mœurs et l'organisation. Quand la femelle pond ses œufs, ils restent attachés par grappes, au nombre d'environ trois cents, à des filets placés à cet effet sous les anneaux mobiles de la queue de l'animal. Ils y subissent une véritable incubation, au bout de laquelle il en sort de très-petites écrevisses en tout semblables à leur mère, sauf la taille. C'est chez les crustacés, chez l'écrevisse en particulier, que nous rencontrons pour la première fois, dans notre revue des animaux à partir du bas de l'échelle, l'instinct maternel. L'écrevisse ne perd pas de vue ses petits après leur naissance ; jamais ils ne s'éloignent beaucoup de leur mère ; à l'approche des dangers, ils se réfugient sous la queue maternelle ; pour les couvrir et les ramasser sous elle, l'écrevisse exécute alors un mouvement de recul, ce qui a donné lieu à l'opinion générale qu'elle marche à reculons. L'écrevisse marche et nage habituellement droit devant elle, comme tous les animaux pourvus des mêmes organes de locomotion. Il est facile de faire multiplier artificiellement les écrevisses ; il faut seulement, pour pratiquer cette industrie, beaucoup de persévérance ; c'est à quatre ans seulement que les écrevisses arrivent à l'état adulte, et qu'elles ont à peu près leur volume normal ; cependant, en vieillissant, elles continuent à grossir. Il est rare qu'on en trouve de très-grosses en France, où elles sont si recherchées qu'on les laisse rarement vieillir ; les plus volumineuses sont pêchées en Russie, où elles abondent dans des cantons peu peuplés, de sorte qu'on ne les pêche qu'à de longs intervalles. Dans les réservoirs où l'on élève les écrevisses, il faut les nourrir de toute sorte de débris de substances animales ; on doit isoler celles de divers âges : car les grosses mangent les petites, surtout à l'époque du changement d'enveloppe. Comme elles ne subissent pas cette crise toutes en même temps, celles qui viennent de *muer* et dont la coque n'a pas encore de consistance sont à la merci des autres.

Les eaux qui coulent sur des terrains complétement dépourvus de principes calcaires ne conviennent pas

aux écrevisses; elles ont pour ces eaux une telle répugnance que, si l'on veut les contraindre à vivre dans
un réservoir rempli d'eau de mauvaise qualité, elles
se retirent sur les bords, refusent les aliments et se
laissent mourir de faim.

La Crevette, dont la plus grosse espèce, de couleur
rose, est connue sous le nom de *salicoque,* offre à très-
peu de chose près l'organisation de la langouste, sous
des formes réduites; elle multiplie à profusion près
de l'embouchure des fleuves ; c'est un aliment délicat,
aussi recherché que l'écrevisse et d'aussi facile digestion.

Faute de pouvoir le placer ailleurs, les naturalistes
ont rangé, à la suite des crustacés podophtalmaires un
petit animal regardé vulgairement comme un insecte,
et très-commun dans tous les lieux habités, le *clo-
porte*, qui ne ressemble que de très-loin aux autres espèces du même groupe.

Le groupe peu nombreux des *entomostracés* contient des animaux vivant dans l'Océan ou dans les
eaux douces dormantes, qui sont revêtus, non d'une
enveloppe calcaire, mais d'une sorte de cuirasse de
consistance cornée. L'espèce la plus remarquable de
ce groupe, le *limule,* improprement nommé *crabe des
Moluques,* est armé de piquants qui blessent sévèrement ceux qui les touchent sans précaution.

§ XXV. — Les arachnides.

Les animaux de la classe des *arachnides*, dont l'a-
raignée est le type, ne semblent pas, au premier aspect,
d'une organisation supérieure à celle des crustacés; au

contraire ; l'instinct maternel, très-remarquable chez les plus complets d'entre les crustacés, spécialement chez l'écrevisse, ne se retrouve pas chez les arachnides, que, dans le langage vulgaire, on comprend sous la dénomination d'*insectes*, bien qu'ils diffèrent des insectes par plusieurs caractères essentiels. Mais, comme beaucoup d'insectes, plusieurs arachnides peuvent tirer de leur propre substance des fils d'une ténuité et d'une solidité merveilleuses, dont ils composent les toiles où viennent se prendre les insectes ailés, base de leur nourriture.

De tous les sens, le plus développé chez les arachnides est celui de la vue. La tête, qui termine le corps, mais sans en être distincte, porte des yeux dont le nombre varie de deux à douze. La conformation particulière de ces yeux permet de conjecturer qu'ils décomposent la lumière autrement que les nôtres, de sorte que les arachnides peuvent voir des objets qui nous échappent sous des couleurs dont nous n'avons aucune idée.

Pour la locomotion, les arachnides sont pourvus de huit pattes articulées, grâce auxquelles elles peuvent marcher et courir avec agilité.

Les naturalistes rangent les arachnides en deux groupes : 1° les *arachnides pulmonaires*, 2° les *arachnides trachéens*. Ceux du premier groupe, ainsi que l'indique leur nom, respirent au moyen de *poches pulmonaires*, qui fonctionnent comme de véritables poumons ; ceux du second groupe respirent exclusivement par des *trachées latérales*, à la manière des insectes.

Les *arachnides pulmonaires* sont les plus nombreux et les plus dignes d'intérêt ; ce sont les araignées proprement dites, objet de dégoût et de répugnance fondée sur ce qu'en effet la nature ne leur a départi ni la grâce ni la beauté. On ne rencontre en France aucune araignée vraiment venimeuse. Dans le Midi, les grosses araignées velues noires peuvent faire des piqûres douloureuses, mais non dangereuses. La *tarentule*, grosse araignée commune vers l'extrémité méridionale de l'Italie, ne peut, comme on le croit vulgairement, donner la mort; mais sa morsure donne lieu à des accidents plus graves que ceux qui peuvent résulter de la morsure des araignées du reste de l'Europe. C'est aux Antilles, et sur le continent de l'Amérique méridionale, qu'on rencontre les araignées les plus grosses, les plus hideuses, les plus venimeuses, dangereuses dans le vrai sens du mot; elles ne sont nombreuses nulle part, et il n'est pas difficile de se préserver de leurs atteintes.

De tous les animaux compris dans la classe des arachnides pulmonaires le plus remarquable est le *scorpion*, dont la structure, la cuirasse, les pinces antérieures et toutes les allures indiquent la transition naturelle entre les crustacés et les arachnides. Le scorpion est très-commun dans nos départements méridionaux, voisins du littoral de la Méditerranée; il l'est encore plus dans toutes les parties de l'Afrique française. L'organe le plus singulier du scorpion est la queue terminée par un crochet creux à l'intérieur, aboutissant à une glande remplie d'un liquide caustique, absolument comme les dents de la vipère et du serpent à sonnettes. La queue du scorpion est articulée et mobile dans tous les sens; il s'en sert pour tuer les *araignées* et les gros insectes dont il se nourrit. Le scorpion d'Europe n'est point, à beaucoup près, aussi dangereux que celui d'Afrique ; néanmoins, sans de prompts secours, une piqûre de scorpion peut toujours donner lieu à des accidents très-graves. On croit généralement dans le

Midi que si l'on peut prendre le scorpion dont on vient
d'être piqué et l'écraser sur la plaie, cela suffit pour neu-
traliser les effets de son venin ; c'est un préjugé. L'ammoniaque liquide, appliqué, s'il est possible, immédiatement après la piqûre, est le seul remède d'une efficacité certaine. Il est faux que le scorpion recherche
l'homme pour le piquer ; il ne pique l'homme que pour
se défendre, il ne donne la chasse qu'aux animaux dont
il se nourrit ; il n'a aucun intérêt à attaquer l'homme.
Quelques soins de propreté éloignent aisément le scorpion de la demeure de l'homme, même dans les pays où
il est le plus commun.

Le groupe des *arachnides trachéens* ne contient
qu'un seul animal très-commun et très-digne d'attention, le *faucheur,* remarquable par la longueur disproportionnée de ses pattes. Loin d'inspirer de la répugnance, comme les araignées, le *faucheur* est généralement regardé dans les campagnes comme un animal qui *porte bonheur* : on s'abstient de le détruire, et
l'on a raison : car, à l'aide de ses yeux, conformés pour
apercevoir les plus petits objets, le faucheur voit les
œufs microscopiques de divers insectes et passe sa vie
à les rechercher pour s'en nourrir ; il rend donc indirectement service à l'homme en s'opposant à la multiplication d'une multitude d'insectes nuisibles , et
comme il est d'ailleurs parfaitement inoffensif, il
n'est que juste de le laisser multiplier en liberté et de
ne pas le traiter en ennemi.

Les autres *arachnides trachéens* sont ou des parasites qui vivent, comme les *ixodes*, en suçant le sang
des animaux domestiques ; ou de très-petits animaux,
qui, comme les *cirons* et les *mites*, vivent dans le fromage ou diverses autres provisions dont ils hâtent la
décomposition. La petite *araignée rouge* , dont le nom

véritable est *lepte*, et qui cause par ses piqûres, principalement aux jambes, d'intolérables démangeaisons, appartient aussi au groupe des *arachnides trachéens*.

§ XXVI. — Les myriapodes.

La classe des *myriapodes* est l'une des moins nombreuses de tout le règne animal ; les animaux dont elle
se compose forment la transition très-naturelle entre les
arachnides et les insectes, en remontant l'échelle de l'organisation. Les *myriapodes,* bien qu'ils soient pourvus
d'yeux dont la structure rappelle celle des yeux des
arachnides , recherchent tous l'obscurité ; les uns vivent sous terre , les autres sous l'écorce des arbres.
Les naturalistes les divisent en deux groupes, l'un et
l'autre également remarquables par le nombre de leurs
pattes, porté chez quelques espèces à quatre-vingts
paires ; ce sont : 1º les *scolopendres,* 2º les *iules.*
Tout le monde connaît sous son nom vulgaire de *mille-
pieds* la scolopendre d'Europe ; elle est carnassière, et
détruit sous terre une quantité prodigieuse d'insectes
et leurs œufs. La scolopendre mord lorsqu'on cherche
à la saisir ; sa morsure est douloureuse, mais non dangereuse ; c'est d'ailleurs un animal utile comme destructeur d'insectes nuisibles. Il n'y a aucune raison de détruire les scolopendres ; il suffit, pour n'en être pas mordu ,
d'éviter de les déranger. En Asie et en Amérique, dans
les contrées intertropicales , il y a des scolopendres
dont la longueur varie de 40 à 30 centimètres, et dont
la morsure donne lieu à des plaies sérieuses ; elles ne
cherchent pas l'homme pour le mordre, et ne vivent que
d'insectes, comme celles d'Europe ; mais il n'est pas
prudent de les approcher sans précaution.

Le groupe des *iules*, le moins important des deux groupes de la classe des myriapodes, ne diffère pas sensiblement de celui des scolopendres quant à l'organisation; il s'en distingue essentiellement par les mœurs. Les iules sont inoffensifs sous tous les rapports, et ne chassent pas pour vivre; ils se nourrissent exclusivement des parties vertes et tendres des végétaux. Ce groupe ne renferme aucune espèce offrant pour l'homme un intérêt particulier.

La classe des myriapodes occupe, dans la classification naturelle, la première place en tête des animaux incomplétement organisés. A partir des zoophytes, qui ont avec les végétaux tant de caractères communs, nous avons rencontré des êtres de plus en plus complets, et, chez quelques-uns des plus avancés, les premières lueurs de l'instinct maternel. Au-dessus des myriapodes, cet instinct se manifeste à des degrés de plus en plus avancés, jusqu'à la classe des *mammifères*, où il est porté jusqu'au dévouement le plus absolu. D'échelon en échelon, nous allons, dans tout le reste de la zoologie, rencontrer des animaux rattachés à l'homme par des liens de plus en plus intimes, jusqu'aux animaux domestiques, compagnons inséparables de l'homme en société, que la bonté du Créateur a voulu lui donner pour serviteurs et pour amis.

CHAPITRE VI.

§ XXVII. — Les insectes.

Les insectes occupent une place du premier ordre
dans l'histoire naturelle, dont ils forment une division
des plus importantes sous le nom d'*entomologie*.
Le fait le plus curieux et le plus saisissant de l'histoire
naturelle des insectes, c'est cette série de métamorphoses ou transformations que ces animaux doivent
subir depuis le moment où ils sortent de l'œuf qui les
contient en germe jusqu'à celui où ils passent à l'état
d'insectes parfaits, doués de la faculté de perpétuer
leur espèce. En effet, nous n'observons rien de semblable chez les autres animaux, et il est impossible
de ne pas s'étonner que la nature ait donné aux
insectes un mode de développement si différent de
celui des autres êtres animés. Mais cette différence
est plus apparente que réelle, et c'est ce qu'il est
nécessaire de faire bien comprendre.

Sans entrer dans des détails de physiologie hors
de la portée du plus grand nombre des lecteurs, je
me bornerai à une démonstration d'une extrême sim-
plicité. Considérez trois œufs, un œuf de papillon,

un œuf de poisson et un œuf d'oiseau : ce sont bien trois œufs semblables entre eux en un point capital. De chacun de ces œufs doit sortir un animal vivant, doué de l'instinct nécessaire à sa conservation, reproduction exacte de l'animal duquel provient l'œuf : le jeune poisson, le jeune oiseau sortent de l'œuf tout formés; ils sont, sauf la taille, tout ce qu'ils doivent être. Que sort-il, au contraire, de l'œuf d'un papillon? Il en sort un être animé, qui n'a rien de commun avec le papillon. C'est une chenille, qui plusieurs fois changera de peau, ayant sous sa forme de chenille toutes les apparences d'un animal complet, avec les organes de la vue, du goût, de la respiration, de la digestion. Puis, cette chenille, cette larve, comme la nomment les naturalistes, s'entoure d'un *cocon* filé aux dépens de sa propre substance, s'enferme dans une *chrysalide* où elle passe à l'état de *nymphe* ou *momie*, subit une crise de développement plus ou moins prolongée, et sort enfin de sa prison, semblable de tout point au papillon qui a pondu l'œuf, son point de départ. Le germe contenu dans l'œuf du poisson et dans celui de l'oiseau a passé par les mêmes phases, subi les mêmes métamorphoses; mais il les a subies *dans l'œuf*: l'insecte les a subies *hors de l'œuf;* c'est toute la différence, et le poisson, l'oiseau, l'insecte, obéissent aux mêmes lois de développement.

Les insectes ont déjà, du moins pour la plupart, tous ou presque tous les sens dont sont doués les animaux d'un ordre plus élevé, quoique chez plusieurs les organes de ces sens échappent aux observations du naturaliste. Pour la locomotion, les insectes ne s'en tiennent pas aux pattes articulées dont ils sont tous pourvus; beaucoup d'entre eux, après avoir eu des pattes à leur état de larve, ont des ailes à l'état parfait, et peuvent jusqu'à un certain point voler dans l'air calme, bien qu'il ne leur soit pas possible de lutter contre un courant d'air un peu vif.

Quant à l'instinct, ce n'est pas seulement à l'état parfait que les insectes en sont doués à un très-haut degré; beaucoup de larves en déploient une dose très-remarquable, notamment chez les chenilles qui filent en commun une toile où elles s'enferment pour hiverner toutes ensemble, et chez celles qui s'enterrent au pied des arbres avant l'hiver, ou qui, dès qu'elles ont dépouillé totalement un arbre de son feuillage, s'en vont processionnellement envahir un autre arbre, sans jamais se tromper d'espèce ni s'en prendre à ceux dont le feuillage ne peut les nourrir. Mais le trait le plus saillant de l'instinct des insectes, parce qu'il se reproduit sans exception chez tous les insectes femelles, c'est celui qui leur fait prévoir les besoins de leur postérité. Pour se bien rendre compte de ce qu'il y a de merveilleux dans cet instinct, il faut se rappeler un fait capital dans l'existence des insectes parvenus à l'état parfait. Cette existence se borne pour les femelles au temps strictement nécessaire pour accomplir la ponte de leurs œufs. Les femelles de presque tous les papillons, par exemple, pondent très-peu d'heures après leur sortie de la chrysalide, et meurent aussitôt que leur ponte, seul but de la dernière phase de leur existence, est terminée. Les femelles d'insectes qui ne doivent vivre que pendant un temps très-court à l'état parfait, ne mangent pas, et n'ont pas même d'organes pour absorber une nourriture quelconque : elles n'en ont pas besoin. Celles qui doivent vivre plus longtemps, parce qu'elles pondent successivement et à d'assez longs intervalles, comme le hanneton femelle, sont pourvues d'organes pour manger, et leurs aliments sont toujours d'une nature autre que celle des aliments qu'elles ont absorbés à l'état de larves. Ont-elles le souvenir de ce qu'elles ont mangé quand elles étaient larves ? Nul ne le sait ; mais, sans jamais commettre d'erreur, elles vont invariablement déposer leurs œufs là où les larves qui naîtront de ces œufs trouveront la nourriture qui leur convient. C'est ainsi que tout papillon femelle pond sur les rameaux de l'arbre dont sa chenille doit manger la feuille, et que le hanneton femelle creuse un trou pour enterrer ses œufs à proximité des racines que doivent ronger les larves nées de ces œufs. C'est une règle admirable, à laquelle on ne connaît point d'exception.

Le mot *insecte*, dérivé du latin, signifie *coupé*, et en effet la grande majorité des insectes est comme coupée en deux parties, le *corselet* auquel adhèrent les pattes et les ailes et qui supporte la tête, et l'*abdomen* composé d'anneaux, terminé par une pointe nommée *oviducte* chez la femelle, qui s'en sert pour déposer ses œufs à la place la plus convenable pour assurer l'avenir de ses larves.

De tous les sens, c'est celui de la vue qui paraît le plus développé chez les insectes. Leurs yeux, examinés avec un fort microscope, se montrent taillés à facettes ; comme ceux des arachnides, mais d'une autre manière, ils doivent faire voir aux insectes les objets sous des aspects et des couleurs que nous ne pouvons deviner.

Le nombre des insectes directement utiles à l'homme est très-limité. Les principaux sont l'*abeille*, qui lui donne le miel et la cire ; le *bombyx*, dont la chenille file la soie à son profit ; la *cochenille*, qui lui donne une matière colorante rouge, fort supérieure probablement à la pourpre si célèbre chez les anciens ; le *cynips,* qui fait naître en Orient sur la feuille du chêne vert l'excroissance connue sous le nom de *noix de galle,* base de l'encre et de la teinture en noir, et un autre cynips dont la piqûre sur les jeunes rameaux de troëne à feuille persistante produit une cire végétale fort usitée dans toute la Chine. On peut aussi considérer comme indirectement utiles à l'homme les insectes assez nombreux qui lui rendent le service de détruire, pour s'en nourrir, une foule d'insectes nuisibles aux produits de ses champs et de ses jardins. Les insectes nuisibles à divers titres pullulent autour de nous, en nombre effrayant, et si rien ne s'opposait à leur multiplication, ils auraient bientôt rendu notre planète inhabitable. Une seule d'entre les races diverses qui peuplent la terre, celle des nègres de l'Australie, mange avec délices les insectes de son pays et leurs larves, objets de dégoût pour le reste des hommes : i ne faut pas disputer des goûts.

Les naturalistes rangent les insectes en huit ordres principaux : 1º les *coléoptères,* 2º les *orthoptères,* 3º les *hémiptères,* 4º les *névroptères,* 5º les *hyménoptères,* 6º les *lépidoptères,* 7º les *diptères* ; 8º les *anoplures.*

§ XXVIII. — Les anoplures et les diptères.

Le mot *ordre* a été adopté pour désigner la subdivision des insectes, dont l'ensemble est considéré comme ne formant qu'une seule *classe.*

A l'extrémité inférieure de la classe des insectes, nous trouvons des animaux à peine supérieurs en organisation à ceux de la classe des *myriapodes ;* tels sont assurément les *anoplures* ou *parasites,* mentionnés ici

seulement pour mémoire. Les plus connus de ces insectes sont les *poux* et les autres espèces de ce genre
qui tourmentent l'homme et les animaux, et dont on
se préserve aisément avec quelques habitudes de propreté. Mais dès qu'on a franchi cet ordre, on rencontre celui des *diptères*, dans lequel l'organisation et
l'instinct s'élèvent d'un seul coup de plusieurs degrés,
et qui méritent un examen plus approfondi.

Les *diptères* (leur nom l'indique suffisamment) ont
pour caractère connu deux ailes membraneuses, demi-
transparentes, assez semblables aux ailes des névroptères, sauf qu'elles manquent de nervures saillantes.

Cet ordre est très-riche en genres et en espèces: les
deux groupes les plus dignes d'attention sont ceux des
culicidés qui ont pour type le *cousin,* et des *muscidés*
qui ont pour type la mouche commune, deux insectes
répandus dans toute l'Europe.

Le Cousin possède comme instrument de vol, outre
ses deux ailes, deux appendices nommés *balanciers.*
Les cousins auxquels on a retranché leurs balanciers
volent encore, c'est-à-dire qu'ils peuvent se soutenir en
l'air ; mais il leur est impossible de se diriger. La femelle pond à la surface des eaux dormantes ses œufs
enchâssés dans une sorte de réseau de matière gluti-
neuse. La larve qui naît de ces œufs se file presque aussitôt en un très-petit cocon en forme de nacelle, qui flotte
jusqu'à ce que le cousin, ayant subi sa dernière transformation, en sorte à l'état d'insecte parfait. Si l'on
songe aux mille causes de destruction qui menacent
les œufs et les larves des cousins, on s'étonne que la
race n'en soit pas éteinte; elle le serait assurément si
les femelles de cousins n'existaient par millions et ne

pondaient plusieurs fois par an des milliards d'œufs, dont une partie échappe toujours à la destruction. L'aiguillon du cousin, composé de plusieurs dards barbelés, que l'animal rentre à volonté dans un étui quand il ne s'en sert pas, est une vraie merveille. Les yeux du cousin, taillés à facettes, lui permettent de voir très-distinctement, mais seulement à une très-petite distance, de très-petits objets. L'homme est un être beaucoup trop volumineux pour qu'un cousin puisse en voir autre chose que la place sur laquelle il se pose pour le piquer; il est probable qu'il n'a d'ailleurs aucune notion de l'existence de l'homme, auquel il nuit sans le vouloir et même sans le savoir.

Un insecte voisin du cousin, la *tipule*, qui en reproduit toutes les formes sous des dimensions dix fois plus fortes, dépose en terre ses œufs, qui donnent naissance à des larves blanches très-nuisibles à l'agriculture. Ces larves vivent sous terre en rongeant les racines des céréales, spécialement celles de l'avoine, qu'elles font périr sur pied. Du reste, c'est à tort qu'on redoute la piqûre de ces énormes cousins ; la tipule ne pique pas, par la raison péremptoire qu'elle est dépourvue d'aiguillon.

La Mouche, si justement nommée par les naturalistes *mouche importune*, n'est pas moins admirable que le cousin dans son organisation. Le sens de la vue est très-développé chez cet insecte ; il n'a pas de bouche et ne peut absorber aucun aliment solide ; la mouche est seulement pourvue d'une trompe, ou, pour parler plus exactement, d'une pompe qui lui permet d'absorber des aliments liquides, parmi lesquels les liquides sucrés sont ceux qu'elle préfère à tous les autres. La mouche dépose constamment ses œufs dans les matières animales corrompues, seul genre de nourriture qui convienne à ses larves. Cette circonstance a permis de constater qu'elle est douée du sens de l'odorat, bien que le siége de ce sens chez la mouche n'ait pas pu jusqu'à présent être déterminé. Il y a dans la famille des cactées une plante grasse, la *stapélia*, dont les fleurs en étoiles exhalent une odeur très-prononcée de viande avancée. Si l'on enferme des mouches dans une chambre où se trouve une stapélia en fleurs, on constate par l'observation directe que les mouches vont déposer leurs œufs dans l'épaisseur de la corolle charnue des fleurs de stapélia. Elles ne peuvent être trompées par la vue, ces fleurs n'ayant avec un morceau de viande aucune espèce de ressemblance. L'analogie d'odeur peut seule causer leur méprise, et l'on est en droit d'en conclure que le sens de l'odorat existe chez la mouche, bien que l'organe de ce sens ne soit pas connu.

La mouche n'est pas habituellement nuisible dans le vrai sens du mot : elle n'a pas d'aiguillon et ne peut piquer. Elle est seulement incommode par son acharnement à se poser sur les mains et sur le visage ; elle a aussi le tort de salir les meubles, les glaces, les carreaux de vitres, les bronzes et les dorures par ses nombreuses déjections. Mais si la mouche, après s'être posée sur un corps en putréfaction, vient pomper la sueur sur les mains ou le visage, elle peut inoculer la terrible maladie du *charbon* et donner la mort en quelques jours.

Un autre insecte diptère du groupe des muscidés, le *chlorops*, jolie mouche aux gros yeux d'un vert d'émeraude, dépose ses œufs au centre des blés, peu de temps après qu'ils sont levés. La plante n'en meurt pas ; mais, au printemps de l'année suivante, elle languit et ne donne pas d'épis. Les cultivateurs disent dans ce cas que *les blés ont le ver ;* le ver des blés, c'est la larve du chlorops. Habituellement l'hirondelle et les autres oiseaux insectivores détruisent assez de chlorops pour que cet insecte ne puisse commettre de bien graves dégâts dans les champs de céréales.

§ **XXIX.** — **Les lépidoptères.**

Immédiatement au-dessus des *diptères,* on rencontre les mieux parés et les plus brillants de tous les insectes, les *lépidoptères,* plus connus sous le nom vulgaire de *papillons.* Le nombre des espèces et variétés de papillons est très-considérable ; on les divise générale-ment en trois groupes : 1º les *diurnes,* qui ne volent que pendant le jour ; 2º les *crépusculaires,* qui volent à la nuit tombante, et 3º les *nocturnes,* qui ne volent que la nuit. Les *lépidoptères* ont tous une existence très-courte à l'état parfait ; ils meurent aussitôt après avoir assuré la perpétuité de leur espèce ; beaucoup d'entre eux ne vivent pas au delà de quelques heures et ne prennent pendant ce temps aucune nourriture. Ceux dont la vie est la plus longue sont pourvus d'une pompe analogue à celle de la mouche, mais beaucoup plus longue, avec laquelle ils vont puiser le liquide sucré des *nectaires* des fleurs les plus parfumées.

La riche coloration des ailes des plus beaux pa-pillons est due, non pas à des écailles, comme on le croit généralement, mais à de véritables plumes ayant leur tuyau et leurs barbes absolument comme les plumes des oiseaux. Ces plumes ne sont visibles distinctement qu'à l'aide du microscope solaire, qui permet de voir les objets grossis 144,000 fois.

Tous les papillons, quelle que soit leur beauté,

nuisent à divers degrés, parce que tous ont été des chenilles. Les chenilles, larves des lépidoptères, manifestent pour la plupart beaucoup d'instinct, soit pour chercher leur nourriture, soit pour filer le cocon soyeux dans lequel elles doivent s'envelopper pour se changer en chrysalides et subir leur dernière transformation. Quant au papillon lui-même, il semble vivre sans préoccupation d'aucune espèce et ne songer qu'à se payer de ses travaux à l'état de larve par une existence courte, mais exempte de préoccupation, à l'état parfait. Chez ceux d'espèces très-rares dont la femelle ne pond qu'un petit nombre d'œufs, le mâle parcourt quelquefois une distance de plusieurs kilomètres pour rejoindre une femelle de son espèce : quel instinct lui indique sa route ?

Les chenilles les plus communes dans nos bois appartiennent au genre *bombyx*. Les femelles de ces lépidoptères pondent environ 3,000 œufs à chaque ponte, et font plusieurs pontes par an. Si chaque œuf devenait une chenille, les feuilles de toutes les forêts de l'Europe ne suffiraient pas pour les nourrir. C'est, fort heureusement, ce qui n'arrive jamais. Outre les oiseaux insectivores qui en détruisent une quantité prodigieuse pour se nourrir et élever leurs couvées, les chenilles ont pour ennemie la *mouche ichneumone*, très-petit insecte qui se loge dans le corps de la chenille, vit aux dépens de sa propre substance et la fait périr avant qu'elle ait filé son cocon.

C'est parmi les lépidoptères qu'on trouve l'un des plus cruels ennemis des blés, l'*alucite ;* l'ennemi des fruits de nos vergers, le *carpocapsa*, et l'ennemi redoutable de nos vignobles, la *pyrale*. Les *teignes*, dont les unes attaquent les céréales, les autres les vêtements et les fourrures, sont aussi des lépidoptères.

Par une sorte de compensation, l'ordre des lépidoptères fournit à l'homme la précieuse chenille du mûrier,
le *ver à soie,* et celle non moins utile de l'*aylanthe,*
qui donne une soie plus commune, mais appelée à jouer
un grand rôle dans l'industrie des tissus.

§ XXX. — Les névroptères et les hyménoptères.

Les insectes de l'ordre des *névroptères* sont caractérisés par les nervures saillantes qui sillonnent le tissu
ordinairement très-mince de leurs ailes demi-transpa-
rentes. Les *hyménoptères* se distinguent par leurs quatre
ailes membraneuses, dont les deux inférieures, un peu
moins grandes que les supérieures, leur sont soudées
par les bords. Les uns et les autres subissent des transformations complètes, et vivent longtemps à l'état de
larves, avant d'arriver à l'état parfait. Le fait le plus
remarquable de leur instinct, c'est la *sociabilité.* Plusieurs genres de ces deux ordres forment des sociétés
régulières, où les travaux s'exécutent en commun et
où les larves sont l'objet des soins de toute la population qu'elles sont destinées à perpétuer. Cela ne veut
pas dire que ce trait d'instinct se manifeste chez tous
les névroptères et tous les hyménoptères ; mais il y a
des insectes sociaux dans ces deux classes.

Les *libellules,* les *fourmi-lions* et les *termites,* sont
les insectes les plus dignes d'attention de l'ordre des
névroptères. Tout le monde connaît les noms vulgaires
de *zéphyrs* et de *demoiselles.*

Les Libellules sont des insectes répandus dans toute
l'Europe. Quelques espèces se font remarquer par les
riches nuances bleues, vertes et rouges du corselet, de

l'abdomen très-allongé, et des ailes. Ce sont parmi les insectes les mieux organisés pour le vol, en raison de la longueur de leurs ailes et de l'extrême légèreté de tout leur individu. Les grosses espèces franchissent en volant de grandes distances avec la rapidité d'une flèche ; elles sont voraces, et se nourrissent de tous les insectes plus faibles qu'elles-mêmes, qu'elles saisissent au vol.

Le FOURMI-LION, à l'état parfait, ressemble beaucoup aux espèces de libellules dont les ailes ne sont pas colorées ; il en a les mœurs, avec seulement un peu moins de voracité. C'est à l'état de larve que cet insecte déploie le plus d'instinct, et, l'on peut ajouter, d'industrie. Cette larve ressemble à s'y méprendre à un insecte parfait ; elle en a la tête, le corselet, l'abdomen, les pattes, et cependant c'est bien une larve : car elle finit par s'enfermer dans un cocon filé par elle et dans lequel elle subit sa transformation dernière pour en sortir à l'état d'insecte ailé.

Le fourmi-lion est commun partout en France dans les terrains sablonneux exposés au midi. C'est là qu'on peut étudier à loisir le manége de ses larves, pendant les heures les plus chaudes de la journée. L'insecte commence par creuser un trou dans le sable, en chargeant sa tête de grains de sable à l'aide de ses pattes ; puis, par un brusque mouvement de tête, il lance cette charge au dehors. Le trou creusé, l'insecte lui donne la forme d'un entonnoir en s'y promenant longtemps et en décrivant une spirale de plus en plus resserrée. Quand il juge l'entonnoir parfait, il s'enterre au fond, ne laissant dehors que sa tête ; puis il attend. Souvent l'attente est fort longue ; la nature y a pourvu en donnant à la larve du fourmi-lion un appareil digestif capable de résister à un jeûne très-prolongé.

Quelque insecte, le plus souvent une fourmi, finit toujours par passer imprudemment près de l'entonnoir, où il ne peut éviter de tomber. La larve du fourmi-lion fait aussitôt pleuvoir sur la victime du sable pour l'aveugler et l'étourdir ; elle s'en empare alors, la suce comme ferait une araignée d'une mouche prise dans sa toile, porte au loin ses restes, répare la régularité de son piége, et se remet à son poste, en attendant une nouvelle proie. Tout cela porte assurément la trace d'un instinct très-développé.

Celui de la *termite*, désignée sous son nom vulgaire de *fourmi blanche*, bien que ce ne soit pas une fourmi, est encore plus remarquable. Dans les contrées désertes de l'Afrique et de l'Asie orientale, les termites se construisent des demeures maçonnées, où elles vivent en société, composées de 30 à 40 mille individus ; leurs mœurs sont à peu près celles des fourmis. Souvent, dans l'Inde anglaise et dans la presqu'île de Malacca, les fourmis blanches envahissent des champs entiers de cannes à sucre, et n'en laissent pas vestige ; si elles s'en prennent à la charpente du toit d'un bâtiment, elles la font tomber en poussière.

L'instinct social est encore plus développé chez les *hyménoptères*. Cet ordre contient assez de genres doués de cet instinct pour que les naturalistes en aient formé un groupe séparé, celui des *hyménoptères sociaux*, dont les trois genres les plus remarquables sont l'*abeille*, la *guêpe*, et la *fourmi*.

L'ABEILLE tient à très-juste titre le premier rang parmi les insectes utiles à l'homme, qui a su dès la plus haute antiquité s'emparer des produits de son industrie. Des observations inexactes, l'imagination aidant, ont accrédité bien des fables au sujet des abeilles ; l'organisation d'une société d'abeilles, composée, comme on sait, d'une *reine,* de quelques centaines de mâles ou *faux bourdons,* et de 15 à 20 mille *ouvrières* ou *abeilles neutres,* privées de la faculté de se reproduire, est déjà bien assez merveilleuse par elle-même sans qu'il semble nécessaire d'y rien ajouter d'invention. Les observations des naturalistes modernes ont mis hors de doute un fait longtemps ignoré ; on sait aujourd'hui que les ouvrières sont toutes des femelles manquées. Quelques-unes seulement, mieux logées et mieux nourries que les autres, prennent tout leur développement et deviennent des femelles fécondes ou reines ; les autres, avec le même logement et la même nourriture, deviendraient également fécondes. Qui n'a pas admiré l'art des abeilles pour récolter les matériaux du miel et de la cire, et pour construire les rayons qui doivent contenir leur miel et les larves, espoir de leur postérité ? Dans une ruche observée sans parti pris, il semble que chacun connaît et fait son devoir, sans commandement ; le rôle de la reine se réduit à pondre des œufs dans les cellules préparées par les ouvrières, chargées seules du soin de soigner et de nourrir les larves qui doivent naître de ces œufs. Quand la ruche est trop peuplée, c'est toujours la vieille reine qui prend le commandement de la colonie pour aller chercher fortune ailleurs. Il n'est nullement prouvé, comme tous les auteurs l'ont affirmé en se répétant, que les ouvrières tuent les mâles aussitôt que la reine est fécondée. Tous les mâles de tous les insectes meurent après avoir pourvu à la perpétuité de leur espèce ; les faux bourdons, ou abeilles mâles, ne font pas exception à cette règle générale. On voit bien les ouvrières enlever, pour les porter loin de la ruche, les corps des mâles, dont la corruption deviendrait une cause d'infection ; mais on ne les voit pas les tuer, et il n'y a pas lieu de croire que les abeilles mâles n'ont pas péri de leur mort naturelle.

La qualité du miel et de la cire est sensiblement modifiée par la nature des plantes sur lesquelles les abeilles ouvrières ont butiné. En général, le meilleur miel accompagne la cire la plus médiocre, et réciproquement. Mais jamais le miel dans nos pays n'est doué de propriétés malfaisantes : les abeilles ouvrières connaissent les plantes vénéneuses et savent les éviter.

La Guêpe est aussi nuisible à l'homme que l'abeille lui est utile, et l'on peut dire que c'est dommage : car, outre que la guêpe est un très-bel insecte, ses mœurs et son instinct sont encore plus dignes d'intérêt que les mœurs et l'instinct de l'abeille elle-même. Les sociétés de guêpes, quoique beaucoup moins nombreuses que celles des abeilles, sont composées des mêmes éléments; seulement, à la fin de chaque automne, toute la population du guêpier meurt de sa mort naturelle : la mère survit seule, comme une veuve sans enfants. Elle hiverne comme elle peut, dans un trou quelconque à l'exposition du midi ; elle y tombe dans un sommeil léthargique dont elle est tirée par les premiers rayons du soleil du printemps. Alors, il faut que toute seule, sans aide, elle construise son guêpier, qu'elle y complète sa ponte, qu'elle nourrisse les larves nées de ses œufs : elle a de l'ouvrage ! C'est seulement quand les larves ont donné naissance à une population de guêpes ouvrières, que la guêpe mère est un peu soulagée et secondée dans ses travaux, qu'elle n'interrompt jamais, bien différente en ce point de l'abeille mère, qui se repose toujours. La guêpe, quand elle en trouve les éléments, peut faire d'aussi bon miel que l'abeille, et c'est ce qu'elle fait le plus souvent. Mais quand ces éléments lui manquent, elle butine indifféremment dans les fleurs les plus vénéneuses. Alors son miel est empoisonné. En Suisse et en Savoie, il est arrivé plusieurs fois de graves accidents à des pâtres, qui avaient imprudemment mangé du miel d'assez bon goût trouvé par eux dans des guêpiers, dont les guêpes avaient butiné dans des touffes de rosages et d'aconit. A défaut de fleurs, la guêpe mère se met en chasse ; elle saisit toute sorte d'insectes, qu'elle broie et réduit en pâte. Elle distribue cette pâte peu appétissante à ses larves, qui ne s'en portent pas plus mal et s'en contentent, faute de mieux.

La Fourmi tient une place distinguée dans le groupe des hyménoptères sociaux. Il semble étrange, au premier coup d'œil, que les naturalistes aient classé d'après la conformation de leurs ailes des insectes qui ne sont point ailés. C'est que, dans une fourmilière, les ouvrières, neutres comme celles d'une ruche ou d'un guêpier, sont effectivement dépourvues d'ailes ; mais les mâles et les femelles sont ailés. Les ailes de ces insectes sont excessivement délicates ; aussi ne doivent-elles leur servir qu'une fois, au plus. Par une belle matinée de printemps, toute la partie ailée de la population d'une fourmilière en sort pour s'élever en colonne serrée dans l'air calme, le plus souvent dans une clairière bien abritée, au milieu d'un bois. Une heure après, les mâles épuisés meurent naturellement ; les femelles fécondées rentrent seules au domicile commun, pour commencer une nouvelle ponte. Les ouvrières attendent au retour les femelles à l'entrée de la fourmilière, pour leur arracher leurs ailes qui adhèrent peu, et dont la privation ne paraît pas les faire souffrir. Comme elles ne peuvent être fécondées qu'en volant, et qu'après une première sortie on leur ôte leurs ailes, il en résulte qu'elles ne le sont qu'une fois; elles meurent probablement après avoir accompli leur ponte. On remarque dans l'instinct de la fourmi un trait qui manque à celui de l'abeille et de la guêpe; chaque vieille fourmi ouvrière se fait accompagner par une jeune ouvrière récemment née, facile à distinguer à sa taille plus faible et à sa couleur moins foncée. Il semble donc que les jeunes fassent sous la conduite des anciennes une sorte d'apprentissage de leur métier.

Les fourmis, particulièrement la petite fourmi noire, qui s'introduit fréquemment dans les cuisines au rez-de-chaussée, sont des insectes essentiellement nuisibles. On ne peut les détruire qu'en versant de l'eau bouillante sur la fourmilière, le soir, après que toutes les fourmis sont rentrées au logis; mais ce moyen n'est pas toujours praticable dans les jardins; les fourmis ont soin de s'établir sous terre entre les racines d'un arbre : on ne peut échauder les fourmis sans risquer de tuer l'arbre du même coup. Par compensation, les fourmis ne sont pas tout à fait sans utilité; leurs larves blanches, nommées improprement *œufs de fourmis*, sont recherchées dans les bois et distribuées dans les faisanderies aux couvées de jeunes faisans et de perdreaux, qu'il serait très-difficile d'élever sans cet aliment qui leur est, pour ainsi dire, indispensable pendant leur premier âge.

§ XXXI. — Les hémiptères.

L'ordre des hémiptères, dont le nom signifie *demi-ailés*, contient beaucoup d'insectes, dont le mâle seul est ailé, et d'autres chez qui les ailes manquent aux deux sexes. C'est dans cet ordre que se trouvent l'un des insectes les plus nuisibles à l'homme, le *puceron*, et l'un des plus utiles, la *cochenille*.

Le PUCERON, insecte très-imparfaitement organisé, paraissant doué de très-peu d'instinct, est formidable par la prodigieuse rapidité de sa multiplication. Il n'est pas rare que des champs de fèves et de colza de printemps, d'une étendue de plusieurs hectares, soient envahis par les pucerons, qui sucent les plantes et font avorter la récolte. A combien de milliards leur nombre doit-il être porté, et cela dans l'espace de quelques jours? Dans les jardins, le puceron attaque particulièrement les jeunes pousses des rosiers et de quelques autres arbustes d'ornement; on en a facilement raison avec quelques fumigations de tabac; dans les champs de fèves ou de colza, il faut renoncer à détruire le puceron, il y en a trop.

Un autre puceron, qui n'est que le parent éloigné du puceron commun, porte le nom de *puceron lanigère*, à cause des poils blancs laineux dont tout son corps est couvert. Ce puceron s'attache à l'écorce lisse des pommiers; il en suce la séve et y fait naître des plaies souvent mortelles. L'existence des vergers de pommiers à cidre, l'une des richesses agricoles de nos départements de l'Ouest, a été mise en question par cet insecte, qu'on a trouvé enfin le moyen de détruire par le procédé du *coulinage*. Ce procédé consiste à promener en hiver, pendant le sommeil de la végétation, des torches de paille enduites de goudron enflammé, sur toute la surface des pommiers infestés de pucerons lanigères. Le passage rapide de la flamme n'endommage pas sensiblement les arbres;

il met le feu à la laine des pucerons, et les fait périr.

La Cochenille est une sorte de punaise, totalement dépourvue d'ailes, comme la punaise d'Europe. Mais toutes celles qui constituent la cochenille du commerce, si précieuse comme matière colorante, sont des femelles. Les mâles sont-ils ailés ? La question est encore indécise. On comprend qu'avant la découverte du nouveau monde, les Atzèques du Mexique, très-peu naturalistes, utilisaient la matière colorante rouge de la cochenille sans se mettre en peine d'étudier l'histoire naturelle de l'insecte qui la fournit ; il leur suffisait de savoir faire multiplier cet insecte, et cultiver le *nopal,* espèce de cactus sur lequel vit la cochenille. Mais depuis trois siècles que la cochenille est cultivée par des mains européennes, elle pourrait être mieux connue. La cochenille est un des insectes qui témoignent le moins d'instinct, et, en effet, sa manière de vivre, semblable à celle du puceron, en exige très-peu. Trois ou quatre fois par an, la surface des plaques de nopal, dont la forme est celle d'une raquette, sont râclées avec un couteau de bois, afin d'en détacher les cochenilles. La plus grande partie de la récolte est étouffée dans des étuves, désséchée et mise dans le commerce. On en laisse vivre une partie qu'on porte sur les nopals ; elles s'y propagent aussi rapidement que les pucerons sur les arbustes de nos jardins.

Comme toutes les femelles d'insectes, la cochenille femelle meurt de sa mort naturelle après avoir pondu ; elle ramasse ses œufs sous elle, et la première chose que mangent les petits aussitôt après leur naissance, c'est le corps de leur mère ; puis ils se dispersent sur toute la surface du nopal, s'y choisissent une place à leur convenance et n'en bougent plus.

Depuis trente ans environ, le Mexique a cessé

d'avoir le monopole de la production et du commerce de la cochenille; la culture du nopal, transportée d'abord dans l'île de Madère, où elle a très-bien réussi, commence à s'introduire dans l'Afrique française. La production de la cochenille promet d'être prochainement une source de richesses pour nos possessions algériennes.

J'insiste peu sur la *punaise*, suffisamment connue et trop commune; cet insecte hémiptère, privé d'ailes chez les deux sexes, est également dégoûtant par son odeur repoussante et nuisible par ses morsures. Les soins d'une propreté rigoureuse et l'emploi de la poudre de *pyrèthre du Caucase* suffiraient pour en arrêter la multiplication.

§ XXXII. — Les orthoptères.

L'ordre des *orthoptères* n'est pas à beaucoup près aussi riche en genres et en espèces que celui des *coléoptères;* il s'en distingue principalement par la disposition des ailes membraneuses qui sont plissées *au long* sous les élytres, tandis que celles des coléoptères sont plissées *en travers*. Les élytres des orthoptères ne recouvrent pas leurs ailes en entier; celles-ci dépassent les élytres, même à l'état de repos. Les pattes, de longueur très-inégale, sont conformées pour le saut plus que pour la marche; ces caractères sont communs à tous les orthoptères. Ils diffèrent en outre des coléoptères en ce qu'ils ne passent point par l'état de larves pour arriver à l'état d'insectes parfaits; ils ont seulement diverses phases de développement plus ou moins prolongées. Dans un ver sortant de l'œuf, il n'est pas possible de reconnaître un hanneton, par exemple; dans une jeune sauterelle sortant de son

œuf, on reconnaît une sauterelle du premier coup d'œil ;
elle grandira, elle complétera son organisation ; mais
c'est déjà bien une sauterelle, et, quoique les naturalistes, pour ne pas déroger à leurs systèmes, donnent
aux jeunes sauterelles le nom de *larves*, elles n'ont
en réalité aucun des caractères des larves proprement
dites, et elles ne doivent point passer par cette phase
si remarquable que traversent toutes les vraies larves
en se transformant en *nymphes* ou *momies*, chez lesquelles la vie semble suspendue.

Deux insectes de l'ordre des orthoptères, la *sauterelle* et la *courtilière*, ou *taupe grillon*, nuisent à
l'homme dans de très-larges proportions.

La Sauterelle, dont l'invasion et les ravages désastreux ont été l'une des plaies d'Egypte, commet rarement
des dégâts du même genre en Europe : ceci a besoin
d'explication. Le genre *sauterelle* contient deux espèces principales, le *criquet* et l'*acridie*. Le *criquet*, répandu dans toute l'Europe, ne peut pas y multiplier sur un
point donné en nombre désastreux. La femelle enterre
ses œufs dans les champs cultivés, à quelques centimètres de profondeur ; les labours mettent ces œufs à
découvert ; ils sont pour la plupart la proie des oiseaux
insectivores. Ceux qui viennent à bien ne peuvent
donner naissance qu'à un nombre limité de *criquets*, et
quoique ces insectes mangent beaucoup, leurs ravages
passent, pour ainsi dire, inaperçus, tant la culture
seule met d'obstacles à leur multiplication.

L'Acridie, ou grande sauterelle voyageuse, n'est
jamais placée dans les mêmes conditions. Dans les
steppes ou landes désertes de l'orient de l'Europe, et
dans les vastes terres incultes de l'Afrique et de l'Asie,

rien ne contrarie sa multiplication. La race en serait bientôt éteinte si elle ne quittait pas son pays natal, où elle ne trouverait pas de quoi se nourrir. C'est cependant une erreur de croire que la sauterelle voyageuse franchit en volant les espaces qui la séparent des terres cultivées, et qu'elle se dirige volontairement vers un but déterminé. Considérez l'acridie à terre; de même que le criquet, son proche parent, elle saute, et déploie, pour donner plus d'amplitude à ses sauts, ses ailes qui font pour elle l'office de *parachute*, rien de plus. Il ne lui est pas possible de voler, dans le vrai sens du mot, c'est-à-dire de s'élever dans l'atmosphère et de s'y diriger à volonté. Comment donc se forment ces nuées de sauterelles qui viennent s'abattre sur les plus fertiles contrées et y apporter la désolation? Au moment où des millions de sauterelles sont parvenues à l'état parfait, le steppe est balayé par des tourbillons de vent violents qui enlèvent de terre les acridies, comme ils soulèvent d'épais nuages de poussière. L'acridie déploie aussitôt ses ailes pour se soutenir en l'air : elle ne peut rien de plus. Entraînée par les courants atmosphériques, elle poursuit sa route au hasard; quand elle voit au-dessous d'elle une forêt, de la verdure, quoi que ce soit qui lui offre de quoi satisfaire son féroce appétit, elle replie ses ailes et se laisse tomber. Souvent aussi, là où le courant atmosphérique qui les emportait vient à leur manquer, les acridies tombent toutes à la fois, s'entassent sur le sol, y crèvent, empoisonnent l'air et les eaux par la corruption de leurs cadavres, et font ainsi succéder la peste à la famine. Mais elles ne se sont pas concertées pour partir toutes ensemble; elles n'ont pas émigré de leur plein gré, sachant où elles allaient.

La Courtilière est celui de tous les insectes orthoptères dont la conformation s'éloigne le plus de celle des autres insectes du même ordre. Par sa tête et son corselet cuirassé, elle rappelle l'écrevisse; comme elle, la courtilière est armée, outre ses pattes, de deux pinces dentelées dont elle se sert pour creuser sous terre des galeries dont la disposition rappelle celle des souterrains creusés par la taupe; de là son surnom de *taupe-grillon*.

Le Grillon, également connu sous son nom vulgaire de *cri-cri*, à cause du bruit monotone qu'il reproduit par intervalle, recherche la chaleur, et se loge fréquemment sous le foyer des cuisines du rez-de-chaussée à la campagne. Comme la *courtilière*, il ne vit que de proie et poursuit de préférence les blattes, les cloportes, les araignées, ce qui en fait un utile auxiliaire de la ménagère pour la propreté des habitations ; aussi est-il regardé comme un insecte qui *porte bonheur*, et qu'il ne faut pas détruire.

Je dois relever, au sujet des orthoptères, un préjug généralement répandu ; l'on dit vulgairement : *le chant* des sauterelles, *le cri* du grillon. Ni la sauterelle ni le grillon ne peuvent chanter ou crier, c'est-à-dire faire sortir de leur gosier un son qui ressemble à un chant ou à un cri. Le bruit que font ces insectes est nommé par les naturalistes *stridulation* ; il est produit par le frottement des ailes contre les élytres, dont la substance cornée est douée d'une sonorité particulière. La stridulation des insectes orthoptères leur tient lieu de cri d'appel.

§ XXXIII. — Les coléoptères.

Les insectes de l'ordre des *coléoptères* sont suffisamment caractérisés par l'étui qui renferme leurs ailes ; leur nom, tiré du grec, signifie *ailes enfermées dans un étui*. L'étui des coléoptères est partagé en deux pièces nommées *élytres*, dont la jonction n'est pas visible quand l'animal est en repos. C'est à tort que plusieurs naturalistes ont regardé les élytres des coléoptères comme des ailes, et ont attribué à ces insectes quatre ailes, deux solides et deux membraneuses. Le fait est que les élytres, toujours d'une nature coriace et très-résistante, ne prennent aucune part à l'acte du vol. L'insecte coléoptère, lorsqu'il veut voler, commence par écarter et relever ses élytres, qui restent redressés, mais immobiles, pendant que les ailes véritables se déplissent et s'agitent pour emporter l'animal. Celui-ci n'a, par conséquent, qu'une paire d'ailes, et de plus une paire d'élytres pour couvrir et protéger les ailes et le corps, lorsqu'il ne vole pas.

L'ordre des coléoptères est le plus riche de tous en genres et espèces ; il comprend des insectes d'une infinie variété de formes et de couleurs ; c'est l'ordre qui tient le plus de place dans les collections d'insectes, à cause de la facilité de sa conservation ; une collection de coléoptères bien préparée est pour ainsi dire inaltérable et d'une durée indéfinie, tandis que les collections de papillons et d'autres insectes aux tissus délicats se détruisent rapidement et ont besoin d'être continuellement renouvelées. La France est très-riche en coléoptères, trop riche même, puisque beaucoup d'entre eux commettent des dégâts très-graves dans les champs cultivés. Le plus nuisible de tous, le *hanneton*, met trois ans, quelquefois quatre, à passer de l'état de larve à celui d'insecte parfait ; c'est à l'état de larve qu'il cause le plus de dommages. Qui ne connaît la larve du hanneton sous ses noms vulgaires de *turc*, de *man* et de *ver blanc ?* Jamais, pendant la longue durée de son existence, la larve du hanneton ne vient volontairement au grand jour. Douée d'un insatiable appétit, de robustes mâchoires et d'une grande force de digestion, elle ronge sous terre toutes les racines qui se trouvent à sa portée ; elle semble préférer à toutes les autres les racines du fraisier, de la laitue, du rosier et des jeunes arbres fruitiers, qu'elle fait promptement périr. Dans les champs, elle détruit en peu de temps les prairies artificielles de luzerne, de sainfoin et de trèfle. Ce n'est donc pas sans motif que les cultivateurs ont maintes fois réclamé une loi rendant obligatoire la recherche et la destruction des hannetons, loi qui serait aussi utile et aussi fondée en raison que celle qui prescrit l'échenillage. La chasse aux hannetons serait d'autant plus facile que, depuis le lever du soleil jusque vers dix heures du matin, le hanneton reste immobile, engourdi, dans la position où il a passé la nuit, accroché à l'envers des feuilles des arbres, qu'il suffit de secouer vivement pour le faire tomber. Des enfants, dont la main-d'œuvre est sans valeur, s'en chargeraient volontiers ; mais il faudrait que cette chasse fût faite partout en même temps, avec ensemble, pour donner les bons résultats qu'on en peut attendre.

Le genre très-nombreux des *charançons*, contre lesquels on ne possède aucun procédé de destruction d'une efficacité certaine, attaque les deux principaux produits de notre agriculture, le froment et le raisin. Le *charançon des grains*, également connu sous le nom de *ca-*

landre, détruit d'énormes quantités de blé dans les greniers ; la femelle perce le grain avec son oviducte ; elle y dépose un œuf qui devient bientôt une larve. Celle-ci se nourrit de la substance du grain dont elle ne laisse que le son. Le *charançon des vignes*, nommé par les naturalistes rynchite-bacchus , est un beau coléoptère d'un vert doré et velouté, connu dans nos pays vignobles sous les noms vulgaires de *gribouris, lisette, écrivain* et *coupe-bourgeon*. Ce dernier nom est trop bien justifié par la manière dont la larve de cet insecte tranche aux deux tiers de leur épaisseur les bourgeons naissants de la vigne, afin de rouler les feuilles en cornet, de s'y enfermer, et d'y subir ses transformations. Un autre ennemi de la vigne, l'*eumolpe,* très-répandu dans toute la Bourgogne, appartient aussi à l'ordre des coléoptères, ainsi que la *bruche*, dont la larve vit aux dépens des pois, des fèves et des lentilles. La liste des coléoptères nuisibles à divers titres est fort longue ; ceux qui précèdent sont seulement les plus nuisibles. Un seul coléoptère, la *cantharide*, est utilisée directement en médecine, comme médicament extérieur ; c'est à la poudre de cantharides que les emplâtres vésicatoires doivent leurs propriétés ; prises à l'intérieur, elles sont un poison violent. Les cantharides, nommées à tort *mouches d'Espagne,* car ce ne sont pas des mouches, et elles ne sont pas plus communes en Espagne que partout ailleurs, se réunissent fréquemment en grand nombre sur les feuilles du frêne et sur celles du lilas.

Beaucoup d'insectes coléoptères remarquables, soit par la bizarrerie de leurs formes, soit par l'éclat de leurs couleurs, font l'ornement des collections d'entomologie ; les plus recherchés de ceux qu'on trouve en France sont le *capricorne* aux longues antennes, aux couleurs vives et variées, et les *lucanes*, dont le plus beau est connu sous son nom vulgaire de *cerf-volant*. C'est encore parmi les coléoptères de France qu'on trouve le singulier insecte nommé *luciole*, *mélampyre* et *ver luisant*, bien qu'il n'ait rien de commun avec un véritable ver. Si, dans une nuit d'été sans lune, on réunit une douzaine de ces insectes dans le fond d'un chapeau, leur phosphorescence donnera assez de lumière pour qu'il soit possible de lire des caractères imprimés et de voir l'heure au cadran d'une montre. Les coléoptères actuellement connus et classés des naturalistes dépassent le chiffre de 20,000.

CHAPITRE VII.

§ XXXIV. — Organisation et classification des poissons.

Entre les plus complétement organisés des insectes et les moins avantagés des *poissons* sous ce rapport, la différence est énorme, les analogies sont éloignées; les *poissons* ne se rattachent que par des liens peu visibles aux animaux d'un ordre inférieur. C'est que les poissons, destinés par la nature à peupler les eaux douces et salées de notre planète, ont d'autres besoins que le reste des êtres vivants, parce qu'ils doivent vivre dans un autre milieu.

L'eau, domaine naturel des poissons, recouvre plus des deux tiers de la surface du globe; quant au nombre, quoiqu'il soit difficile de déterminer celui des poissons, il est probable qu'en éliminant les insectes, le reste de tous les animaux qui peuplent la terre n'égale pas celui des poissons. Il est également probable qu'un nombre assez considérable de genres et d'espèces de poissons a jusqu'à présent échappé aux recherches des naturalistes, soit dans les mers peu fréquentées des navigateurs, soit dans les eaux douces des pays difficilement accessibles aux explorations de la science.

Les poissons appartiennent aux animaux d'un ordre

supérieur par une particularité que nous rencontrerons désormais chez tous les animaux dont nous avons à nous occuper, et chez l'homme lui-même : ils sont *vertébrés*. On nomme *vertèbres* les os emboîtés les uns dans les autres, auxquels se rattache, à partir de la tête, toute la charpente osseuse des animaux complétement organisés. Ouvrez un *hareng*, une *morue*, un *turbot* : vous y trouverez, comme dans un bœuf ou un porc, une ligne centrale de vertèbres, partant de la tête et finissant à la queue. Chez la morue, les vertèbres de l'arête centrale sont solides comme des os ; chez le hareng et le turbot, elles sont flexibles et peu résistantes ; mais ce caractère est constant, invariable, et tout poisson est un animal *vertébré*.

Le sens de l'odorat paraît être seul très-développé chez les poissons ; leurs yeux, manquant de mobilité, ne peuvent voir les objets que d'assez près, et peu distinctement ; le toucher est à peu près annulé par les écailles ; le goût paraît manquer totalement. En effet, aucun poisson ne mâche sa proie, pas même ceux qui semblent pourvus de dents formidables ; ces dents sont de simples *crochets*, ayant pour fonction de retenir la proie et de l'empêcher de glisser ; le poisson avale la proie entière ; il est donc probable que le sens du goût lui est refusé.

Il y a chez les naturalistes une grande diversité d'opinions quant à l'instinct des poissons. Les uns leur en accordent si peu, que c'est pour ainsi dire comme s'ils n'en avaient pas ; les autres leur en supposent une dose peu d'accord avec leur manière de vivre. La vérité semble être entre ces deux opinions extrêmes. Il est plus difficile d'étudier en détail les mœurs des poissons et les manifestations de leur instinct, que d'observer le même ordre de faits chez les autres animaux. Néanmoins, de ce qu'on en sait de science certaine il ressort des indices irrécusables d'un instinct fort développé. L'instinct maternel est nul; tous les poissons, sauf l'anguille, sont ovipares, et les mères ne prennent aucun souci de leur postérité; mais cet instinct semble remplacé par l'instinct des voyages. Les races les plus nombreuses des poissons, soit de mer soit d'eau douce, voyagent sans interruption. Parmi les poissons voyageurs d'eau douce, deux des plus connus, l'*alose* et le *saumon*, passent la moitié de l'année dans l'eau douce, l'autre dans l'eau salée; c'est un phénomène de physiologie fort extraordinaire que la vie de ces jeunes poissons nés dans l'eau douce, descendant aussitôt après leur naissance le fil de l'eau, arrivant à la mer, s'y trouvant aussi à leur aise que dans l'eau douce, complétant leur développement dans ce milieu si différent de celui où ils ont vécu jusque-là, et se remettant aussitôt à remonter le courant, pour recommencer sans fin les mêmes pérégrinations. Quel instinct les dirige? Celui de la reproduction. Les femelles, toutes ensemble, prennent la tête de la colonne; elles vont, le long des rives, rechercher les places les plus convenables pour déposer leurs œufs; au besoin, elles travaillent des nageoires et de la queue pour aplanir ces places, en égaliser le sable, y former des digues de cailloux en biais du courant, donner enfin à leurs œufs les meilleures chances d'éclosion. L'escadron des mâles vient ensuite visiter toutes ces places où les femelles ont pondu, et féconder les œufs en répandant dessus leur laitance. Puis, ce grand but de leur existence étant atteint, la bande s'en retourne à la mer, emmenant avec elle ceux des jeunes de l'année qui ont échappé à la destruction; tous ensemble vont puiser dans la mer de nouvelles forces pour accomplir la même tâche l'année suivante.

Parmi les poissons de mer qui voyagent, sans jamais s'aventurer dans les eaux douces, le *hareng* et le *maquereau*, dont les innombrables légions se comptent par millions d'individus, sont guidés par le même instinct; ils vont visiter les parages où les œufs des femelles peuvent être déposés avec le plus de sûreté; ils remmènent au retour les jeunes poissons nés de ces œufs. Depuis le commencement de ce siècle, les progrès de la navigation à vapeur ayant multiplié outre mesure les *steamers* dans une partie des parages antérieurement visités par les colonnes de harengs, celles-ci ont modifié leur itinéraire, en renonçant à pondre dans les eaux trop fréquemment agitées par le passage des navires à vapeur : c'est assurément là de l'instinct, et nombre d'animaux d'un ordre inférieur, renommés pour leur intelligence, n'en manifestent pas davantage. Il y a aussi, on ne peut le nier, quelque chose qui ressemble fort à du raisonnement et à de la mémoire dans l'instinct de ces gros poissons de mer voraces qui suivent le sillage des navires, afin de profiter des débris de comestibles que leur jette le cuisinier. Enfin, par une exception dont sans doute des observations plus attentives feraient découvrir d'autres exemples, un très-petit poisson d'eau douce, l'*épinoche*, construit au fond des eaux calmes un nid pour ses œufs, les surveille et les défend au besoin jusqu'au moment de l'éclosion, et se met à la tête de la jeune famille qu'il élève et conduit comme la poule élève et conduit sa couvée. L'épinoche, très-commun partout en France et en Europe, est connu en France sous le nom vulgaire de *savetier*, à cause d'un piquant qu'il porte sur le dos, et dont la forme rappelle celle de l'alène, attribut principal des réparateurs de la chaussure humaine. Il n'y a aucune raison d'admettre que l'épinoche ou savetier est seul, entre tous les poissons, appelé à connaître les joies de la famille, dont le plus grand nombre des poissons est privé.

Le poisson est admirablement organisé pour la natation ; outre ses nageoires, d'une extrême mobilité, qui chez lui remplacent les bras et les pattes des animaux terrestres, le poisson est pourvu intérieurement d'une *vessie natatoire*, qu'il gonfle pour s'élever vers la surface de l'eau, et qu'il dégonfle à volonté pour descendre au fond. Il y a dans l'Océan des poissons en grand nombre qui ne peuvent s'approcher de la surface ; lorsqu'on en prend à l'aide d'hameçons attachés à de très-longues lignes, ils sont morts avant de sortir de l'eau, par le gonflement excessif de leur vessie natatoire. Pour la perpétuité des espèces, la nature fait en faveur des poissons ce qu'elle fait pour les insectes qui, comme les poissons, ne prennent pas soin de leur postérité ; elle multiplie tellement les œufs que forcément une partie des jeunes doit survivre et continuer l'espèce. Si tout venait à bien, la mer deviendrait une purée de poissons qui périraient bientôt par l'excès même de leur multiplication, et dont la corruption rendrait la vie impossible à la surface de notre planète.

Les naturalistes partagent tous les poissons connus dans deux grandes divisions, dont la première comprend les poissons *osseux*, et la seconde, les poissons *cartilagineux*.

Les poissons *osseux* forment deux ordres : 1º les *acanthoptérygiens*, comprenant tous les poissons, soit de mer soit d'eau douce, dont les nageoires sont armées de piquants ; 2º les *malacoptérygiens*, contenant tous les poissons dont les nageoires sont dépourvues de piquants.

Les poissons cartilagineux forment trois ordres :
1º les *sturioniens*, 2º les *sélaciens*, 3º les *cyclostomes*.
Cette classification, la plus généralement adoptée,
range ainsi dans cinq ordres la totalité des poissons
connus et étudiés par les naturalistes. L'histoire naturelle des poissons forme une branche distincte de la
science, sous le nom d'*ichtyologie*.

§ XXXV. — Les poissons cartilagineux.

Le premier ordre de poissons que nous rencontrons,
en commençant, comme nous l'avons fait pour les
animaux inférieurs, par les moins bien organisés, sont
dans le groupe des *cartilagineux* les *cyclostomes*, distingués, comme leur nom l'indique, par une bouche de
forme circulaire, organisée pour sucer avec une grande
force les matières dont ils se nourrissent. Les poissons
de l'ordre des cyclostomes, également nommés *suceurs*,
ressemblent plus à des reptiles qu'à de vrais poissons.
Un seul genre de cet ordre, la *lamproie*, est commun en
France dans les rivières de nos départements de l'Est;
une espèce de ce genre, semblable à la première, sauf
la taille, beaucoup plus développée, est connue sous
le nom de *grande lamproie;* elle habite les parages
français de la Méditerranée. L'une et l'autre de ces
deux espèces sont également recherchées pour la délicatesse de leur chair. Les riches patriciens de l'ancienne Rome préféraient la lamproie à tous les autres
poissons; ils avaient des viviers uniquement consa-
crés aux lamproies; de temps en temps, pour les engraisser et les rendre meilleures, on égorgeait un
esclave qu'on leur jetait en pâture: ces monstruosités
étaient antérieures au christianisme.

L'ordre des *sélaciens*, plus avancé d'un degré que celui des cyclostomes, contient de véritables poissons, remarquables par la bizarrerie et l'excentricité de leurs formes. L'un des plus communs, la *raie*, est assurément l'un des êtres les plus hideux de la création. La *raie*, très-commune dans les mers françaises, n'est pas mangeable au moment où elle sort de la mer; sa chair blanche et de bon goût doit être attendrie par quelques heures de séjour hors de l'eau avant d'être livrée à la cuisine. Une espèce de ce genre, la *torpille*, possède la singulière propriété de dégager avant de mourir, lorsqu'elle est tirée hors de l'eau, assez d'électricité pour donner la mort à de petits animaux, et pour faire éprouver à l'homme une forte commotion. Parmi les plus gros poissons de l'ordre des sélaciens, les plus remarquables sont la *scie* et le *requin*. La partie antérieure de la tête de la *scie* se termine par une lame plate osseuse, armée de dents fortes et acérées sur les deux bords. Ce poisson s'en sert pour combattre avec avantage les poissons plus gros et plus forts que lui, dont sans cette arme défensive il serait souvent la proie. Le *requin*, le plus volumineux et le plus fort de l'ordre des *sélaciens*, est doué d'une insatiable voracité; il est répandu dans toutes les mers européennes, et comme il ne paraît pas craindre le voisinage de l'homme, sa présence près des côtes, dans les rades et jusque dans les ports de mer, cause trop souvent la mort des nageurs imprudents et des matelots qui tombent accidentellement à la mer.

L'ordre des *sturioniens* se distingue des deux précédents par l'absence d'écailles sur la peau habituellement très-épaisse, renforcée en outre sous l'épiderme par des plaques cartilagineuses en forme de lozanges. Le plus connu de ces poissons, l'*esturgeon*, est commun dans la mer du Nord; on en prend beaucoup dans la Meuse et dans l'Escaut; et bien qu'il soit assez rare dans la Manche, on en prend de temps en temps quelques-uns dans la Seine. La chair de l'esturgeon est saine et très-nourrissante; étant fraîche, cette chair ressemble tellement à celle du veau, qu'il est facile de s'y méprendre.

§ XXXVI. — Les poissons osseux.

Le groupe des poissons osseux comprend les plus nombreux des habitants des eaux douces et salées; la plupart des poissons utilisés par l'homme à un titre quelconque appartiennent aux deux ordres compris dans ce groupe.

Les *malacoptérygiens* comprennent les poissons les plus dissemblables de forme, de volume et d'organisation : les uns d'eau douce, les autres de mer; quelques-uns vivent alternativement dans l'eau douce et dans l'eau salée. Parmi les poissons d'eau douce de cet ordre, la *truite,* qui passe à juste titre pour le plus délicat des poissons d'eau douce, se plaît dans les eaux claires et vives des ruisseaux et des petites rivières rapides des pays de montagne. C'est celui de tous les poissons comestibles dont le prix est le plus élevé. Un genre nombreux en espèces, le genre *cyprin,* comprend la *carpe,* le *barbeau,* la *tanche* et une foule de variétés comestibles; il se retrouve dans les fleuves et rivières de la Chine dans le *poisson doré,* importé et multiplié en France comme objet d'ornement. Le *brochet,* l'un des plus recherchés entre les poissons d'eau douce d'Europe, le *goujon,* sans rival comme friture, et l'*ablette,* dont les écailles fournissent la substance nacrée dont on prépare les perles artificielles, sont des poissons du même ordre. Enfin, les naturalistes rapportent encore à l'ordre des *malacoptérygiens*, l'*anguille*, qui, comme la lamproie, ressemble trait pour trait à un serpent, et dont les œufs éclosent à l'intérieur du corps, ce qui en fait le seul poisson connu qui soit vivipare. Cet ordre renferme en outre la *brême*, le *meunier* et une foule d'autres poissons comestibles, mais peu délicats et peu agréables à manger, à cause de la multiplicité de leurs arêtes.

Les poissons de mer *malacoptérygiens* comprennent le *hareng*, le *merlan*, la *morue*, la *sardine*, l'*anchois*, tous si connus qu'il est inutile de les décrire. C'est encore chez les *malacoptérygiens* de mer qu'on rencontre le *turbot*, cher aux gastronomes de tous les temps, la *sole*, la *limande* et le *carrelet*, tous abondants au voisinage de nos côtes, tous offrant à l'homme une ressource précieuse pour varier son alimentation.

Quelques poissons du même ordre passent alternativement de l'eau douce dans l'eau salée, et réciproquement; le plus estimé de ces poissons est le *saumon*, à chair rouge d'excellent goût, mais assez difficile à digérer, et dont il ne faut manger qu'avec modération.

Depuis vingt ans environ, l'art tout moderne de la *pisciculture* cherche à multiplier artificiellement les meilleures espèces de poissons comestibles de mer et d'eau douce, dont le plus grand nombre appartient à l'ordre des *malacoptérygiens*. Pour le saumon, la truite et le turbot, trois des meilleurs poissons, le problème peut être regardé comme étant dès à présent résolu.

L'ordre des *acanthoptérygiens* ne renferme qu'un nombre plus limité de genres et d'espèces; mais il fournit à l'homme plusieurs espèces d'une grande valeur, notamment, parmi les poissons d'eau douce, la *perche*, surnommée en raison de sa valeur gastronomique la *perdrix des étangs*, et parmi les poissons de mer, le *thon* et le *maquereau*. La perche, qui se plaît dans les eaux dormantes ou à courant peu rapide, recherche particulièrement pour sa nourriture les jeunes poissons qui, nés de l'éclosion d'une même ponte, ont l'instinct de nager en bandes nombreuses, comme s'ils savaient qu'ils sont frères : peut-être le savent-ils. Quand la perche donne au milieu d'une de ces bandes de très-petits poissons, tous sautent à la fois hors de l'eau, chacun dans une direction différente; ils forment une sorte de gerbe en rayonnant dans tous les sens, et vont retomber le plus loin qu'ils peuvent de leur point de départ. Le plus souvent la perche, n'ayant rien pris, s'en va chasser ailleurs ; les jeunes poissons se reforment en troupe et continuent à nager près les uns des autres, dès que l'ennemi s'est éloigné. Cette manière d'échapper à l'ennemi est fort ingénieuse; elle dénote déjà une dose assez prononcée d'instinct chez des poissons sans expérience d'un âge très-peu avancé. Le *thon*, dont la pêche est fort lucrative dans les parages français de la Méditerranée, est un des plus gros parmi les poissons de mer comestibles. Sa chair, très-fine, tient le milieu entre celle du saumon et celle de l'esturgeon. Le *maquereau* est un thon en miniature; il en a tout à fait la forme, et sa chair rappelle le goût délicat de celle du thon. On fait observer, quant à la beauté proverbiale du maquereau, qu'il ne prend ses nuances si brillantes de bleu, de vert, d'argent et de nacre, que lorsqu'il est exposé à la lumière du soleil, au contact de l'air; vu à travers l'eau de la mer avant d'en sortir, le maquereau est d'un ton jaunâtre uniforme, terne et sans éclat.

CHAPITRE VIII.

LES REPTILES

§ XXXVII. — Organisation et classification des reptiles.

Des poissons aux *reptiles* le passage est moins brusque et moins heurté que des insectes aux poissons. Comme les poissons, les *reptiles* ont tous une colonne vertébrale et un sang rouge et froid; les reptiles des ordres inférieurs sont presque tous aquatiques comme les poissons. Mais, comparés entre eux, les reptiles offrent des différences tellement tranchées, qu'il y faut mettre un peu de bonne volonté pour rencontrer en eux des animaux de la même classe. Moins nombreux que les poissons, les reptiles sont plus complets sous un rapport important : tous possèdent les cinq sens, entre lesquels ceux de la vue et de l'ouïe sont les plus développés.

L'instinct des reptiles semble en général assez limité; ils sont tous ovipares, à l'exception de la vipère, ne prennent aucun soin de leurs petits, et sont, par conséquent, comme presque tous les poissons, dépourvus d'instinct maternel. Quelques-uns cependant montrent un certain degré d'intelligence dans la recherche de leurs aliments. Ceux dont on prend soin connaissent ceux qui s'occupent d'eux et sont évidemment reconnaissants jusqu'à un certain point ; aussi peuvent-ils vivre auprès de l'homme dans un état de demi-domesticité et d'intimité affectueuse.

La locomotion est lente chez les reptiles, bien qu'ils ne rampent pas dans le vrai sens du mot, à l'exception des serpents, les seuls qui se traînent sur le ventre. La plupart des reptiles sont pourvus de quatre membres et peuvent s'en servir pour nager, marcher, courir et même sauter ; mais, sauf quelques exceptions, ils manquent généralement d'agilité.

Les naturalistes rangent tous les reptiles dans quatre ordres : 1º les *chéloniens*, 2º les *sauriens*, 3º les *ophidiens*, 4º les *batraciens*. Les chéloniens, plus connus sous leur nom vulgaire de *tortues*, sont suffisamment distingués par la cuirasse ou *carapace* dans laquelle ils sont enfermés. Les sauriens ou *lézards* sont caractérisés par quatre membres articulés qui en font, du moins pour le plus grand nombre des genres et espèces, les animaux les plus agiles de toute la classe des reptiles. Les batraciens, ayant pour type le *crapaud*, ne sont pas aussi nettement caractérisés ; les uns sont terrestres, les autres aquatiques, et quelques-uns ont une queue, comme les lézards.

§ XXXVIII. — Les batraciens.

Si l'on compare aux poissons les moins complets des *batraciens*, il semble qu'on redescende l'échelle des êtres, au lieu de la remonter. Les batraciens, ovipares comme les autres reptiles, sont, comme les insectes, des animaux à transformations. Ce qui sort de l'œuf est bien un être doué de la vie, mais ce n'est point un batracien complet ; c'est une espèce de larve, un *têtard*, qui vit assez longtemps dans l'eau, où il respire par des organes nommés *branchies*, à la manière des poissons. Peu à peu, comme l'insecte dans sa chrysalide, le têtard se transforme; il acquiert des poumons, dont il manquait en sortant de l'œuf; ses membres, sa tête ornée de deux gros yeux, sa bouche et ses mâchoires cornées, se forment et sont prêts à fonctionner. Alors l'espèce de sac dans lequel était enfermé le têtard se fend et se détache, emportant la queue, sorte de gouvernail natatoire, dont le batracien complet n'a plus besoin; les branchies respiratoires, devenues inutiles, tombent également; la transformation est accomplie : c'est un animal nouveau qui vient de naître, et qui ne ressemble pas beaucoup plus au têtard que le papillon ne ressemble à la chenille.

Cette manière toute particulière de croître et de se développer après leur sortie de l'œuf a fait considérer les batraciens, par beaucoup de naturalistes, comme formant une classe à part, et non pas un ordre dans la classe des reptiles. Mais comme, soit avant soit après leurs transformations, une grenouille et un crapaud ne diffèrent pas plus d'un serpent qu'un lézard ou une tortue, il n'y a pas de motifs pour ne pas continuer à les ranger parmi les reptiles, dont ils forment l'échelon inférieur.

La *grenouille*, le *crapaud*, la *salamandre* et le *triton* sont les quatre genres les plus nombreux et les plus curieux de l'ordre des *batraciens*.

La Grenouille et le Crapaud sont très-voisins l'un de l'autre. Tous deux subissent les transformations qu'on vient de décrire, après lesquelles ils peuvent nager et sauter, mais non pas marcher dans le vrai sens du mot. La grenouille commune est mangeable;

ses cuisses, séparées du corps et dépouillées de la peau, ont à peu près le goût de la chair de la plupart des poissons d'eau douce. En Belgique on en mange encore des quantités considérables; la chasse aux grenouilles est pratiquée en grand dans les prés humides, les étangs et les marécages, et le métier de *batteur de grenouilles* est une profession. A Paris, l'usage de ce mets est fort diminué depuis que, grâce à la rapidité des transports par les chemins de fer, on peut avoir dans les grandes villes du poisson de mer très-frais à peu près en toute saison. La grenouille ne se nourrit que de proie vivante; les insectes, les vers et les petits mollusques sont sa nourriture habituelle.

Le CRAPAUD, dont les mœurs et la nourriture sont les mêmes que celles de la grenouille, ne doit qu'à son aspect repoussant l'effroi qu'il inspire à beaucoup de gens, et que rien ne justifie : car il n'a pas d'organes pour mordre, et il n'a pas plus de venin que la grenouille. Beaucoup de jardiniers et de vignerons se procurent des crapauds, qu'ils ont soin de traiter en bons voisins, et qui, sans causer eux-mêmes aucun dégât dans les jardins ou les vignobles, les délivrent gratis d'une multitude d'insectes nuisibles aux produits de la culture.

La voix, qui manque aux animaux des classes précédentes, commence à se produire chez les batraciens; la grenouille et le crapaud font entendre des *coassements* prolongés, qui sont des cris d'appel.

Les SALAMANDRES, qui vivent pour la plupart dans l'eau douce, sont élégamment marbrées de brun et de jaune orangé. Leur forme est celle des lézards; elles se nourrissent d'animalcules aquatiques et sont complétement inoffensives. Il semble inutile de relever la vieille croyance superstitieuse qui faisait de la salamandre un animal fantastique doué de la propriété de vivre dans le feu; si l'on jette une salamandre au feu, elle y brûle, comme tout autre animal, batracien ou non.

Les Tritons, proches parents des salamandres, partagent avec celles-ci la singulière propriété de refaire un membre qu'elles ont perdu par amputation ou par accident, privilége bizarre qui leur est commun avec plusieurs animaux de la classe des *crustacés*.

§ XXXIX. — Les ophidiens.

Nous avons déjà rencontré parmi les poissons l'anguille et la lamproie, dont la forme extérieure ressemble singulièrement à celle des ophidiens ou *serpents;* aussi les anciens nommaient-ils l'anguille *anguis,* c'est-à-dire *serpent.*

Mais un examen attentif permet de reconnaître entre les poissons cylindriques qui ressemblent à des serpents et les reptiles de l'ordre des *ophidiens,* des différences capitales. La plus essentielle se trouve dans la conformation de la bouche; chez tous les poissons, y compris l'anguille et les cyclostomes, les deux mâchoires s'emboîtent l'une dans l'autre, de sorte que l'ouverture possible de la bouche est limitée par la forme et le développement des mâchoires; chez les ophidiens, les deux mâchoires sont indépendantes l'une de l'autre; elles n'adhèrent qu'à la peau, et comme celle-ci est à la fois très-solide et très-élastique, il en résulte que la gueule du serpent peut prendre au besoin une ouverture d'une largeur démesurée, de sorte que l'animal, avec une tête assez petite relativement à sa grosseur, peut absorber des proies d'un volume énorme par rapport à son diamètre.

Le trait le plus remarquable de la physiologie des serpents, c'est le renouvellement annuel de leur peau, sous laquelle se forme une peau nouvelle ; l'ancienne alors se fend, et le serpent s'en dépouille, non sans un travail pénible, analogue à la crise pendant laquelle l'écrevisse renouvelle sa coque.

Les ophidiens vivent tous de proie vivante, qu'il leur est souvent assez difficile de se procurer ; aussi ceux des grandes espèces sont-ils exposés à des jeûnes très-prolongés ; il y en a qui n'ont faim que tous les trois mois ; ils mettent trois mois à digérer leur repas ; il est vrai que ce repas consiste en un cerf ou un mouton tout entier. C'est lorsqu'ils sont engourdis par le travail de la digestion qu'il est facile d'approcher sans danger les grandes espèces de serpents et de les tuer.

Les ophidiens ne font entendre aucun cri ; mais ils produisent un sifflement prolongé, qui avait fait adopter la figure d'un serpent comme symbole du sifflement dans les hiéroglyphes ; c'est la lettre S de notre alphabet.

Parmi les ophidiens, les uns sont venimeux, les autres ne le sont pas. Les serpents venimeux le sont tous de la même manière. Ils portent à la mâchoire supérieure deux longs crochets creux, aboutissant à une glande qui secrète un liquide toujours nuisible, quelquefois mortel ; ce liquide s'introduit dans la plaie produite par la morsure d'un serpent venimeux. Il sert au reptile à tuer immédiatement sa proie, afin qu'elle ne puisse lui opposer aucune résistance. Parmi les serpents venimeux, les deux plus répandus sont la *vipère* en Europe, et le *crotale*, ou *serpent à sonnettes*, dans tout le nouveau monde.

La Vipère, le seul serpent réellement dangereux du climat européen, atteint rarement la longueur de plus de 50 centimètres. Elle est très-commune, surtout dans les terrains boisés, siliceux, entrecoupés de roches de grès ; elle pullule aux environs de Paris, spécialement dans la forêt de Fontainebleau. Comme tous les reptiles venimeux ou non, la vipère fuit à l'approche de l'homme et ne cherche jamais à le mordre ; mais il arrive souvent, dans les bois, qu'on marche sur une vipère cachée sous les feuilles mortes, ou bien que, par mégarde, on la surprend dans sa retraite ; elle saute alors aux jambes de l'agresseur, et le mord sévèrement. On recommande pour cette raison, à ceux qui parcourent les bois peuplés de vipères, de porter des guêtres de cuir, sur lesquelles la dent de la vipère n'a pas de prise. Le seul remède sûr contre le venin de la vipère, qui sans être mortel peut rendre fort malade, c'est la cautérisation immédiate de la plaie, soit avec un fer rouge, soit avec l'ammoniaque liquide. Malheureusement, lorsqu'on est mordu dans un lieu éloigné des habitations, le secours immédiat est impossible, et les suites de la morsure peuvent être très-graves.

La vipère, dans l'ancienne médecine, a passé pour être douée de vertus médicales qui n'ont jamais eu rien de réel ; cette erreur avait pour résultat de donner à ce reptile une valeur assez élevée ; on lui faisait une chasse assidue pour le vendre aux apothicaires, ce qui en limitait singulièrement le nombre. Aujourd'hui, rien n'arrête sa multiplication, et il n'est pas douteux que les vipères ne soient actuellement dix fois plus nombreuses en France et en Europe qu'elles ne l'étaient pendant le dernier siècle. On pourrait opposer à la multiplication de la vipère celle de son ennemi mortel, le *hérisson*, qui la recherche pour s'en nourrir, et qui n'a rien à redouter de ses morsures.

Le Crotale, plus connu sous son nom vulgaire de *serpent à sonnettes,* porte à la queue une sorte de chapelet d'écailles mobiles qui font entendre, quand l'animal est irrité, un bruit particulier, origine de son surnom. La morsure du serpent à sonnettes est le plus souvent mortelle; mais il n'est pas difficile de l'éviter : car le crotale, bien qu'il soit doué d'une grande vigueur et que sa longueur ordinaire dépasse deux mètres, n'attaque jamais l'homme volontairement, et fuit de très-loin à son approche. Mais il a le sommeil dur, et le voyageur imprudent est exposé à marcher sur la queue d'un crotale, qui, réveillé désagréablement en sursaut, n'est pas naturellement de bonne humeur. Voici à ce sujet une anecdote récente qui prouve qu'avec de la présence d'esprit on peut, même dans les circonstances les plus critiques, échapper au serpent à sonnettes. Un botaniste explorait une forêt vierge de l'Amérique méridionale; il la savait peuplée de crotales, et ne s'avançait qu'avec de grandes précautions. S'occupant d'entomologie en même temps que de botanique, il portait toujours sur lui un tout petit flacon de *nicotine*, poison violent dans lequel il trempait les épingles dont il piquait les insectes ajoutés à sa collection, afin de les tuer instantanément et de ne pas les voir se débattre dans des souffrances longues et inutiles. Or, en dépit de toute sa prudence, il lui arriva un jour de mettre le pied sur un crotale, qui tout aussitôt se redressa contre lui, s'enroula autour de sa taille en le serrant à l'étouffer, et cherchant à le mordre au visage. Le naturaliste saisit le reptile à la gorge, le maintint à l'aide de ses ongles et de la main qu'il avait libre, prit dans la poche de son gilet le flacon de nicotine dont il versa le contenu dans la gueule béante du crotale, qui tomba comme foudroyé. On voit que la redoutable nicotine peut, dans l'occasion, être bonne à quelque chose.

Les serpents non venimeux sont communs en Europe; ils constituent les genres *couleuvre* et *orvet*, l'un et l'autre vivant d'insectes dans les bois, complétement inoffensifs pour l'homme. Dans nos départements de l'ouest, on mange assez souvent une grande espèce de couleuvre qu'on nomme *anguille de haie ;* sa chair est mangeable, mais elle a une saveur musquée qui ne plaît pas à tous les consommateurs.

Les pays peu peuplés de l'ancien et du nouveau continent sont infestés de serpents énormes du genre *boa*, reptiles qui, sans être venimeux, n'en sont pas moins redoutables par leur force prodigieuse; leur longueur dépasse souvent 10 mètres. Ce sont ceux d'entre les reptiles ophidiens qui peuvent vivre le plus longtemps sans manger. En effet, leur seul genre de chasse consiste à s'enrouler autour des grosses branches d'un arbre, et à attendre patiemment qu'un gibier à leur convenance passe à leur portée. Le boa se laisse glisser sur sa proie, l'enlace, l'étouffe, la broie dans sa peau qu'il convertit en un énorme boudin, et l'avale ainsi tout entière. C'est après un pareil repas qu'il s'endort pour digérer, et qu'il est à la discrétion des chasseurs.

Dans les Antilles françaises et sur toutes les parties chaudes de l'ancien continent, les serpents venimeux abondent. On a vainement tenté de naturaliser aux Antilles françaises le *serpentaire*, oiseau du cap de

Bonne-Espérance, que son instinct porte à faire à tous les reptiles venimeux une guerre d'extermination; la tentative n'a pas réussi.

§ XL. — Les sauriens.

L'ordre des *sauriens* est encore moins riche en genres et espèces que celui des ophidiens; mais il contient plusieurs animaux dignes de tout l'intérêt du naturaliste. L'ouïe est extrêmement développée chez les sauriens, plus connus sous leur nom vulgaire de *lézards;* le trou auditif, placé des deux côtés à l'arrière de la tête, est large, et tous les lézards, même le petit lézard gris des murailles répandu dans toute l'Europe, sont très-sensibles à la musique; on les voit tourner la tête et rester immobiles pour mieux percevoir les sons qui leur plaisent, et se retirer brusquement dès que l'harmonie qui les avait captivés cesse de se faire entendre.

Tous les lézards sont ovipares; leurs œufs, comme ceux des batraciens et des ophidiens, éclosent sans incubation, et la femelle ne prend pas soin de ses petits. Deux espèces seulement sont très-communes en France, ce sont le *lézard gris,* dans le Nord et le Centre, et le *lézard vert* dans le Midi. Une erreur populaire attribue au lézard une haine invétérée contre la vipère; on croit dans tout le Midi que, si une vipère s'approche d'un homme endormi pour le mordre, un lézard vert, toujours aux aguets, passe et repasse sur le visage du dormeur pour le réveiller et l'avertir du danger. De là le dicton bien connu : *Le lézard est l'ami de l'homme.* Tout est faux dans cette croyance: la haine supposée du lézard pour la vipère, et les attaques de celle-ci contre l'homme qu'elle fuit par instinct et qu'elle n'attaque jamais.

Les espèces moyennes de lézards ne sont communes que dans les pays chauds, principalement dans les régions tropicales; les deux plus remarquables sont le *caméléon*, très-multiplié dans l'Afrique française, et l'*iguane*, autrefois nombreux à la Guadeloupe et à la Martinique, aujourd'hui presque entièrement éteint. Le Caméléon, d'un gris terne, ayant l'habitude de rester des heures entières dans une immobilité absolue, ressemble tout à fait à un animal de bois peint ou de pierre. On sait que l'imagination des naturalistes grecs lui avait prêté, fort gratuitement, la faculté étrange de changer de couleur à volonté; tout ce qu'il y a de vrai dans cette fable, c'est que le caméléon, en proie à la peur ou à la colère, fait refluer son sang vers sa peau, qui prend une teinte un peu différente de sa nuance habituelle, à peu près comme le visage humain change de couleur sous les mêmes impressions : il n'y a chez le caméléon rien de plus.

L'Iguane a le malheur d'être excellent à manger; aussi lui fait-on aux Antilles une guerre assidue, qui en a presque éteint la race. Ce lézard est un de ceux qui semblent le plus sensibles à l'harmonie. Lorsqu'on a découvert sa retraite, on lui joue un air mélodieux sur la flûte ou le violon; surmontant sa timidité, il sort de son asile et vient se faire prendre, victime de sa passion pour la musique.

Les lézards de taille gigantesque sont nombreux près des embouchures de tous les grands fleuves de l'ancien et du nouveau continent, mais sans jamais s'écarter des régions intertropicales; le *crocodile* du Nil et des autres grands fleuves d'Afrique, le *gavial* du Gange, le *caïman* de l'Amazone et des autres grands fleuves de l'Amérique du Sud, sont de vrais monstres, d'un aspect hideux, d'une voracité égale à celle du requin de l'Océan, et d'une taille qui varie entre 10 et 12 mètres de long. Ils n'attaquent presque jamais l'homme de vive force; mais, en se tenant immobiles à la surface de l'eau tout près des bords, ou bien en nageant entre deux eaux, ils saisissent les animaux à l'abreuvoir, trop souvent aussi d'imprudents nageurs, les entraînent au fond de l'eau et les noient pour les dévorer à loisir. Ces masses informes ne manifestent pas d'autre instinct que celui de la voracité.

§ XLI. — Les chéloniens.

Les animaux de l'ordre des *chéloniens* ressemblent plus ou moins aux autres reptiles par la conformation de la tête et des pattes. La tête est celle d'un serpent; mais les mâchoires sont solidaires et non pas indépendantes, comme celles des ophidiens. La charpente osseuse des chéloniens est disposée tout autrement que celle des autres animaux vertébrés. Le corps entier est captif dans une boîte dont on nomme *plastron* la partie inférieure, et *carapace* la partie supérieure; l'animal y peut à volonté retirer sa tête et ses pattes, qui, chez les tortues de mer et d'eau douce, font fonction de nageoires et permettent aux grosses tortues de franchir à la nage de très-grandes distances.

Les Tortues sont ovipares, comme les autres reptiles; les grandes tortues de mer passent dans l'eau toute leur existence; elles vont seulement une fois par an à terre, déposer et enterrer leurs œufs dans le sable. Dès que la jeune tortue est née, elle s'achemine droit vers la mer, s'y plonge, et n'en sort plus jusqu'à ce qu'ayant atteint l'âge adulte, elle revienne à terre pour pondre à son tour. L'instinct des grandes espèces de tortues de mer ne va pas au delà. C'est parmi les grandes tortues de mer que se trouve le *caret*, dont l'écaille intérieure, toujours rare et chère dans le commerce européen, est employée dans la tabletterie pour la fabrication des boîtes, des peignes et des coffrets d'un prix élevé.

Quelques tortues de terre et d'eau douce sont comestibles ; leur chair donne un bouillon qui, jugé impartialement, ne vaut pas beaucoup plus que de bon bouillon de viande de boucherie ; mais il coûte dix fois plus, ce qui le fait paraître délicieux aux amateurs opulents.

La ponte des œufs des grandes tortues fluviatiles est très-abondante ; les œufs de ces tortues sont aussi bons que des œufs d'oiseau ; leur jaune très-volumineux contient une huile de bon goût, d'une conservation facile, connue dans toute l'Amérique du Sud sous le nom de *tortugada*. Cette huile est usitée dans la cuisine de ce pays comme l'huile d'olives dans tout le midi de l'Europe.

Les petites tortues de terre et d'eau douce, spécialement la *tortue grecque*, commune dans tous les pays chauds, peuvent vivre dans une demi-domesticité ; elles viennent à la voix de ceux qui les nourrissent et ne semblent pas se déplaire en captivité ; mais elles ont si peu d'instinct qu'il est impossible de trouver un grand charme dans leur société. Le pain, la salade et les légumes sont les aliments qu'elles préfèrent ; à l'état libre, elles mangent aussi des insectes et de petits mollusques qui, cheminant encore plus lentement que la tortue, ne sont pas assez agiles pour lui échapper.

CHAPITRE IX.

§ XLII. — Organisation et classification des oiseaux.

En quittant les reptiles, nous franchissons d'un bond plusieurs degrés pour nous élever à la classe des oiseaux, objet de l'une des principales branches de l'histoire naturelle, *l'ornithologie*. Les rapports d'analogie ne sont pas frappants entre les reptiles et les oiseaux ; cependant les uns et les autres sont vertébrés et ovipares : ce qui suffit pour déterminer leur liaison dans la chaîne des êtres vivants.

Quoiqu'il ne tienne que le second rang, le premier étant occupé par les mammifères, à la tête desquels est placé l'homme, l'oiseau est un chef-d'œuvre d'organisation. Son sang est rouge, comme celui des poissons et des reptiles ; de plus, il est chaud, tandis que celui des poissons et des reptiles est froid, et chez l'oiseau la circulation est complète. L'organisation toute particulière de son appareil respiratoire permet à l'oiseau d'introduire à volonté l'air dans les os et dans les tuyaux de ses plumes, et de l'en retirer instantanément, ce qui facilite singulièrement son vol.

Les sens de l'oiseau sont tous très-développés, à l'exception du sens du toucher ; la paupière inférieure est mobile; l'oiseau la relève pour fermer l'œil, comme les mammifères abaissent leur paupière supérieure. Chez la plupart des oiseaux, la vue est tellement perçante qu'ils distinguent de très-petits objets à de grandes distances, tandis qu'ils volent avec la rapidité d'une flèche. Mais, ce qui place l'oiseau si fort au-dessus des animaux des classes que nous avons étudiées jusqu'ici, c'est l'immense supériorité de son instinct. Tous, sauf une seule exception, ont l'instinct maternel et ce qu'il est permis de nommer l'instinct de la famille. L'attachement réciproque du mâle et de la femelle existe sans exception chez tous les oiseaux. Les uns sont *polygames* comme le coq, et dans ce cas le mâle dirige ses femelles et sait les défendre jusqu'à la mort. Les femelles des oiseaux polygames sont celles qui montrent le plus d'attachement pour leurs petits, comme si elles comprenaient qu'elles doivent les aimer pour deux et les dédommager de l'indifférence de leur père. Le plus grand nombre est *monogame*, mais pour une saison seulement. A l'entrée de l'hiver, le mâle et la femelle se quittent et contractent au printemps suivant une nouvelle union; pendant toute la belle saison, ils couvent en commun les œufs et élèvent en commun leurs petits, dont ils ne se séparent que quand ceux-ci deviennent capables d'avoir à leur tour une famille. D'autres construisent à frais communs de vastes nids divisés en compartiments, dont chacun est occupé par une famille vivant en bonne harmonie avec les voisins. D'autres enfin, en petit nombre, comme le *cygne* et l'*hirondelle*, sont monogames pour toute la vie; si l'un des deux meurt, l'autre cesse de manger, ne voulant pas survivre à l'objet de son attachement. C'est déjà l'affection mutuelle et l'instinct de la famille sous leurs formes les plus touchantes.

Le vol, qui tient une si grande place dans l'existence de l'oiseau, n'est pas généralement bien compris. Une erreur admise par les naturalistes de l'antiquité, chantée par les poëtes, longtemps acceptée sans examen par les modernes, a mis en circulation les idées les plus fausses à l'égard du vol des oiseaux. On attribuait aux plus gros oiseaux de proie le pouvoir d'enlever des moutons, et, au besoin, des enfants : or, un examen plus attentif des faits a permis de constater que les oiseaux, même ceux qui sont doués de la plus grande puissance de vol, ne peuvent rien ou presque rien enlever au delà du poids ordinaire de leur propre individu ; encore leur faut-il pour cela s'alléger en faisant le vide dans leurs os et dans les tuyaux de leurs plumes. Cela est si vrai que, lorsqu'on veut prendre vivants les *vautours* des Alpes et les *condors* des Cordilières du Chili, ou leur jette en pâture le cadavre d'un animal, et l'on attend qu'ils se soient gorgés de sa chair. Alors, par cela seul qu'ils pèsent un peu plus que d'ordinaire, ils s'épuisent en vains efforts pour prendre leur vol; on leur jette une corde à nœud coulant, et ils sont réduits en captivité sans pouvoir s'échapper. Il arrive seulement à quelques-uns de provoquer en se débattant des vomissements qui les allégent et leur rendent le pouvoir de s'envoler. L'instinct voyageur, aussi développé chez certains oiseaux que chez les poissons, semble avoir pour but de diriger tour à tour les bandes d'oiseaux de passage vers les lieux où abonde la nourriture qui leur convient. C'est ainsi que l'*hirondelle* arrive chez nous quand les premiers beaux jours font éclore les insectes ailés, son unique nourriture, et qu'elle nous quitte aussitôt que le froid a fait disparaître ces mêmes insectes. Le fait le plus merveilleux du vol des oiseaux, c'est cet instinct, inexpliqué jusqu'à présent, qui leur fait trouver leur chemin, à travers l'atmosphère, pour revenir à tire-d'aile au lieu où ils ont laissé leur famille. On sait que, de toute antiquité, l'homme a su tirer parti de cet instinct si développé chez le pigeon. L'hirondelle prise sur son nid et emportée à de grandes distances, puis rendue à la liberté, revient au nid avec une vitesse moyenne de 65 kilomètres à l'heure : c'est la vitesse du vent pendant la tempête.

On a dit, en parlant des transformations des insectes, en quoi les modifications subies par le germe dans l'œuf ressemblent aux métamorphoses subies par les insectes qui passent par l'état de larves, puis de nymphes ou momies. Chez l'oiseau, la métamorphose n'a lieu que par l'*incubation*, c'est-à-dire par la chaleur de la mère posée sur ses œufs, chaleur qui peut être remplacée par celle des appareils d'incubation artificielle. L'art apporté par les oiseaux dans la construction des nids où ils couvent leurs œufs et élèvent leurs petits, est encore une des nombreuses merveilles de leur instinct.

Quoique les plumes et les ailes soient l'attribut du plus grand nombre des oiseaux, quelques-uns n'ont que des moignons au lieu d'ailes et des poils au lieu de plumes, comme le *casoar* de l'Australie; d'autres, comme le *pingouin*, ont des plumes, mais point d'ailes, et des pieds conformés non pour la marche, mais seulement pour la natation, de sorte qu'ils nagent sans cesse et ne peuvent pas plus marcher que voler, ce qui en fait des animaux demi-oiseaux, demi-poissons.

Le chant des oiseaux est assurément pour eux une musique dont ils goûtent le charme tous les premiers; ils sont à la fois amateurs de musique et musiciens.

Je ne résiste pas au plaisir de citer à ce sujet les vers suivants de l'abbé Cassagne :

> Que chantez-vous, petits oiseaux ?
> Je vous regarde et vous écoute ;
> C'est Dieu qui vous a faits si beaux
> Vous le chantez sans doute !
>
> Par vos accords, vos chants si doux,
> Vous lui rendez un digne hommage ;
> Je le bénis moins bien que vous,
> Et lui dois davantage.

Si ce n'est pas là la vraie solution du problème du chant des oiseaux, on peut dire que l'instinct musical, la faculté de comprendre l'harmonie et la mélodie qu'ils produisent eux-mêmes, rend plus poétique que celle des autres animaux l'existence des oiseaux chanteurs.

Les naturalistes rangent toute la classe des oiseaux dans six ordres : 1° les *rapaces*, ou *oiseaux de proie;* 2° les *grimpeurs;* 3° les *passereaux;* 4° les *gallinacés;* 5° les *échassiers;* 6° les *palmipèdes*.

§ XLIII. — Les palmipèdes.

En continuant, ainsi que nous avons commencé, la revue des animaux de la classe des oiseaux, par l'ordre le moins parfaitement organisé, nous trouvons en premier lieu les *palmipèdes,* suffisamment caractérisés par leurs pieds *palmés,* dont les doigts sont réunis par une membrane épaisse et souple, qui gêne leur marche sur terre, mais qui les rend excellents nageurs, de sorte que l'eau est leur élément de prédilection. Quelques genres de cet ordre diffèrent essentiellement des autres ; au lieu d'être organisés, comme le reste des palmipèdes, pour marcher, voler et nager, ils n'ont d'autre mode de locomotion que la natation, et ne quittent la mer qu'à l'époque de la ponte. Ces singuliers animaux, rattachés à l'ordre des palmipèdes par la conformation de leurs pieds, forment les deux genres *pingouin* et *manchot*. Ils ont, à la place des ailes, des moignons pendants qui semblent, à la façon dont ils les portent, les embarrasser plutôt que leur servir. Les mœurs de cette tribu d'oiseaux sont éminemment sociales ; aucune espèce de pingouins ni de manchots ne vit dans l'isolement ; les femelles choisissent sur quelque îlot désert une place unie, peu éloignée de la plage et garnie de buissons ; là elles établissent leurs nids en demi-cercle, et couvent toutes à côté les unes des autres. Lorsqu'une de ces tribus vient à être dérangée, elle prend son parti, va chercher un asile plus isolé, et franchit d'une traite pour s'y rendre des trajets de 100 à 150 kilomètres à la nage, sans s'embarrasser du gros temps.

Une autre tribu de palmipèdes est désignée sous le nom collectif d'*oiseaux de mer* ; elle comprend les genres *pétrel, albatros, frégate, mouette, goëland* et leurs variétés, dont les bandes, sur certains points des côtes de la mer du Sud, se réunissent par millions et produisent, par leurs déjections accumulées, sous des latitudes où il ne pleut jamais, les dépôts de guano exploités pour raviver les forces productives des terres fatiguées de l'ancien continent. Le pétrel, surnommé l'oiseau des tempêtes, parce qu'il semble se plaire à lutter contre la fureur de l'ouragan ; l'albatros, celui des oiseaux de mer dont les ailes ont le plus grand développement, et la frégate, qui les dépasse tous par la rapidité de son vol, sont des oiseaux essentiellement aériens, qui viennent rarement à terre pendant le jour et qu'on rencontre en mer à des distances énormes des côtes ; l'air est leur élément, comme l'eau est celui des manchots et des pingouins ; quoique assez bons nageurs, comme tous les palmipèdes, ils nagent rarement et volent des journées entières, presque sans interruption. Les poissons qu'ils voient à travers l'eau, et qu'ils saisissent sans cesser de voler, sont l'unique aliment des grands oiseaux de mer. Ceux de moyenne taille dans le même groupe, les mouettes et les goëlands, marchent et nagent autant qu'ils volent ; ils s'éloignent peu des côtes, et vivent de mollusques et d'animaux marins d'un ordre inférieur, autant que de poisson.

Au même groupe se rattachent quelques grands oiseaux pêcheurs, mais qui vivent seulement de poisson d'eau douce ; les plus remarquables sont le *pélican* et le *cormoran*. On a cru si longtemps que pour nourrir ses petits de son sang le PÉLICAN se déchire lui-même, que cet oiseau a été pris pour symbole du dévouement maternel ; symbole d'autant moins rationnel que, si le pélican était capable d'offrir son sang à sa jeune famille, celle-ci n'en ferait rien ; le sang n'est pas un aliment capable de nourrir les jeunes pélicans ; c'est du poisson qu'il leur faut : le père et la mère ne les en laissent pas manquer. Le pélican diffère des autres palmipèdes par la longueur disproportionnée de son bec, dont la partie inférieure est garnie d'une ample poche membraneuse. C'est là que le pélican met en dépôt les gros poissons qu'il lui arrive de prendre quand il n'a pas faim, en attendant que l'appétit lui vienne pour les consommer.

Le CORMORAN est utilisé par les Chinois comme pêcheur, remplissant pour la pêche le même office que le chien pour la chasse. Ce fait, parfaitement constaté, pourrait faire supposer au cormoran une dose d'instinct et d'éducabilité qu'il ne possède pas réellement. Le cormoran pêcheur a les ailes coupées; il lui est, par conséquent, impossible de s'envoler. Quand son maître, qu'il connaît à peu près comme les oies et les canards connaissent la fille de basse-cour, l'envoie à la pêche après l'avoir laissé jeûner, l'oiseau s'empare du plus gros poisson qu'il peut prendre, l'avale, et revient au logis, où l'attend son maître qui ne l'a pas perdu de vue. Celui-ci prend son cormoran, et, sans le blesser, lui fait vomir le produit de sa pêche; après quoi, il le renvoie pêcher, ayant soin de lui laisser en fin de compte digérer une part de son butin. Quelques cormorans, renommés pour leur habileté comme pêcheurs, se vendent en Chine à des prix fabuleux.

Au sommet de l'ordre des palmipèdes, nous trouvons trois oiseaux fort supérieurs aux précédents : le *canard*, l'*oie* et le *cygne*. Le canard, à l'état domestique, est un des oiseaux de basse-cour qui coûtent le moins et qui rapportent le plus. Les œufs de cane valent les œufs de poule; leur jaune très-volumineux les fait rechercher par les cuisiniers et les pâtissiers. Les meilleurs canards pour la cuisine sont ceux qui mangent le plus de substances animales, vers, limaces, mollusques aquatiques, et qui consomment le moins d'aliments végétaux; tels sont, en France, le *canard barboteur de Rouen*, et en Angleterre, le *canard blanc d'Aylesbury*. Le canard sauvage, doué d'une grande puissance de vol, descend tous les ans des régions septentrionales à l'entrée de l'hiver; il y retourne dans la belle saison. L'une des plus utiles espèces de canards sauvages est l'*eider*, très-nombreux sur les grands lacs de la Laponie. Le duvet de ce canard, connu dans le commerce sous le nom d'*édredon*, sert à faire des couvre-pieds aussi légers que chauds, dont lé prix baisserait bientôt si les Norwégiens et les Suédois pensaient à faire multiplier en domesticité le canard *eider*, qui ne demanderait pas mieux.

L'Oie, dont l'espèce domestique est deux fois plus grosse que le canard, est à l'état sauvage d'un gris uniforme; elle voyage comme le canard, mais elle ne s'enfonce pas aussi loin que lui dans le Nord. Si dans le cours de ses voyages, une bande d'oies sauvages aperçoit une troupe d'oies domestiques, elle l'appelle à grands cris, et, quand on n'a pas pris la précaution de leur couper les grosses plumes de l'aile, les oies domestiques partent avec leurs sœurs sauvages et oublient de revenir. La France possède plusieurs belles variétés d'oies domestiques, dont les meilleures sont l'*oie de Toulouse*, d'une taille presque égale à celle du cygne, au plumage d'un gris brun, comme celui de l'oie sauvage, et l'*oie blanche de la Meuse*, de petite taille, très-estimée pour sa rusticité et sa propension à l'engraissement. L'oie, outre sa chair et sa graisse, d'une valeur alimentaire incontestable, donne à l'homme un duvet précieux, moins cher et non moins utile que l'édredon. Bien des gens regardent comme un acte de cruauté l'enlèvement périodique du duvet que l'oie porte sous ses plumes, principalement sur les flancs et sur le ventre. Mais, en réalité, l'oie dont on ne prend pas le duvet s'en dépouille naturellement en été et le reforme avant l'hiver. On ne fait donc, en l'en dépouillant, que tirer parti d'un produit qui serait perdu. Le duvet d'ailleurs adhère si peu, à l'époque fixée par la nature pour sa chute naturelle, qu'on ne fait pas éprouver à l'oie, en le lui prenant, une douleur bien vive; la preuve c'est que l'oie, après l'opération, mange avec le même appétit que précédemment, et ne paraît pas en conserver contre ceux qui l'ont plumée le moindre ressentiment.

L'oie domestique, surtout lorsqu'on a eu soin de la rendre familière par de bons traitements auxquels elle est très-sensible, tient lieu de chien de garde; si dans une ferme les oies font entendre leurs cris aigus pendant la nuit, on peut être assuré de la présence d'un étranger dans la cour ou aux environs; pour les allées et venues des gens de la maison, l'oie ne crie pas. Ainsi, en dépit du dicton populaire : *bête comme une oie,* cet oiseau n'est nullement stupide; l'oie a l'air bête, il est vrai, mais elle ne l'est pas; elle l'emporte à cet égard sur nombre d'honnêtes gens qui n'ont que l'air intelligent.

Le CYGNE, le plus grand et le plus beau des palmipèdes, vit sous les latitudes les plus diverses dans toutes les parties de l'ancien continent. On ne trouve que dans le nord de l'Europe des bandes de cygnes sauvages, qui, pendant les hivers rigoureux, se montrent quelquefois jusque dans le centre de la France. Le cygne domestique est l'ornement indispensable des bassins et des pièces d'eau, dans les parcs et les grands jardins. C'est de tous les palmipèdes celui dont les mœurs dénotent l'instinct le plus élevé. Le cygne adopte une compagne, et la mort seule peut rompre leur union. Le père prend de la jeune couvée les mêmes soins que la mère; les petits, d'abord couverts d'un duvet gris, puis d'un plumage de même couleur, ne deviennent d'un blanc pur que quand ils arrivent à l'âge adulte, la seconde année de leur existence; jusqu'à cet âge, ils restent sous la direction de leurs parents, qui veillent sur eux avec la plus tendre sollicitude, et ne les perdent pas de vue un seul moment. Le cygne se montre très-sensible aux soins qu'on prend de lui ; il est capable d'un véritable attachement ; mais s'il perd sa compagne, il ne supporte pas le veuvage, et l'amitié ne peut le consoler. J'en ai connu un, en Belgique, qui témoignait à sa maîtresse tout l'attachement d'un chien. Sa compagne étant morte, la dame offrait au pauvre veuf les aliments de son goût ; il la caressait, la regardait tristement, posait selon son habitude la tête dans sa main ; mais il ne voulait pas manger, et il fut impossible de l'empêcher de se laisser mourir de faim.

Les Grecs, toujours disposés à laisser libre carrière à leur imagination, supposaient qu'à ses derniers moments le cygne fait entendre des chants pleins de mélodie ; de là l'expression figurée de *chant du cygne* pour les œuvres dernières d'un poëte ou d'un musicien. Le fait est que, sauf un léger grondement qui lui est habituel et un cri perçant qu'il réserve pour les grandes occasions, le cygne ne fait aucun usage de sa voix.

§ XLIV. — Les échassiers.

Les *échassiers* composent un ordre moins naturel et moins bien caractérisé que celui des *palmipèdes*. Les oiseaux échassiers, suffisamment distingués par la longueur de leurs jambes nues, comprennent des genres et espèces essentiellement différents les uns des autres ; il est difficile, même en y mettant de la bonne volonté, de trouver une grande analogie entre une *autruche* et une *bécasse*, ou bien entre un *casoar* et un *pluvier*, quoique les uns et les autres soient classés parmi les échassiers. Cet ordre est partagé très-naturellement en trois groupes : 1º les *grands échassiers*, 2º les *petits échassiers*, 3º les *brévipennes*.

Dans le groupe des *grands échassiers*, on retrouve les mœurs d'une partie des palmipèdes, l'attachement à la famille et les longues pérégrinations périodiques. Les plus dignes d'intérêt de ce groupe sont, en Europe, la *grue*, le *héron* et l'*outarde*, et, en Afrique, l'*ibis* et le *flamand*.

La GRUE, dont l'espèce la plus remarquable porte le nom de *cigogne*, est un fort bel oiseau, dont les ailes noires, se détachant sur un corps blanc, contrastent heureusement avec un bec long et fort, d'un rouge orangé. Cet oiseau présente à l'observateur le singulier phénomène d'une existence passée moitié dans le désert, loin de tout contact avec l'homme, et moitié, volontairement et par choix, au sein des villes populeuses. Nul autre oiseau ne développe dans ses voyages un instinct plus intelligent que celui de la cigogne. En Suisse et en Hollande, deux contrées qu'elles affectionnent particulièrement, les cigognes arrivent tous les ans vers la même époque, et toujours au même rendez-vous. En Hollande, elles ont adopté la ville toute aquatique de Dordrecht; elles s'y reposent un jour sur les tours et les édifices les plus élevées; puis elles se dispersent par groupes dans les différentes villes, où elles vont nicher, couver et élever leurs petits dans des trémies en bois placées exprès pour elles sur le toit des maisons auxquelles, selon la tradition populaire, leur présence porte bonheur. J'ai vu, en Hollande, des gens qui ne semblaient pas moins intelligents que d'autres, mais que le malheur poursuivait; j'ai entendu dire d'un de ces hommes : « Rien ne lui réussit, il faut qu'il ait tué une cigogne! »

Au XVIe siècle, la ville de Harlem ayant été en partie détruite par un incendie, une cigogne établie avec ses petits sur le toit d'une maison en feu, aima mieux se laisser brûler vive que de se sauver sans ses petits; un poëte a chanté le dévouement de cette cigogne dans un poëme latin qui eut de son temps un grand succès. Après avoir élevé une couvée en Suisse, en Hollande et dans les autres contrées marécageuses du nord de l'Europe, la cigogne reprend son vol et va élever une autre famille sur les bords de la mer Egée et de l'Hellespont; après quoi, elle recommence ses voyages périodiques du sud au nord, et du nord au sud. Quelques espèces de grues, entre autres la *grue de Numidie,* ou *oiseau royal,* ont la tête ornée d'une riche aigrette qui les fait rechercher comme oiseaux d'ornement. Une autre espèce, la *grue du Sénégal,* fournit au commerce les plumes déliées, d'un blanc de neige, connues sous les noms d'*esprits* et de *marabouts,* très-recherchées comme objets de parure.

Le HÉRON, moins haut sur jambes et moins gracieux dans ses allures que la cigogne, est aussi solitaire, aussi ennemi de toute société que la cigogne est sociable. Recherché dès la plus haute antiquité pour quelques-unes de ses plumes dont on compose d'élégantes aigrettes d'un grand prix, le héron a été pendant tout le moyen âge le gibier le plus recherché pour l'amusement des belles châtelaines, qui lâchaient contre lui leurs intrépides faucons. Les plumes blanches du héron ont acquis une grande valeur, depuis que les aigrettes de ces plumes sont d'ordonnance en France pour la coiffure des officiers supérieurs d'infanterie.

L'OUTARDE, d'une taille intermédiaire entre celle de la cigogne et celle du héron, est rare en France; elle

ne s'y montre de temps à autre que dans nos départements du midi, où son cri peu harmonieux lui a fait
donner le nom vulgaire de *canepétière*, bien qu'elle
n'ait avec la cane aucune espèce d'analogie. L'outarde
est un gibier très-recherché; elle deviendrait facilement
une des volailles les plus estimées de nos basses-cours,
s'il était possible de la décider à multiplier en domesticité.

Bien des tentatives de domestication de l'outarde
ont échoué; mais elles ne sont pas abandonnées, et il
est probable qu'avec de la persévérance elles réussi-
ront. On connaît deux variétés d'outarde : la petite, de
la taille d'une grosse poule de Cochinchine, et la
grande, de la taille du dinde, l'une et l'autre d'une
égale valeur comme gibier.

Deux autres grands échassiers, l'*ibis* et le *flamant* ou
phénicoptère, appartiennent au nord de l'Afrique. L'ibis,
espèce de cigogne au plumage rouge, a été longtemps
l'objet d'une sorte de culte de la part des anciens Égyp-
tiens, à cause des services qu'il leur rendait en pur-
geant leur pays des petits reptiles qui pullulent dans
la plaine après les débordements du Nil. Le *flamant*,
dont on connaît deux variétés, l'une toute rouge, l'autre
aux ailes roses sur un plumage entièrement blanc,
se tient, comme l'ibis, dans les contrées marécageuses
de l'Afrique septentrionale, où il se nourrit de petits
reptiles, spécialement de batraciens. Les anciens, qui
nommaient cet oiseau *phénicoptère* (*ailes de flamme*),
faisaient un cas particulier de sa langue, regardée à
Rome comme un mets délicieux. Un plat de langues
de phénicoptères coûtait des sommes énormes; le prix
excessif de ce mets et l'extrême difficulté de se le procurer, en faisaient, aux yeux des riches gastronomes
romains, le principal mérite.

Le groupe des petits échassiers contient des oiseaux en général de taille moyenne ou petite, dont quelques-uns ne sont nullement échassiers de fait, quoiqu'ils soient compris dans cette classe par les naturalistes ; ils n'ont ni les longues jambes nues, ni le long cou des vrais échassiers. Les oiseaux les plus dignes d'intérêt de ce groupe anormal sont le *pluvier*, la *bécasse*, le *vanneau* et l'*huîtrier*.

Les Pluviers, dont on connaît deux espèces, le *pluvier doré* et le *courlis*, sont remarquables par la longueur et la singulière conformation de leur bec, particulièrement approprié à la chasse aux vers de terre, leur principale nourriture. Portés sur de longues jambes très-minces, vivant dans les marais et sur le bord des eaux, les pluviers se rattachent assez régulièrement aux échassiers, surtout le courlis ou *courlieu*, qui répète fréquemment son nom d'une manière assez distincte. Le courlis et le pluvier doré doivent leur nom de pluviers à la coïncidence des fortes pluies d'automne avec leur arrivée dans la France centrale. Leurs voyages n'ont pas le caractère de périodicité des voyages des grands échassiers. Ce sont des *oiseaux de passage*, qui ne s'arrêtent que pour couver pendant la belle saison, et circulent sans cesse d'un pays dans un autre, sans se fixer nulle part.

La Bécasse, dont le genre de vie est le même que celui du pluvier, est l'un des plus estimés comme gibier parmi les oiseaux de passage. Ses jambes d'une longueur modérée, son cou gros et court, sa tête lourde et inintelligente, en font un oiseau essentiellement différent des grands échassiers, dont la bécasse n'a plus, pour ainsi dire, aucun des caractères extérieurs.

Ces caractères sont encore plus effacés chez la *bécas-
sine*, oiseau peu différent de la bécasse, mais moitié
plus petit ; ils disparaissent tout à fait chez le *vanneau*.

Le VANNEAU est un charmant oiseau au ventre blanc,
au manteau vert bronzé, à la tête élégante ornée d'une
longue huppe renversée. Il semble que les naturalistes
n'aient casé le vanneau dans les échassiers que faute
de pouvoir le placer ailleurs. La chair du vanneau est
renommée pour sa délicatesse ; le proverbe dit en Belgique : « Qui n'a mangé du vanneau ne sait ce qu'est
un bon morceau. » Les vanneaux s'abattent tous les
ans par milliers, pendant le court été du climat hollandais, sur les plages inhabitées de l'île d'Ameland
et des autres îles sablonneuses qui bordent l'entrée du
Zuyderzée. Les femelles y déposent à terre leurs œufs,
que les paysans du voisinage viennent enlever régulièrement. Ce procédé ne met point en fuite les vanneaux et ne les empêche pas de revenir sur ces îles,
qui leur conviennent sous trop d'autres rapports. Ils
savent que, d'une part, il est sévèrement défendu de
leur tirer des coups de fusil, et que, de l'autre, la récolte de leurs œufs s'arrête à temps pour leur laisser
le loisir d'élever et d'emmener avec eux une dernière
couvée ; ils s'en contentent et n'en demandent pas davantage, sachant qu'ils ont pour garantie la parole du
Hollandais, et qu'il est sans exemple qu'un Hollandais manque à sa parole, même quand il l'a donnée à
un vanneau.

L'HUITRIER doit son nom à la dextérité qu'il déploie
dans l'art d'ouvrir les huîtres, à l'aide de son bec long,
droit, solide, aux bords acérés ; il peut défier dans cet

exercice l'écaillère la plus habile, munie de tous les instruments de sa profession. Cet oiseau noir et blanc, aux allures vives, rappelle par sa taille et ses formes la mouette et le goëland; il n'a pour ainsi dire rien de commun avec les vrais échassiers; il se montre fréquemment sur les côtes françaises de l'Océan.

Les Brévipennes sont assurément les plus excentriques des oiseaux du groupe des échassiers. Ils ne sont oiseaux qu'à moitié : ils ne volent pas, n'ayant que des rudiments d'ailes, et plusieurs d'entre eux portent, au lieu de plumes, un véritable poil. La forme des pattes et celle de la tête obligent seules à reconnaître les brévipennes pour de véritables oiseaux; d'ailleurs, ils pondent, couvent et élèvent leurs petits comme tous les autres oiseaux. Ce groupe comprend : 1° l'*autruche* de l'ancien continent; 2° le *nandou*, ou *autruche d'Amérique;* 3° le *casoar* du continent australien; 4° l'*aptérix* de la Nouvelle-Zélande.

L'Autruche, le plus grand des oiseaux du monde connu, n'a peut-être pas un droit réel à ce titre. Un officier de marine a rapporté récemment, d'un voyage d'exploration dans l'île encore si peu connue de Madagascar, un œuf deux fois gros comme l'œuf de l'autruche. Les naturalistes regardent cet œuf comme un débris fossile d'un oiseau antédiluvien qu'ils nomment *épiornyx,* dont la race serait éteinte; ce n'est qu'une conjecture. Il peut être tout aussi probable que l'épiornyx existe encore dans les contrés inexplorées de Madagascar. A juger de sa taille par celle de ses œufs, elle égalerait deux fois celle de l'autruche, laquelle n'est déjà pas si petite. L'autruche n'a des échassiers que ses longues jambes, aussi grosses et non moins robustes que celles du cheval. Les ailerons de l'autruche, quoique garnis de grosses plumes, ne la rendent pas capable de voler; mais ils paraissent ne pas lui être inutiles pour hâter sa course, aussi rapide que celle d'un cerf. La longueur du cou rapprocherait l'autruche des autres grands échassiers, si ce cou démesurément long ne supportait une petite tête aplatie au sommet, armée d'un bec court et large, sans analogie avec ceux des vrais échassiers. L'autruche fournit au commerce ses plumes blanches, grises et noires, d'une grande valeur, et ses œufs, jusqu'ici recherchés uniquement comme accessoires des collections d'ornithologie.

Mais déjà, sur plusieurs points de l'Afrique française, l'autruche multiplie en domesticité. L'étude des mœurs de cet oiseau a fait récemment de grands progrès. Ainsi, l'on a reconnu que le mâle et la femelle savent distinguer ceux de leurs œufs qui sont clairs et ne doivent pas donner de petits. La femelle construit, de concert avec le mâle, une butte de sable, au sommet de laquelle elle creuse un trou dans lequel elle pond. La ponte terminée, tous deux examinent les œufs l'un après l'autre, en les retournant avec précaution; ils font rouler hors du nid ceux qui ne sont pas fécondés. Cela fait, la femelle se pose sur les œufs, laissant pendre ses longues jambes de chaque côté du monticule de sable; dans cette position, elle couve avec beaucoup d'assiduité, puis elle élève avec grand soin sa couvée de huit à douze petits; le mâle prend part à leur éducation. Des couvées de jeunes autruches ont déjà été obtenues et élevées à Toulon. L'autruche peut être propagée à volonté dans toute l'Algérie, et l'on peut prévoir le moment où les omelettes d'œufs d'autruche figureront sur la carte des meilleurs restaurateurs.

Les tentatives faites à diverses reprises en Égypte pour utiliser la force et la rapidité de l'autruche, soit comme bête de trait soit comme monture, n'ont pas réussi : l'autruche semble douée d'un instinct trop borné pour qu'il soit possible de lui faire comprendre le commandement et d'en obtenir un bon service d'une manière quelconque.

Le NANDOU, ou *autruche d'Amérique*, dont la chair est excellente, est celui des oiseaux du groupe des brévipennes qu'il serait le plus facile de naturaliser et de faire multiplier en domesticité dans tout le midi de l'Europe. Cet oiseau vit en troupes encore assez nombreuses dans l'Amérique du Sud ; mais on lui fait une guerre acharnée, qui menace de le faire complétement disparaître de son pays natal. La race ne pourrait en être conservée que par la domesticité en Europe. Les œufs du nandou sont moins gros, mais aussi bons que ceux de l'autruche. Les plumes du nandou, sans avoir la valeur de celles de l'autruche, ne sont pas sans utilité ; on en fait des plumeaux d'un prix modéré, très-durables et d'un usage commode.

Le CASOAR, répandu sur tout le continent australien, est d'une taille seulement un peu inférieure à celle de l'autruche ; sa tête est ornée d'une excroissance cornée en forme de casque. Il y a lieu de s'étonner que les nègres australiens, gens d'une maigreur phénoménale, qui passent leur temps à mourir de faim, ne profitent pas du casoar, si commun dans leur pays, ni comme gibier ni comme animal domestique. La chair du casoar est saine et très-mangeable, et il ne serait pas difficile de l'élever en domesticité. Sous le climat de Paris, la femelle du casoar pond, couve. et élève ses petits pendant un mois ou deux ; elle ne peut les conduire au delà. Il est probable qu'en Algérie on élèverait aisément des troupeaux de casoars, comme on y élève des troupeaux d'autruches. Toutefois, il est bon de remarquer que le casoar, couvert d'un poil long et épais qui lui tient lieu de plumes, n'est pas aussi doux et aussi complétement inoffensif que l'autruche ; il s'irrite aisément, et peut alors faire un usage dangereux, soit de ses pieds dont un seul coup peut casser la jambe d'un homme, soit des piquants de nature cornée qu'il porte cachés sous sa fourrure.

L'Aptérix ressemble beaucoup au casoar, mais en petit ; il ne porte pas de casque et n'a pas d'ailes, même à l'état rudimentaire. Sa taille est celle du dinde ; la saveur relevée de sa chair rappelle celle de la pintade. La Nouvelle-Zélande, où l'aptérix est confiné, ne nourrit pas d'autre gibier que des légions de rats ; le gibier à plume n'y est pas commun ; les chasseurs du pays se rejettent sur l'aptérix, devenu dès à présent excessivement rare dans son pays natal. Sans les couples d'aptérix actuellement existants dans plusieurs jardins zoologiques en Europe, où l'on s'occupe de les propager, cet oiseau, si facile à ajouter à la liste de nos oiseaux domestiques, aurait bientôt disparu.

§ XLV. — Les gallinacés.

L'ordre des *gallinacés*, dont le coq et la poule sont les types, comprend les genres les plus importants pour l'homme, au point de vue économique. Cet ordre se rattache aux échassiers par la conformation des pieds, généralement nus, mais d'une longeur proportionnée au volume du corps ; il s'en éloigne par la brièveté du bec, et par les habitudes terrestres ; aucun oiseau de l'ordre des gallinacés n'est aquatique et ne fréquente les marais ou le bord des eaux comme les échassiers et les palmipèdes. Quoique plusieurs gallinacés prennent indifféremment des aliments de nature végétale ou animale, et que quelques-uns d'entre eux ne puissent se passer de nourriture animale pendant leur premier âge, les gallinacés pris dans leur ensemble sont granivores. Leur vol est pesant, à l'exception de celui du pigeon, qui tient autant des caractères de l'ordre des *passereaux* que de ceux de l'ordre des *gallinacés* proprement dits ; organisés pour marcher aussi bien que pour voler, ils trottent rapidement ; pour franchir de grandes distances, lorsqu'ils ont le choix et qu'ils ne sont pas trop pressés, la plupart des gallinacés préfèrent la marche au vol.

Sans être précisément musiciens, tous les gallinacés ont leur manière à eux de se servir de leur voix sur un ton constamment le même, qui sert à les faire reconnaître. Les uns sont polygames, les autres monogames pour la vie ; chez tous les genres et toutes les espèces, l'instinct maternel est porté au degré le plus élevé ; chez les espèces monogames, comme la *tourterelle*, l'attachement mutuel n'est pas moins profond qne chez le cygne lui-même.

Les genres qui méritent le plus d'être étudiés dans l'ordre des gallinacés sont : 1º le *coq* et la *poule*, 2º le *dindon*, 3º la *pintade*, 4º le *faisan*, 5º le *paon*, 6º le *pigeon*. Tous ces gallinacés sont soumis à l'homme par une domesticité complète ou incomplète ; les genres suivants, bien que tous puissent être rendus domestiques, ont jusqu'à présent résisté à toutes les tentatives de domestication ; ce sont : 7° *la gelinotte*, 8° la *perdrix*, 9° le *colin*, 10° la *caille*. La chair de tous ces oiseaux, sans exception, est comestible ; elle constitue la volaille et le gibier à plume, deux des éléments essentiels de la cuisine des peuples civilisés.

1° Le Coq et la Poule sont originaires de la presqu'île de l'Indo-Chine, d'où, depuis quelques années, les types primitifs ont été rapportés et accueillis avec grande faveur en Europe. Compagnons de l'homme dans ses migrations sous tous les climats chauds ou tempérés, ils ont subi d'innombrables modifications, et produit une infinie variété de races et de sous-races, plus ou moins bien fixées, recommandables les unes comme pondeuses, les autres comme volailles de table. Le coq et la poule, venus d'Asie avec les Celtes nos ancêtres à une époque impossible à préciser, ont trouvé dans la Gaule un climat et des conditions d'existence tellement favorables, que l'antiquité nommait le coq *gallus* (*gaulois*), comme le peuple chez lequel cet oiseau était parvenu à la plus grande perfection. Comparez un type parfait du coq de Caux, par exemple, à la démarche fière, à l'œil de feu, à la crête ample et rouge, à la queue retombante, au plumage doré et chatoyant, avec un coq malais ou brhamapouter : l'avantage pour la beauté n'est assurément pas à la race primitive étrangère ; la supériorité ne lui appartient pas davantage quant à ses qualités économiques.

Les meilleures races françaises de volailles sont, pour la ponte, la *poule de Caux* et la *poule de Houdan* ; pour la table, les races de *la Flèche* et de la *Bresse*, et leurs innombrables sous-variétés. La meilleure race pondeuse de l'Europe est la race grise marbrée de gris foncé de la Campine (Belgique), dite *poule de tous les jours*, parce qu'elle pond sans interruption plusieurs jours de suite pendant toute la belle saison. On accorde généralement la palme comme volaille de table à la race anglaise de *Dorking*. Les grandes races de l'Asie orientale, fort à la mode depuis quelques années, mangent beaucoup, pondent peu, couvent mal et n'ont quant à la table d'autre mérite que leur grande taille, qui fait illusion ; ces races ont les os très-volumineux, de sorte qu'en réalité elles donnent moins de substance alimentaire que les races de bonne qualité de taille moyenne ; d'ailleurs, leur chair est médiocre.

La petite poule naine de Bantam, très-recherchée pour sa gentillesse et sa propension naturelle à une familiarité caressante, se recommande sous un autre rapport. Comme elle est excellente couveuse, on peut lui donner à couver, en raison de sa petitesse, des œufs de faisan et de perdrix, que les poules des races plus fortes casseraient en se posant dessus. On estime aussi beaucoup, en Espagne, la race entièrement noire ; en Belgique, la race d'un noir bronzé, dite *race de combat*, et partout en Europe les races huppées, dorées et argentées de *Hambourg*, dont la volumineuse coiffure et le plumage bigarré font à peu près tout le mérite.

On connaît l'attachement de la poule pour ses petits ; elle les défend au besoin jusqu'à la mort, même quand ils ne sont pas de sa race : car il est facile de tromper son instinct maternel et de lui faire couver des œufs de n'importe quel oiseau, pourvu que ces œufs soient d'un volume analogue à celui de ses propres œufs. La poule ne paraît nullement étonnée quand il sort, des œufs qu'elle a couvés, des canards, des perdreaux ou des faisans ; elle s'en charge, les soigne et les défend, absolument comme s'ils étaient de sa famille. La poule domestique ne prolonge sa ponte que parce qu'on lui prend ses œufs; celles qui réussissent, dans les grandes fermes, à pondre à l'écart et à couver en cachette, ne pondent jamais au delà de seize œufs; c'est, en effet, le nombre d'œufs que la poule peut couvrir complétement en leur communiquant à tous également la chaleur nécessaire pour l'éclosion.

2º Le Dindon doit son nom à l'erreur de Christophe Colomb, qui, quand il découvrit l'Amérique, croyait aborder sur la côte la plus orientale de l'Asie, de sorte que, pour lui, tout le nouveau continent faisait partie de l'Inde. De là le nom d'*Indiens* donné aux naturels par les Espagnols; de là le nom d'*Indes occidentales* conservé à toute l'Amérique, après qu'on eut reconnu qu'elle était séparée par la mer Pacifique du continent de l'Asie. Le dindon fut d'abord nommé *coq d'Inde*, et, par abréviation, *dinde*. La race primitive, encore nombreuse dans les forêts d'une partie de l'Amérique du Nord, est de couleur bronzée, avec des reflets métalliques qui en font un fort bel oiseau. La domestication a produit le dindon tout noir, le plus répandu et le plus estimé, et les sous-races grises, blanches et bigarrées. Cette dernière sous-race, répandue dans le nord de l'Italie, y porte le nom de *tacchino*; c'est l'origine du mot français *taquin*, témoignage du mauvais caractère du dindon domestique. La chair de la dinde est excellente, même quand l'animal n'a pas été engraissé; les vieilles dindes et les vieux dindons deviennent méchants, dangereux même pour les jeunes enfants, et, quant aux autres volailles, ils s'érigent en véritables tyrans de la basse-cour. La dinde est très-bonne couveuse et excellente mère de famille. Bien que le dindon soit regardé, de même que l'oie, comme un modèle d'inintelligence, son instinct est fort développé; il s'attache à ceux qui le soignent, et l'on peut dire, selon l'expression vulgaire, qu'il n'est pas si bête qu'il en a l'air.

3° La PINTADE, ou *méléagre*, bien qu'originaire des contrées les plus chaudes du continent africain, s'accommode parfaitement du climat de l'Europe centrale. Sa forme et sa physionomie, qui lui donnent une ressemblance éloignée avec un casoar en miniature, en font un des plus beaux oiseaux de nos basses-cours ; ses œufs sont incontestablement supérieurs à ceux de la poule, et sa chair, quant à la délicatesse, rivalise avec celle du faisan. Il y aurait lieu de s'étonner qu'un oiseau qui réunit tant d'avantages, facile d'ailleurs à nourrir et à faire multiplier, soit si peu répandu, si l'on ne savait que la pintade gâte toutes ses bonnes qualités par un cri monotone, qu'elle répète pendant des heures entières et par un caractère encore plus querelleur et plus taquin que celui du dindon.

4° Le FAISAN, quoiqu'il soit, de même que la pintade, originaire d'un climat beaucoup plus chaud que le nôtre, réussit très-bien sous celui de toute l'Europe centrale. Bien qu'il y soit introduit dès la plus haute antiquité, le faisan n'y a jamais été réduit complétement en domesticité. Les familles de faisans multiplient volontiers dans nos bois; en hiver, un coup de sifflet du garde suffit pour faire accourir les faisans aux heures où on leur distribue des aliments ; mais la femelle ne couve pas en captivité. On fait le plus souvent couver par la petite poule de Bantam les œufs de faisan, dont la coque très-mince est excessivement fragile. Sous le rapport de la beauté, le faisan ne reconnaît qu'un seul supérieur, le *paon;* mais on sait que le paon, parmi tous les oiseaux connus, n'a pas de rival. Deux très-belles variétés de faisan, l'une et l'autre originaires de la Chine, le *faisan argenté* et le *faisan doré*, sont élevés en Europe, à cause de l'éclat de leur plumage, comme oiseaux d'ornement. La chair du faisan n'est pas plus indigeste que celle de la perdrix ou de la bécasse, quand on la mange à l'état frais; mais beaucoup de gastronomes au goût dépravé ne trouvent le faisan bon que quand il est *faisandé*, c'est-à-dire à demi corrompu; en cet état, la chair du faisan n'est pas seulement indigeste, elle est très-malsaine, et ceux qui en font trop fréquemment usage s'exposent à contracter diverses maladies graves, particulièrement la jaunisse.

5° Le Paon n'est plus élevé en Europe que comme oiseau d'ornement. Nos ancêtres le mangeaient rôti; il paraît qu'ils avaient de très-bonnes dents. Le paon, trop connu pour qu'il soit nécessaire de le décrire, n'a produit en domesticité qu'une seule variété au plumage entièrement blanc, moins belle que l'espèce commune, recherchée seulement pour sa singularité. Chez le paon, comme chez le faisan et chez un grand nombre d'oiseaux remarquables par l'éclat et la vivacité des couleurs de leur plumage, ces avantages appartiennent au mâle seul; la femelle, grise ou d'une nuance terne, n'y a point de part. Le paon est complétement domestique; il multiplie dans nos basses-cours sans difficulté, et, quoique sa force soit supérieure à celle de la plupart des autres volailles, il ne se montre pas, comme le dindon, disposé à en abuser.

6⁰ Le Pigeon, placé sur la limite de l'ordre des *passereaux* et de celui des *gallinacés*, diffère essentiellement des gallinacés qu'on vient de signaler. Ceux-ci, par la domesticité, ont à peu près perdu le désir et la faculté de voler; le vol du pigeon élevé en domesticité n'est ni moins actif ni moins puissant que celui du pigeon sauvage. Les espèces et variétés de pigeons domestiques sont très-nombreuses. En France, les plus recherchés sont le *pigeon pattu*, dont les pattes sont garnies de plumes; le pigeon *capé* du Mans, le pigeon *nonain* et le pigeon *voyageur*.

Tout le monde connaît la faculté donnée par la nature au pigeon de retrouver sa route dans l'atmosphère pour revenir au colombier, quand on le remet en liberté après l'avoir emporté dans une cage bien close, d'Anvers à Marseille, par exemple. Au moment où le pigeon est rendu à la liberté, il commence invariablement par décrire de larges spirales, en continuant à s'élever dans l'atmosphère. Cette manœuvre le met en contact avec tous les courants atmosphériques qui règnent à différentes hauteurs. Qui peut enseigner au pigeon quel est celui de ces courants qui doit faciliter son retour? Son instinct ne s'y trompe jamais; dès qu'il l'a trouvé, il part en ligne droite, et revient au nid avec une vitesse de 50 à 60 kilomètres à l'heure, à moins qu'il ne devienne en route la proie du milan ou de l'épervier.

C'est en souvenir de cet instinct que tous les pigeons domestiques, voyageurs ou non, passent des heures entières à voler en rond, sans but déterminé et sans cesser de tourner en spirale dans l'atmosphère. Il est fort curieux d'étudier de près les mœurs du pigeon domestique dans son ménage. Du printemps à l'automne, il renouvelle couvée sur couvée, et la femelle n'attend pas, pour recommencer sa ponte, que les petits de la couvée précédente soient complétement élevés. Le mâle et la femelle se relayent pour couver les œufs; ils ont chacun leurs heures réglées pour se délasser tour à tour en prenant un peu d'exercice. Si le mâle laisse passer l'heure où il doit venir prendre la place de sa femelle sur les œufs, il est rudement battu, et il se laisse faire, comme s'il savait qu'il est dans son tort.

Le pigeon sauvage, connu sous le nom de *pigeon ramier*, a les mœurs du pigeon domestique; sa chair est de qualité supérieure et d'un goût très-relevé. Celle du pigeon domestique, quoique très-bonne et nourrissante, est de celle dont on se lasse vite et qu'il ne faut manger qu'avec modération, à d'assez longs intervalles.

7º La Gelinotte, autrefois très-commune en France, y est devenue l'un des gibiers les plus rares; sa supériorité même sur la perdrix l'a fait tellement rechercher des chasseurs, qu'ils ont fini par la détruire. Cet oiseau n'est plus un peu nombreux qu'en Écosse, sur les grandes propriétés dont les chasses sont soigneusement gardées, et où l'on a soin de ne pas le troubler à l'époque des couvées. La gelinotte est polygame; la femelle pond presque autant d'œufs que la perdrix; mais pour peu qu'elle soit troublée pendant l'incubation, elle les abandonne. Le vol de la gelinotte est très-lourd; réduite à l'état domestique, elle perdrait en peu de générations l'habitude de voler; ce serait pour nos basses-cours une excellente acquisition, si facile à réaliser qu'on s'étonne que ce ne soit pas encore un fait accompli.

8⁰ La PERDRIX, dont les deux variétés, connues sous les noms de *perdrix grise* et de *perdrix rouge,* n'existent encore en France qu'à l'état de gibier, la première dans le Nord, l'autre dans le Midi, est, quant au caractère, l'opposé de la gelinotte. Loin de fuir le voisinage de l'homme, elle s'en laisse approcher sans paraître le craindre, jusqu'au moment de l'ouverture de la chasse, où les volées de perdreaux sont effarouchées par les coups de fusil. Rien n'égale l'attachement de la perdrix pour ses œufs; plutôt que de les quitter, lorsqu'elle a niché dans une prairie artificielle, elle se laisse couper en deux sur son nid par le faucheur, qui ne peut se douter de sa présence. Rien ne serait moins difficile que d'élever la perdrix en domesticité et de lui faire perdre l'habitude de voler; les œufs de perdrix, trouvés dans les champs à l'époque de la fenaison et confiés à des poules de petites races, donnent des couvées qui s'élèvent aussi facilement que des poulets. La perdrix s'apprivoise aisément et devient d'une extrême familiarité; mais il n'a pas été possible jusqu'à présente de la décider à couver en domesticité.

9⁰ Le COLIN, charmant oiseau de la Californie, au plumage varié, portant sur la tête une huppe d'une rare élégance, est plus disposé que la perdrix à devenir un oiseau domestique ; la femelle couve et élève ses petits en captivité sans aucune répugnance. Le volume du colin est intermédiaire entre celui de la perdrix et celui de la caille ; sa chair est aussi délicate que celle de la perdrix. Dans tous nos départements, sans excepter ceux du nord, le colin pourrait multiplier en liberté et s'y maintenir, comme la perdrix, à l'état de gibier.

10⁰ La CAILLE est le seul des gallinacés qui partage

avec le pigeon l'instinct des voyages, instinct d'autant
plus remarquable chez cet oiseau qu'il vole pesamment
et difficilement. Néanmoins, il franchit tous les ans la
Méditerranée pour passer d'Afrique en Europe et pour
retourner à son point de départ. Aussi, à l'arrivée,
est-il tellement épuisé de fatigue qu'il se laisse pour
ainsi dire prendre à la main. Une fois débarqué sur la
terre ferme, la caille replie ses ailes et s'en sert rarement jusqu'à l'époque de son retour. C'est en trottant
lestement, et pour ainsi dire sans recourir au vol, que
la caille s'avance des bords de la Méditerranée à ceux de
la mer du Nord, et même de la Baltique. Elle fait une
couvée en Europe, l'emmène en Afrique où elle couve
une seconde fois, et reprend son vol vers l'Europe. On
comprend que ce besoin de voyager sans cesse, besoin
qui semble irrésistible chez la caille, met un obstacle
invincible à tous les efforts tentés pour la faire multiplier en domesticité.

§ **XLVI**. — **Les passereaux.**

L'ordre des *passereaux*, dont le type est le *moineau
franc*, a pour caractère distinctif un bec le plus souvent
droit, et des ongles le plus souvent exempts de cour-
bure, caractères qui admettent de nombreuses exceptions. Cet ordre est bien moins naturel que celui des
gallinacés, qui tous offrent assez d'analogie dans leur
forme, leur instinct et leur manière de vivre, pour que
leur parenté ne puisse être contestée ; il n'en est pas
de même des passereaux. On ne saisit assurément pas
du premier coup d'œil les liens de parenté du *moineau*
et du *corbeau*, de la *pie-grièche* et de l'*ortolan*, de
l'*oiseau-mouche* et de l'*oiseau de paradis*. Les mœurs

des divers groupes de cet ordre ne sont guère moins dissemblables que leur forme, leur volume et leur plumage. Les uns se nourrissent exclusivement de grains, de baies et de fruits ; les autres, d'insectes*; d'autres enfin, de proie vivante ou de chair corrompue, ce qui les rapproche des oiseaux rapaces et forme la transition entre l'ordre des *rapaces* et celui des *passereaux*.

Dans l'examen des oiseaux de l'ordre des *gallinacés*, j'ai pu, sans déroger à la marche adoptée pour les ordres précédemment esquissés, présenter ces oiseaux rangés selon la méthode habituellement en usage ; tant il y a de traits de ressemblance et d'uniformité d'organisation entre les genres de cet ordre. Je reprends, pour l'étude des passereaux, l'ordre inverse, afin de commencer par ceux qui s'éloignent le moins des gallinacés et finir par ceux qui se rapprochent le plus des *rapaces*.

Les genres et espèces compris dans l'ordre des passereaux, sont tellement nombreux que, pour en donner une idée, je dois me borner à indiquer ceux qui, dans chaque groupe, offrent les caractères les mieux dessinés. Un premier groupe comprend les oiseaux dont la forme et le volume se rapprochent le plus des gallinacés ; ce sont : 1° le *martin-pêcheur*, 2° le *corbeau*, 3° la *pie*, 4° le *geai,* 5° le *calao*, 6° l'*oiseau de paradis*. Les quatre premiers sont d'Europe, les deux derniers appartiennent aux régions intertropicales. Le second groupe ne contient que quatre genres : 1° le *merle*, 2° le *sansonnet*, 3° la *grive*, 4° la *mésange*. Le troisième groupe comprend tous les petits oiseaux chanteurs insectivores ou granivores : 1° le *rossignol,* 2° la *fauvette*, 3° l'*alouette*, 4° la *linotte*, 5° le *pinson*, 6° le *bouvreuil*, 7° le *chardonneret*, 8° le *serin*. On rattache à ce groupe, 9° le *roitelet*, 10° le *rouge-gorge*, 11° le *bruant*, 12° l'*ortolan*, 13° le *becfigue*. Les oiseaux de la seconde série de ce groupe gazouillent, mais ils ne chantent pas à proprement parler.

Le quatrième groupe ne comprend que deux genres : 1° le *grimpereau* d'Europe, 2° l'*oiseau-mouche* du nouveau monde.

Le cinquième groupe ne comprend que des oiseaux exclusivement insectivores : 1° l'*engoulevent*, 2° l'*hirondelle*; auxquels on rattache, bien qu'ils mangent à peu près de tout, le *moineau*, type de l'ordre des passereaux, et la *pie-grièche*, qui semble ne se rattacher qu'indirectement au même ordre.

1° Le MARTIN-PÊCHEUR, bien que sa forme ramassée et la longueur de son bec manquent un peu de grâce, est un des plus jolis oiseaux de notre climat. On le rencontre partout en France sur le bord des ruisseaux et des plus petites rivières, où il guette au passage les poissons dont il se nourrit. Comme il ne saisit jamais que les plus petits poissons, et qu'il est d'ailleurs d'une sobriété exemplaire, il ne fait aux pêcheurs qu'un tort insignifiant. Il est cependant recherché des chasseurs, non pour sa chair qui ne vaut rien, mais parce que la vivacité des couleurs de son plumage en fait l'indispensable ornement des collections d'ornithologie.

2° Le CORBEAU, répandu dans toute l'Europe, est remarquable par la puissance de son vol, sa voracité et sa longévité; ceux qu'on élève comme oiseaux d'agrément, bien que leur aspect ne soit guère agréable, vivent souvent au delà d'un siècle, et sont transmis comme un meuble de famille, de génération en génération. Ils apprennent facilement à prononcer quelques mots assez distinctement avec un grasseyement comique. Les espèces du genre corbeau qui fréquentent la France sont:

le *grand corbeau noir*, le *corbeau à manteau gris*, la *corneille* et le *choucas*. Les deux premières espèces arrivent du Nord à la fin de l'automne, et y retournent au printemps; les deux autres ne voyagent pas; elles résident dans les clochers et dans les édifices en ruine. Le corbeau préfère la viande à toute autre nourriture, surtout la viande corrompue; il ne chasse pas pour vivre, et, à défaut de charogne, il sait se contenter de limaces, de vers de terre et de toute sorte d'insectes.

Le *croassement* monotone et lugubre du corbeau a passé de tout temps pour être de mauvais augure, on ne saurait dire pourquoi : car le corbeau est complétement inoffensif; il ne fait aux produits de l'industrie agricole aucun tort appréciable. La chair du corbeau est dure et d'un goût déplorable; il y a pourtant des gens qui, après l'avoir plumé, vidé et exposé deux ou trois jours à la gelée, ont le courage d'en manger et de le trouver bon.

3⁰ La Pie, classée par les naturalistes parmi les *corbeaux*, mérite une mention particulière. Au moyen âge la pie était considérée comme *gibier de vilain*; les paysans serfs avaient la permission de la chasser avec l'arbalète, seule arme dont l'usage ne leur fût pas interdit. L'instinct qui porte la pie à s'emparer, pour les cacher, des pièces de monnaie et de tous les objets brillants, a été de tout temps constaté par une foule d'observations, et il est demeuré inexpliqué. Quant à l'histoire populaire de la pie voleuse et de la servante de Palaiseau, elle est fausse au moins en un point; l'objet dérobé par la pie ne peut avoir été, si l'histoire est réelle, qu'un bijou d'un poids médiocre; il est matériellement impossible à une pie de s'envoler en emportant une cuiller d'argent. La pie devient aussi familière que le corbeau, lorsqu'elle a été prise jeune et élevée en captivité; elle dit très-bien les mots ronflants, surtout les injures; elle est insolente et méchante, et blesse aux jambes, avec son bec acéré, ceux qui ont le malheur de lui déplaire; du reste, sa loquacité et son insolence même ont bien leur charme, et justifient le plaisir que bien des gens trouvent à élever des pies et à leur donner une certaine éducation.

4° Le GEAI, quoique son cri fréquemment repété soit des plus désagréables, est assez souvent élevé en cage; il est plus difficile à instruire que la pie, et n'arrive jamais au même degré de familiarité insolente. C'est de tous les oiseaux de l'ordre des passereaux celui qui, dans un temps donné, peut absorber la plus grande quantité de nourriture. Un geai adulte, nourri à volonté, peut manger en noix et en fromage deux fois son poids en vingt-quatre heures; c'est comme si un homme de force ordinaire mangeait dans sa journée 60 kilogrammes de pain et autant de viande. Notez que le geai soumis à ce régime n'a jamais d'indigestion. Si les forces du geai étaient moins ramassées et plus gracieuses, ce serait un fort bel oiseau; de ravissantes plumes bleues quadrillées de noir ornent ses ailes, et se détachent sur son plumage café au lait. Ces plumes sont recherchées comme ornement associé aux fleurs artificielles, pour les parures de bal.

5° Le CALAO, gros oiseau de l'Afrique occidentale, est doué d'un bec énorme par rapport au volume de sa tête; on ne comprendrait pas comment il peut porter un pareil bec et s'en servir, si l'on ne savait que la substance osseuse en est spongieuse et si légère que l'oiseau ne saurait en être surchargé.

6° L'Oiseau de paradis n'est pas beaucoup plus connu que les deux genres précédents, quant à ses mœurs et son instinct ; il habite principalement la Nouvelle-Guinée et les archipels les moins bien habités de la mer du Sud. Sa queue, d'une incomparable élégance, est fort recherchée en Europe et en Asie, comme objet de parure.

2° *Groupe*. — 1° Le Merle. Qui ne connaît le merle et sa physionomie originale, avec son plumage noir et son bec jaune ? Les opinions, selon les temps, ont singulièrement varié quant au caractère de cet oiseau. Les Romains le nommaient *merula* (chagrin) ; il symbolisait chez eux la tristesse : nous disons proverbialement « gai comme un merle. » Impartialement, le merle est plutôt gai que triste. Il peut vivre longues années en cage, s'attacher à son maître, et chanter matin et soir sans donner aucun signe d'ennui de sa captivité. Le merle a de la mémoire, on lui apprend aisément à siffler correctement des airs peu compliqués. La chair du merle est excellente, surtout à l'arrière-saison, époque de l'année où l'abondance des aliments le fait devenir très-gras.

2° Le Sansonnet ne vit pas isolé comme le merle : il se réunit en troupes nombreuses qui volent dans la campagne en changeant à tout moment de direction, comme s'ils ne savaient où ils veulent aller : ce qui leur avait fait donner en vieux français le nom d'*estourneaux*. Le sansonnet ressemble beaucoup au merle ; il a de plus que lui des reflets violets très-brillants, et la faculté d'apprendre à siffler avec une grande supériorité. On paye fort cher ceux qui parviennent à prononcer nettement quelques mots, genre d'éducation qu'il est assez difficile de leur communiquer.

3º La Grive est en France un oiseau de passage fort recherché comme gibier ; elle se nourrit de baies et de fruits. Dans la saison des vendanges, elle mange des quantités prodigieuses de raisin, qui fermente dans son estomac et la grise : de là le proverbe : « saoûl comme une grive. » La gloutonnerie de la grive et son goût prononcé pour les baies rouges du sorbier des oiseleurs, rendent facile la chasse de cet oiseau sans chien ni fusil. On se borne à lui tendre, dans la saison de son passage, des piéges composés d'un seul lacet de crin, avec une baie de sorbier pour amorce : elle vient s'y prendre d'elle-même.

4º La Mésange forme à elle seule un genre nombreux, riche en espèces répandues dans toute l'Europe. Les mésanges les plus communes en France sont la *mésange charbonnière*, le *hoche-queue* et la *bergeronnette*. Cette dernière, sans s'effrayer du voisinage de l'homme, vient dans les prairies et les pâturages chercher sur le dos des bestiaux les insectes parasites qui les incommodent, et dont elle fait son profit : c'est l'origine de son nom. La chair de la bergeronnette et du hoche-queue est très-délicate. En Belgique et dans tout le nord de la France, on les prend au filet en très-grand nombre, et bien que leur corps plumé ait à peine la moitié du volume d'une alouette, c'est un gibier fort estimé.

3º *Groupe*. — 1º Le Rossignol est le premier des oiseaux chanteurs. Sans son talent du premier ordre comme musicien, il serait à peine remarqué, n'ayant aucune prétention à la beauté, ni par sa forme ni par son plumage. Sans aucun doute, le rossignol prend plaisir à s'entendre chanter ; il est probablement écouté avec un égal plaisir par sa femelle, dont il ne s'éloigne jamais tandis qu'elle couve. Mais attache-t-il un sens à ses harmonieuses modulations? c'est un mystère. Le rossignol pris jeune peut s'accoutumer à la cage et y chanter au printemps; mais alors son chant, tout empreint de mélancolie, ne ressemble que de loin à la musique qu'il sait faire en liberté.

Quelques traits de l'instinct du rossignol méritent d'être signalés. Si l'on enlève avec précaution un nid de rossignols contenant des jeunes âgés seulement de quelques jours, le père et la mère suivent de loin le ravisseur, et rôdent éplorés autour de la maison où leur famille est prisonnière. Placez le nid sur une table dans une chambre dont vous laisserez la fenêtre ouverte, et où vous aurez soin de ne pas entrer sans nécessité : le couple de rossignols n'abandonnera pas ses petits, il leur apportera leur nourriture, et les emmènera dès qu'ils seront en état de voler. Tout le monde à la campagne peut répéter cette curieuse expérience. La seule précaution à prendre pour en assurer le succès consiste à éviter de démolir, en l'emportant, le nid du rossignol, qui n'est pas d'une construction bien solide. Pourvu que le père et la mère trouvent leur nid en bon état avec leurs petits dedans, ils n'hésitent pas à continuer à les nourrir.

L'autre trait d'instinct du rossignol est encore plus remarquable que le précédent. Apportez dans une chambre habitée par un rossignol en cage, un nid de rossignols contenant des petits nouvellement éclos. Fermez la fenêtre, ouvrez la porte de la cage du vieux rossignol, et placez à côté du nid un pot rempli d'une pâtée appropriée à la nourriture des jeunes rossignols : aux cris poussés par la jeune couvée, le vieux descendra de sa cage, puisera la pâtée dans le pot, et nourrira les jeunes jusqu'à ce qu'ils puissent manger seuls. L'instinct de la paternité envers des jeunes de son espèce n'est pas un souvenir : car il ne manque jamais de s'éveiller chez de vieux rossignols pris au nid, élevés à la brochette, n'ayant par conséquent jamais eu de famille à élever.

La chair du rossignol est mangeable ; elle n'est en rien supérieure à celle des autres oiseaux du même groupe. Les Romains estimaient ce gibier par-dessus tous les autres ; ils avaient fini par le rendre si rare qu'un plat de rossignols coûtait des sommes extravagantes. Le rossignol, outre le plaisir que son chant procure à quiconque n'est pas totalement privé du sens musical, est utile comme destructeur d'insectes nuisibles, particulièrement de chenilles, dont il fait une prodigieuse comsommation. En Prusse, la loi frappe d'un impôt très-lourd, au profit des indigents, le rossignol en cage : c'est un impôt purement comminatoire, tellement élevé que personne ne le paye, et qu'on s'abstient de dénicher les rossignols ; c'est le but de l'ordonnance. En France aucune loi ne protége les rossignols, et quelques amateurs les mettent en cage de temps en temps ; mais, à défaut de la loi, l'opinion les défend : un chasseur se ferait scrupule de tirer sur un rossignol, et s'il s'avisait de commettre un pareil meurtre, il ferait bien, pour son honneur, de ne pas s'en vanter.

2° La Fauvette vient immédiatement après le rossignol quant à son talent musical ; elle tient avec honneur le second rang. La France en possède plusieurs variétés, parmi lesquelles la *fauvette grise*, la *fauvette moqueuse* et la *fauvette à tête noire* sont celles qui chantent le mieux. Cette dernière prend évidemment des leçons de chant du rossignol ; elle cherche à copier ses accords : elle n'y réussit pas ; mais elle en approche assez pour améliorer son chant naturel et ajouter à sa voix des notes qui, sans le désir d'imiter le rossignol, lui seraient étrangères.

3° L'Alouette se distingue de tous les autres oiseaux chanteurs par la conformation de son pied, dont le doigt postérieur est armé d'un ongle long et courbé, et par sa coutume incompréhensible de voler en montant jusqu'à une très-grande hauteur, sans cesser de chanter. On ne s'explique pas plus le chant de l'alouette pendant son vol pyramidal, que le chant du rossignol sur la branche ombragée de feuillage, ou le chant du coq la nuit sur son perchoir. L'alouette niche à terre, dans les blés, et rien ne s'oppose à sa multiplication, parce que sa couvée est grande comme père et mère à l'époque de la moisson. Aussi, pour peu que la saison ait suivi son cours normal, les alouettes sont-elles très-abondantes à la fin de l'été. C'est un des gibiers à plumes les plus estimés. L'alouette mange quelquefois des vers et des insectes ; mais seulement quand elle y est forcée par la disette d'aliments végétaux ; elle est essentiellement granivore ; elle rend aux campagnes le service de nettoyer les champs en mangeant une énorme quantité de graines de mauvaise herbe.

4° La Linotte est encore plus essentiellement granivore que l'alouette ; les bandes nombreuses de linottes qui viennent s'abattre en été sur les champs de lin et de colza dont la graine est près de mûrir, y commettent des dégâts sérieux. Le chant de la linotte est fort doux, sans être très-varié ; elle siffle surtout fort agréablement ; elle est sous ce rapport très-susceptible d'éducation.

En Belgique, où les amateurs de linottes sont nombreux et passionnés, on lit fréquemment sur des affiches ou dans les annonces des journaux : « Il y aura dimanche prochain un combat de linottes chez un tel ; les amateurs peuvent s'y présenter : qu'on se le dise. »

Il ne faudrait pas en conclure que les Belges font battre leurs linottes comme ils font combattre leurs coqs, à l'imitation des Anglais. La bataille consiste dans un concours de chant, lutte qui presque toujours entraîne la mort de l'oiseau vaincu. La linotte en cage, entendant chanter une autre linotte, chante dès que sa rivale s'arrête, et comme aucune des deux ne veut céder l'avantage d'avoir le dernier, il y en a toujours une qui s'égosille et finit par céder forcément la victoire. Comme après une défaite de ce genre, l'amateur sait que sa linotte ne chantera plus, il la sacrifie impitoyablement. Je regrette d'avoir à ajouter que nombre d'amateurs ont la cruauté de rendre aveugles leurs linottes, prétendant que quand elles n'ont plus d'autre distraction que celle de s'écouter chanter, elles chantent mieux. La société protectrice des animaux est en droit de travailler à abolir cette barbarie.

5° Le Pinson, remarquable par l'élégance de ses formes sveltes et les couleurs variées de son plumage, ne sait qu'une chanson, toujours la même, qu'il entonne l'un des premiers au printemps, et qu'il continue jusqu'au milieu de la belle saison. Comme la linotte, le pinson lutte jusqu'à la mort dans les concours de chant, luttes cruelles pour lesquelles l'homme ne craint pas de le rendre aveugle, dans le but d'accroître son ardeur pour le combat musical. Il semble que ces plaisirs barbares, souvent suivis de coups de poing et de bâton entre les propriétaires des oiseaux vainqueurs ou vaincus, pourraient parfaitement être interdits par la loi, sans porter atteinte à la liberté.

6° Le Bouvreuil chante médiocrement; mais il siffle avec un certain talent, s'attache à son maître, et joint au mérite d'une familiarité affectueuse celui d'un plumage nuancé de fort belles couleurs. Quelquefois, après la mue annuelle, le nouveau plumage du bouvreuil est uniformément noir ; ce deuil n'est que temporaire : au bout de quelques mois le bouvreuil devenu noir reprend ses couleurs antérieures. On doit d'autant moins se faire scrupule de condamner le bouvreuil à la cage, que, d'une part, il paraît supporter avec beaucoup de philosophie la perte de sa liberté, et que, de l'autre, il commet dans les jardins des dégâts qui ne sont pas sans importance. Au printemps, le bouvreuil fait ses délices des bourgeons du cerisier et du prunier, de sorte que dans un verger hanté seulement par une douzaine de bouvreuils, il ne faut espérer ni cerises ni prunes.

7° Le Chardonneret, comme son nom l'indique, se nourrit principalement de graine de chardon, et rend service à l'agriculture en s'opposant à la multiplication de cette plante si nuisible aux récoltes. Malheureusement son gôut pour ce genre de graines s'étend à celles de toutes les plantes de la famille des chicoracées ; lorsqu'on les laisse faire, les chardonnerets ne laissent au jardinier ni une graine de chicorée ni une graine de laitue; mais il est facile de les écarter au moyen d'un épouvantail.

Quant à écarter les chardonnerets à coups de fusil, au risque de les tuer pour leur apprendre à vivre, ce serait réellement dommage. Aucun oiseau de sa taille, même parmi ceux des régions intertropicales, ne l'emporte en grâce et en beauté sur le chardonneret : le blanc, le rouge écarlate, le brun et le jaune d'or sont élégamment répartis sur ses ailes, sa gorge et son manteau ; le tout est rehaussé par la finesse de son bec et la vivacité de son regard. Le chardonneret peut s'allier au serin des Canaries ; les métis ont un chant **qui** tient le milieu entre celui des deux races ; leur plumage conserve quelquefois les couleurs vives du chardonneret, au moins le rouge de la gorge ; le plus souvent ces métis sont d'un vert sombre uniforme : ils sont désignés sous le nom de *serins verts*.

8° Le SERIN, qu'on nomme aussi vulgairement *canari*, parce qu'il est originaire des îles Canaries, est naturalisé depuis deux siècles en Europe. Il y a multiplié en cage avec profusion, si bien qu'actuellement un serin né en cage à qui l'on donne sa liberté, ne sait qu'en faire ; il entre de lui-même dans la première cage qu'on lui présente ; il semble qu'il se sente dépaysé partout ailleurs, sachant qu'il est également incapable de trouver sa nourriture et d'éviter ses ennemis. On ne peut reprocher au chant du serin que d'être trop éclatant ; mais il ne manque ni de variété ni d'harmonie. Aucun oiseau chanteur élevé en cage ne montre plus de gentillesse et plus d'attachement pour ceux qui en prennent soin. Le mâle et la femelle couvent tour à tour, et élèvent en commun leurs petits.

Le serin termine la série des oiseaux véritablement chanteurs de l'ordre des passereaux ; ceux qui suivent pourraient être nommés oiseaux *gazouilleurs :* car ils ne font réellement que gazouiller.

9° Le ROITELET est si petit qu'il ne vaut pas la peine d'être chassé, et si vif qu'on ne peut le tenir en cage.

Loin de fuir l'homme, il semble prendre plaisir à s'en laisser approcher et à lui glisser, pour ainsi dire, entre les doigts. Un enfant peut poursuivre toute une journée un malicieux roitelet qui voltige de buisson en buisson, se posant toujours à portée de la main, de manière à laisser croire qu'il va se laisser prendre; mais il n'y a pas de danger.

10° Le Rouge-Gorge est à peu près du même brun clair que la fauvette commune, sauf la gorge qui est d'une belle nuance rouge. C'est un oiseau de passage très-disposé à la familiarité avec l'homme, qui peut le conserver quelques mois, soit en cage, soit en liberté dans une chambre, sans qu'il paraisse s'ennuyer ou chercher à fuir. Mais quand vient la saison des voyages, le besoin de s'en aller est chez le rouge-gorge tellement impérieux, que s'il est en cage, il se brise la tête contre les barreaux, ou s'il est libre dans une chambre, il reste collé aux carreaux de vitre, et meurt si l'on refuse de lui donner la clef des champs. Le rouge-gorge est exclusivement insectivore.

11° Le Bruant, d'un vert jaunâtre analogue à celui du serin vert, métis du canari et du chardonneret, murmure simplement quelques notes; mais il ne se tait que rarement pendant le jour. Il est plus connu dans les campagnes sous son nom vulgaire de *verdier*. Lorsqu'il est pris au filet, conservé quelque temps en cage et engraissé, il diffère peu de l'*ortolan*, quoiqu'il ait le corps plus gros, le bec moins fin et les pattes plus fortes. Le bruant est un des oiseaux sauvages les plus abondants par toute la France.

12° L'Ortolan et 13° le Bec-Figues sont renommés, à

juste titre, comme les meilleurs des petits oiseaux sous le rapport gastronomique. On les prend par centaines dans des filets ajustés de manière à ne pas les blesser; puis on les engraisse dans de grandes cages, où, mangeant toute la journée sans prendre aucun exercice, ils se convertissent en pelotes de graisse, délices] des gastronomes, bien que ce soit un aliment assez difficile à digérer, en raison de l'excès de graisse où se trouve noyée la chair délicate de ces excellents petits oiseaux. Quoiqu'ils se montrent par détachements un peu partout en France, en septembre et octobre, les ortolans et les bec-figues ne sont très-abondants que dans nos départements du Midi.

4ᵉ *Groupe*. — 1⁰ Le GRIMPEREAU, plus petit et plus mince que le moineau franc, ne se recommande ni par la beauté de sa voix, ni par l'éclat des couleurs de son plumage; mais les deux espèces les plus répandues de ce genre, le *grimpereau des arbres* et le *grimpereau des murailles*, sont l'un et l'autre constamment en mouvement pour faire une guerre assidue aux insectes, aux larves et aux chrysalides, qu'ils recherchent, les uns dans les fentes de l'écorce des arbres, les autres dans les crevasses des vieux murs; ils sont par conséquent au nombre des plus utiles auxiliaires de l'homme, pour la destruction des insectes ennemis des produits du jardinage. Les grimpereaux doivent à la conformation de leurs doigts et de leurs ongles, la faculté de se tenir pendant des heures entières collés dans une position perpendiculaire le long d'un mur ou du tronc d'un arbre, faisant la chasse à des insectes à peine visibles à l'œil nu.

2⁰ LES COLIBRIS. L'analogie de conformation rapproche du grimpereau d'Europe le *colibri* et toute la tribu des *oiseaux-mouches* de l'Amérique du Sud. Ces êtres aériens qui suspendent leurs nids aux rameaux des arbustes florifères, ne se posent jamais à terre pendant tout le cours de leur existence. Semblables aux papillons, dont ils ont le coloris et presque la légèreté, ils voltigent sans cesse dans les corolles des plus belles fleurs; mais, il n'est pas vrai, comme plusieurs auteurs l'ont avancé, que le colibri et l'oiseau-mouche se nourrissent exclusivement du peu de substance sucrée qu'ils puisent dans les nectaires des fleurs, comme l'abeille; ils y poursuivent de très-petits insectes visibles seulement pour eux, et qu'ils digèrent à demi avant de les dégorger dans le bec de leurs petits.

5e *Groupe.*—1° L'Engoulevent, oiseau aussi laid que ceux du groupe précédent sont gracieux, vit exclusivement d'insectes, surtout de ceux qui voltigent à la nuit tombante, et qu'on nomme pour cette raison crépusculaires. Son bec, d'une largeur démesurée, engloutit ces insectes, que sa vue perçante lui permet de voir en volant; c'est sous ce rapport un oiseau d'une utilité réelle, qui mérite de ne pas être inquiété.

2° L'Hirondelle rend à l'homme des services bien autrement importants que ceux qu'il peut attendre de l'engoulevent ou des autres oiseaux insectivores. D'une part, elle ne chasse pas seulement le soir et le matin ; elle chasse sans s'arrêter, toute la journée; de l'autre, elle est si nombreuse, et ses tribus sont si bien réparties entre tous les pays où sa présence peut être utile, qu'elle remplit partout régulièrement sa mission spéciale de purger l'atmosphère des insectes ailés, du printemps à la fin de l'automne. Sans l'hirondelle, bien des contrées où l'humidité favorise la rapide multiplication des cousins et des autres insectes importuns de l'ordre des diptères, ne seraient pas habitables.

Les mœurs de l'hirondelle sont aussi poétiques que celles du cygne et de la tourterelle; les couples sont unis pour la vie; celui des deux qui survit à l'autre se laisse mourir. Très-familière envers l'homme, dont elle recherche les demeures pour nicher et couver en quelque sorte sous sa protection, l'hirondelle ne supporte pourtant pas la perte de sa chère liberté. Non seulement elle ne multiplie pas en cage, mais encore elle refuse d'y vivre, quelque soin qu'on cherche à prendre pour adoucir sa captivité. Comme la caille, mais avec moins de peine et un meilleur appareil de transport, l'hirondelle franchit tous les ans la Méditerranée, pour venir au printemps d'Afrique en Europe, et retourner en automne d'Europe en Afrique, après avoir élevé une couvée dans chacune de ces deux stations.

Le MARTINET, espèce d'hirondelle complétement noire, a les mêmes mœurs et la même manière de vivre que l'hirondelle commune, au ventre blanc; ces deux espèces ne voyagent pas ensemble : le martinet, moins nombreux que l'hirondelle, arrive un peu plus tard et part un peu plus tôt, de sorte que ces deux tribus ailées ne se rencontrent jamais en route.

Après l'hirondelle commune, l'espèce la plus intéressante de ce genre est l'*hirondelle-salangane*, cantonnée sur quelques points des côtes des îles du grand archipel Indien. Les nids de cette hirondelle, composés d'une substance gélatineuse, sont le mets le plus distingué de la cuisine chinoise. La nature véritable de ce mets étrange n'est pas encore parfaitement con-

nue : on pense que la salangane construit son nid avec
certains *fucus*, plantes marines qu'elle digère à moitié
pour les réduire en pâte et en faire ses matériaux de
construction. Le fait est que le nid de certaines variétés de martinets qui fréquentent l'Europe, a pour base
la salive très-abondante de cet oiseau, salive gluante,
qui s'épaissit et se change en une substance d'apparence cornée au contact de l'air. C'est peu appétissant ;
mais pourtant, avec beaucoup de bonne volonté et un
cœur très-ferme, on parviendrait à en manger. Les
nids de salanganes, si chers aux gastronomes chinois,
n'ont peut-être pas d'autre origine. Les naturels des
îles de la Sonde font un commerce très-important de
nids d'hirondelles avec la Chine ; ce mets est si recherché que, bien qu'il se vende fort cher, il n'y en a pas
toujours pour tous ceux qui en désirent.

3o Le Moineau, dont on connaît deux espèces répandues dans toute l'Europe, le *moineau franc* et le *fri-
quet*, quoiqu'il soit le type de l'ordre des *passereaux*,
ne se rattache pas par des liens bien intimes aux autres
oiseaux de son groupe. Il n'a ni la légèreté ni les habitudes aériennes de l'hirondelle ; il ne voyage pas, et,
loin de fuir la cage, il y multiplie comme en liberté ;
mais n'étant ni très-joli garçon, ni très-bon musicien,
le moineau est rarement mis en cage : il n'en vaut pas
la peine. Et pourtant son extrême familiarité, sa har-
diesse qui, lorsqu'il vit en domesticité, lui fait affronter
témérairement la griffe du chat et les aboiements du
chien, ont quelque chose de fort amusant.

Doit-on regarder le moineau en ami ou en ennemi ?
Est-il plus nuisible comme consommateur de grains
qu'utile comme destructeur d'insectes ? La question est
fort controversée ; toutefois il est certain qu'en France

les moineaux pullulent dans les villes et dans les campagnes, et que partout ils se montrent d'une insatiable voracité, toujours disposés à manger de tout, et beaucoup.

4º La Pie-Grièche est reléguée tout à l'extrémité de l'ordre des *passereaux*, dont elle n'a en effet ni les mœurs ni les allures. Les naturalistes n'ont pas pu la réunir aux oiseaux rapaces, dont elle n'a ni le bec crochu, ni les serres tranchantes ; et pourtant, malgré son bec droit et ses ongles émoussés, c'est bien un oiseau de proie, d'une incroyable audace, qui chasse pour vivre et ne craint pas de se mesurer avec des adversaires ayant deux ou trois fois son volume et sa force. Ce n'est pas sans motifs que le nom de cet oiseau symbolise en quelque sorte l'esprit tracassier et querelleur ; la pie-grièche est d'un si mauvais caractère qu'elle mérite largement sa mauvaise réputation.

§ XLVII. — Les grimpeurs.

L'ordre des *grimpeurs* est le moins riche de tous en genres et espèces ; mais il renferme des genres aussi remarquables par la beauté de leur plumage que par le développement de leur instinct. Les *grimpeurs* forment un ordre très-naturel, suffisamment distingué par la disposition particulière de leurs doigts qui leur permet de grimper avec ou sans le secours de leur bec. Tous les grimpeurs ont le vol pesant et la marche lente et difficile ; ils sont répartis assez inégalement entre les contrées de l'ancien et du nouveau continent, et ne sont nulle part réduits, comme les principaux d'entre les gallinacés, en domesticité.

Les trois principaux genres de l'ordre des grimpeurs sont : 1° les *perroquets* ; 2° les *toucans* ; 3° les *pics*. Ces derniers seuls habitent l'Europe ; les deux autres genres vivent sous les latitudes les plus chaudes des autres parties du monde.

1° Les Pics sont parmi les grimpeurs ceux qui ressemblent le plus aux passereaux, dont ils ont les formes et la tournure ; ils n'en diffèrent que par la conformation de leurs doigts et la force de leur bec. L'espèce du genre *pic* la plus connue et la plus répandue, est le *pivert* (*pic-vert*), l'un des plus beaux oiseaux d'Europe par son coloris, qui, sous de plus fortes dimensions, le fait ressembler au chardonneret. Le pivert vit isolé dans toutes les forêts de l'Europe tempérée, il s'y nourrit de baies, de glands, de faînes et d'autres fruits sauvages. Sa chair ne vaut rien, et, malgré la beauté de son plumage, il serait le plus souvent dédaigné du chasseur, s'il n'avait la déplorable habitude de se creuser à la partie supérieure du tronc des grands arbres, un trou dans lequel la femelle pond, couve et élève ses petits. Le trou du pivert gâte les plus belles pièces de charpente, et fait aux propriétaires de bois un tort si grave, que les gardes forestiers n'ont que trop de motifs pour faire au pivert une guerre d'extermination.

2° Les Toucans, peu différents des *calaos*, rangés dans l'ordre des *passereaux*, ont comme les calaos un bec énorme, mais spongieux et léger, surmonté d'une excroissance qui semble un second bec soudé à l'envers sur le premier. A quoi cela peut-il leur servir ? La question reste sans réponse. Les *toucans*, dont on connaît imparfaitement les mœurs, l'instinct et les habitudes, figurent au premier rang dans toutes les collections d'ornithologie, à cause de l'originalité bizarre de leur bec.

3° Les Perroquets sont le genre le plus important de tout l'ordre des grimpeurs; on les retrouve partout, excepté en Europe, dans les pays chauds des deux mondes, dont ils animent les forêts par la vivacité de leurs allures et l'éclat de leur plumage. Les plus belles espèces de perroquets sont les *aras*, bleus, verts et rouges, les plus gros du genre, tous grands criards, d'un commerce peu agréable, si ce n'est avec les sourds; ce sont aussi ceux qui apprennent le moins facilement à parler. Les plus répandus en Europe sont le vert d'Amérique, à tête bleue, connu sous le nom d'*amazone*, et le *gris d'Afrique*. Ce dernier, le moins beau et le moins cher de tous, est le perroquet parleur par excellence. Il s'en rencontre qui sont doués d'une mémoire réellement prodigieuse. Du reste, l'instinct d'imitation est naturel à tous les perroquets; ils obéissent à cet instinct, même quand on ne prend pas soin de le développer par l'éducation. Dans toutes les colonies européennes des régions intertropicales, les perroquets domiciliés dans le voisinage d'une habitation apprennent les noms des gens de la maison en les entendant répéter; on s'entend appeler par son nom du haut d'un arbre, par un perroquet qui vous apostrophe comme s'il était de votre intime connaissance.

Le perroquet gris d'Afrique est le seul qui ne refuse pas de couver en captivité; on en obtient assez souvent des jeunes dans le midi de la France. Il est bon d'être prévenu que le perroquet gris ne souffre pas qu'on vienne, par des visites importunes, déranger sa femelle tandis qu'elle couve. Si l'on tente de s'en approcher indiscrètement, le mâle déchire cruellement avec son bec crochu le bas des jambes de l'imprudent visiteur, même quand c'est quelqu'un qu'il voit habituellement. Comme gibier, toutes les espèces de perroquets valent le meilleur gibier à plume de l'Europe ; le salmis de perroquets est un des mets les plus recherchés de la cuisine de nos colonies de Cayenne et du Sénégal.

§ XLVIII. — Les rapaces.

L'ordre des *rapaces*, auxquels nous arrivons en remontant, est placé par les naturalistes en tête de la classe des oiseaux ; il semble s'isoler complétement des ordres précédemment étudiés, et s'en éloigner à une très-grande distance ; quoi de commun, par exemple, entre un aigle et un oiseau quelconque de l'ordre des palmipèdes ? Cependant, nous avons vu que les rapaces se rattachent aux passereaux par la pie-grièche, véritable *passereau* pour la forme, véritable *rapace* par les mœurs. Quant aux *grimpeurs*, les rapaces ne s'y rattachent par aucun caractère, si ce n'est une grossière ressemblance dans la forme du bec, chez les perroquets seulement ; mais tous les grimpeurs sont frugivores, par conséquent inoffensifs.

Beaucoup de préjugés généralement accrédités doivent être combattus quant à l'histoire naturelle des oiseaux rapaces. Le *vautour* ne mérite pas plus sa réputation de cruauté que l'*aigle* sa renommée de générosité et d'intrépidité. Tous les rapaces obéissent à leur instinct ; s'ils tuent pour vivre, c'est qu'ils n'ont pas d'autre moyen d'existence ; ils ignorent ce genre de cruauté qui consiste à se complaire dans la souffrance de leurs victimes ; ils sont destructeurs, c'est leur état, mais non féroces ; ce n'est pas dans leur caractère. Chez la plupart des rapaces, contrairement à ce que nous avons observé chez les autres ordres d'oiseaux, le mâle est en général plus petit et moins fort que la femelle. La forme particulière du bec et des ongles tranchants nommés *serres*, caractérise suffisamment les oiseaux de l'ordre des *rapaces*.

Cet ordre est divisé en deux groupes : 1º les *rapaces diurnes*, qui ne volent et ne chassent que pendant le jour ; 2º les *rapaces nocturnes*, qui se tiennent cachés tout le jour et ne chassent que la nuit.

Rapaces nocturnes. Ce groupe s'éloigne de tous les autres oiseaux par une particularité très-remarquable de son organisation. Les yeux de ces oiseaux sont conformés pour réunir la lumière diffuse; ils ne possèdent complétement le sens de la vue que pendant le crépuscule; c'est l'heure à laquelle ils entrent habituellement en chasse. Il n'est pas vrai que ces oiseaux puissent voir clair dans une complète obscurité; ce qui donne lieu de le supposer, c'est l'éclat dont leurs yeux brillent dans les ténèbres ; en réunissant la lumière diffuse, ils voient un peu la nuit, et ne voient plus du tout dès que le crépuscule a fait place au grand jour. Leur œil n'est pas conformé pour supporter l'éclat de la lumière directe du soleil. Le grand diamètre des yeux, la forme crochue du bec, la brièveté du cou, qui fait paraître la tête directement soudée au corps, sans intermédiaire, sont aussi des caractères communs à tous les *rapaces nocturnes*.

Les genres les plus remarquables de ce groupe sont 1º le *grand-duc;* 2º le *hibou;* 3º la *chouette;* 4º l'*effraie.*

1º Le Grand-Duc, dont la taille approche de celle des plus grands oiseaux de proie, est assez rare en France.

Outre sa taille, il se distingue des autres rapaces nocturnes par deux aigrettes, qu'il porte au-dessus de chaque œil des deux côtés de la tête. Il ne vit que de proie vivante, comme tous les oiseaux de ce groupe ; il fait une grande destruction de rats, mulots, campagnols, et ne dédaigne pas les reptiles ; il détruit aussi beaucoup d'oiseaux de toute espèce, principalement de l'ordre des passereaux, qu'il surprend traîtreusement dans leur premier sommeil. On ne rencontre le grand-duc que dans le creux des rochers situés dans les parties les moins fréquentées des plus grandes forêts.

2° Le Hibou, Moyen-Duc des naturalistes, est un des rapaces nocturnes les plus répandus ; il est commun en France, où il niche de préférence dans les clochers, les édifices en ruine, et le creux des plus gros arbres minés par le temps. L'aversion qu'inspire le hibou n'a rien de fondé ; il est laid, ce n'est pas sa faute ; sa voix est désagréable, il ne s'en doute pas, et ne demanderait pas mieux, probablement, que d'en avoir une plus harmonieuse. Il chasse rarement les petits oiseaux, qui pressentent son approche et sont le plus souvent en mesure de lui échapper. Sa cuisine se fonde principalement sur les petits rongeurs, et aussi, faute de mieux, sur les gros insectes, spécialement sur les hannetons, dont il fait dans la saison une grande consommation. Le hibou est donc plus utile que nuisible, et il n'y a aucun motif raisonnable pour chercher à le détruire. Le hibou n'a qu'un seul genre d'utilité directe ; ou s'en sert comme oiseau de chasse, bien qu'il ne soit nullement capable de recevoir aucune espèce d'éducation.

Le genre perfide de chasse auquel se livre le hibou à l'entrée de la nuit, inspire à tous les oiseaux de l'ordre des passereaux une haine très-naturelle contre un ennemi si dangereux. Dès qu'ils entendent le cri du hibou pendant le jour, tous arrivent à tire-d'aile, bien décidés à en faire bonne justice. Le chasseur qui possède un hibou en cage, attache la cage à une branche d'arbre, dans une position suffisamment éclairée. Offusqué par la lumière, le hibou se met à crier; sa cage est bientôt assaillie par une foule d'oiseaux de toute espèce qui ne peuvent lui faire aucun mal, mais qui se prennent eux-mêmes aux gluaux disposés autour de la cage du hibou. Cette chasse permet de prendre vivants les oiseaux sauvages de toute sorte; elle est surtout pratiquée par les naturalistes, qui veulent avoir, pour les empailler, de beaux spécimens d'oiseaux qui ne soient pas gâtés par les coups de fusil.

3° La Chouette, plus petite que le hibou, constitue une espèce distincte, quoique dans les campagnes on la regarde généralement comme la femelle du hibou. Les yeux de la chouette sont jaunes et très-saillants. Elle se rapproche souvent des lieux habités, afin d'entrer par les lucarnes dans les greniers où elle trouve du gibier à sa convenance. S'il lui arrive de se poser sur le toit d'une maison où se trouve un malade en danger, et que la chouette y fasse entendre son cri plaintif et monotone, ce cri est pris pour un présage de mort : inutile de relever l'absurdité d'un pareil préjugé, dont néanmoins beaucoup de malades à la campagne ont la faiblesse de s'affecter, ce qui peut ajouter à la gravité de leur situation.

Le cri de la chouette pendant le jour attire les oiseaux comme celui du hibou; la chouette en cage peut par conséquent être utilisée pour le même genre de chasse au moyen des gluaux. Cette chasse fort amusante ne blesse pas les oiseaux englués; ceux qu'on ne veut pas conserver peuvent être *déglués*, essuyés et rendus à la liberté. C'est ce qu'on fait pour ceux qui n'ont pas de valeur comme gibier, ou qu'on désire laisser vivre en leur qualité d'insectivores et de musiciens.

4° L'EFFRAIE, remarquable par son énorme tête ronde, le diamètre exagéré de ses yeux et la blancheur de son plumage, fait entendre la nuit une sorte de souffle pénible et de gémissement lugubre, dont beaucoup d'enfants s'épouvantent, surtout s'il leur arrive d'apercevoir dans l'obscurité les yeux flamboyants de cet oiseau, réellement peu favorisé sous le rapport des agréments personnels. Du reste, l'effraie, vulgairement nommée *orfraie*, rend les mêmes services que les autres rapaces nocturnes, en opérant une grande destruction de petits rongeurs.

Le groupe des *rapaces diurnes* est divisé en deux sections : 1° les *vulturiens*, ayant pour type le *vautour* ; 2° les *falconides*, ayant pour type le *faucon*.

Les *vulturiens* sont caractérisés par la nudité de leur cou dégarni de plumes, couvert de duvet chez quelques espèces, tout à fait nu chez quelques autres. Les vulturiens les plus remarquables sont : 1° le *vautour* ; 2° le *gypaète* ; 3° le *condor*.

1° Le VAUTOUR, d'une laideur repoussante, préfère à toute autre nourriture les chairs les plus corrompues ; il ne chasse jamais, et s'il lui arrive d'attaquer une proie vivante, il attend qu'elle soit bien morte pour la manger. Le vautour, dans les Alpes et les Pyrénées, n'en est pas moins un oiseau de proie fort dangereux, et voici pourquoi. Pendant toute la belle saison, les brebis et les chèvres nourries au pâturage sur les pentes les plus escarpées des montagnes, s'aventurent fréquemment avec leurs petits nouvellement nés au bord des plus affreux précipices. Le vautour, qui décrit des cercles en planant au-dessus du sommet des montagnes, se laisse tomber sur un agneau ou un chevreau, et le fait rouler au fond du gouffre, sans que ni sa mère ni le berger puissent prévenir sa chute. Tant que la victime respire et se débat, le vautour se garde bien d'y toucher; il ne commence à l'entamer que quand elle est morte; le plus souvent, s'il n'est pas pressé par la faim, il attend patiemment qu'elle entre en décomposition avant de se repaître de sa chair. Les pâtres de la montagne font donc très-bien de tâcher de réduire le nombre des vautours; mais il n'est pas facile de les approcher assez pour les tirer, et il est encore moins facile d'arriver jusqu'à leur *aire*, établie sur les points les moins accessibles des pics les plus élevés. On ne possède qu'un seul moyen sûr d'atteindre le vautour; c'est de lui abandonner dans une gorge écartée le cadavre d'une vache ou d'un cheval. Dès que les cadavres commencent à se corrompre, les vautours viennent s'en régaler avec tant de gloutonnerie qu'ils ne peuvent plus s'envoler. C'est alors que les montagnards les approchent sans peine pour les abattre à coups de carabine, ou bien leur lancer une corde à nœud coulant, afin de les prendre vivants et de les vendre aux ménageries.

2° Le GYPAETE est le plus grand des vulturiens d'Europe; il attaque les agneaux et les chevreaux plus souvent encore que le vautour, et toujours de la même manière: ce qui lui a fait donner dans les Alpes le surnom de *vautour des agneaux*. Le gypaëte est moins vorace que le vautour, par conséquent plus difficile à approcher. Heureusement, il multiplie peu et ne se montre jamais qu'isolément. On dit dans la montagne que le gypaëte fait tomber dans les précipices de jeunes enfants; on l'accuse même d'en emporter pour les faire manger à ses petits; de ces deux imputations, la seconde au moins n'est pas fondée; si puissant que soit le vol du gypaëte, il ne lui permet pas d'enlever un poids de quelques kilogrammes. S'il lui arrive de s'emparer d'un agneau, d'un chevreau ou d'un jeune chamois, lorsqu'il a une famille à nourrir, il est forcé de dépecer cette proie pour en emporter les morceaux l'un après l'autre; l'enlever tout entière n'est pas en son pouvoir.

3⁰ Le CONDOR, cantonné dans la partie des Andes ou Cordilières qui traverse le Chili, est le plus grand des oiseaux rapaces connus. Comme le vautour, il ne vit que de proie morte, et se laisse prendre ou tuer sans résistance, quand il a trop bien dîné. Le vol du condor est tellement puissant qu'il lui permet de s'élever en tournoyant jusqu'au sommet des plus hautes montagnes du monde. Quant aux récits d'attaques du condor contre l'homme ou les bestiaux, ils sont de pure imagination.

Les FALCONIDES sont les plus nobles des oiseaux rapaces; leur nom vient de la forme de leur bec, qui, vu de profil, rappelle celle de la lame d'une faux. Les genres les plus importants de cette section sont : 1⁰ l'*aigle*; 2⁰ le *faucon*; 3⁰ l'*autour*; 4⁰ le *milan*; 5⁰ l'*épervier*; 6⁰ l'*émerillon*. La section des falconides, étudiée en remontant des moins bien organisés aux plus parfaits, nous conduira en terminant à l'*aigle*, le mieux doué des oiseaux de toute la création, digne par là du surnom de *roi des oiseaux*, que lui ont donné les naturalistes.

1° L'Émerillon est un petit oiseau très-vif, très-disposé à se familiariser avec l'homme et à chasser à son profit. Procurez-vous un émerillon encore jeune, nourrissez-le de viande fraîche que vous lui distribuerez vous-même : il s'attachera à vous comme un chien. Ayez un oiseau quelconque empaillé : l'émerillon s'accoutumera vite à le rapporter quand vous le lui jetterez dans la chambre : car il comprend le jeu, et il est très-susceptible d'éducation. La sienne est terminée dès qu'il sait rapporter, surtout s'il est convaincu de votre générosité, de votre exactitude à récompenser ses bons services par de bons morceaux. On peut alors emmener l'émerillon à la promenade dans la campagne, lui montrer une alouette ou un bruant; il vous rapportera l'oiseau vivant, sans lui faire aucun mal; c'est une des chasses les plus amusantes, pour les dames surtout, et si elle était plus connue, elle serait généralement pratiquée. Le *hobereau*, le *tiercelet*, la *cresselle* et tous les petits falconides communs en France, peuvent recevoir la même éducation et rendre le même genre de services.

2° L'Épervier peut chasser, comme l'émerillon, pour le compte de l'homme; mais son caractère est plus indépendant; il ne se familiarise pas facilement, et préfère chasser pour son propre compte. Il est l'ennemi acharné des pigeons qu'il saisit au vol; puis, il se laisse tomber avec sa proie, l'étrangle, la plume avec beaucoup de soin, et la mange à loisir, à moins qu'il ne soit père de famille. Dans ce cas, après avoir plumé son pigeon, il le dépèce et fait plusieurs voyages pour en emporter les débris. C'est lorsqu'il se livre à cet exercice que le chasseur, posté près de l'endroit où l'épervier a déposé sa proie, peut guetter l'occasion favorable pour l'abattre d'un coup de fusil. C'est ce que ne manque pas de faire tout bon chasseur : car lorsqu'on les laisse devenir trop nombreux, les éperviers diminuent sensiblement le nombre des perdreaux ; il y a entre eux et les chasseurs rivalité de métier.

3º Le MILAN, plus gros et plus fort que l'épervier, ne se prête pas du tout aux avances que l'homme peut lui faire ; il n'est possible ni de l'apprivoiser ni de le dresser pour la chasse. Le milan est très-mal vu des ménagères à la campagne, parce que, de toutes les proies à sa portée, celle qu'il préfère est un très-jeune poulet, qu'il vient audacieusement enlever quelquefois au milieu de la basse-cour.

4º L'AUTOUR, d'une taille intermédiaire entre celle de l'épervier et celle du milan, a été longtemps non moins recherché que le faucon lui-même, comme oiseau de chasse ; il est aussi facile à dresser et aussi intrépide chasseur pour le compte de l'homme. Aujourd'hui, l'autour est devenu rare en Europe, et c'est tout au plus si les chasseurs peuvent en abattre de temps à autre quelques-uns, pour l'entretien au complet des collections d'ornithologie.

5º Le FAUCON, type de la famille des *falconides*, est un des oiseaux qui ont tenu le plus de place dans l'existence des nobles de toute l'Europe au moyen âge. On sait que la chasse à l'oiseau, devenue à peu près impossible dans l'état actuel des mœurs et de la propriété, a été le divertissement favori de la noblesse, particulièrement des dames au moyen âge. La *fauconnerie*, profession fort considérée dans ce temps-là, achève de s'éteindre dans quelques petites principautés d'Allemagne, où l'on chasse encore au faucon. Les plus renommés sont ceux de Norwége et d'Islande. Ces derniers sont difficiles à conserver, même lorsqu'ils sont le mieux dressés; ils n'oublient jamais les rochers de leur île natale; ils y retournent dès qu'ils peuvent s'enfuir, même après plusieurs années de captivité.

6° L'AIGLE est très-légitimement placé au sommet de la classe des oiseaux et de l'ordre des rapaces. Aucun autre oiseau n'a le vol si puissant, les sens si parfaits, surtout celui de la vue. Quant au caractère et à l'instinct, il ne l'emporte pas réellement sur les autres falconides. Il chasse quand il a faim, dédaigne les proies mortes, et livre au besoin des combats acharnés aux autres grands oiseaux de proie, afin de s'assurer le droit de chasse sur un canton, où il ne souffre pas d'autre chasseur que lui-même. La plus petite espèce d'aigle, connue sous le nom d'*aigle criard*, est assez commune en France, surtout dans les Vosges et dans les Ardennes. Le grand aigle se tient dans les plus hautes montagnes des Alpes et des Pyrénées, et il n'y est jamais nombreux. L'aigle, sobre par tempérament, ne peut être pris comme les vulturiens, lorsqu'il est gorgé de nourriture. Ceux qu'on trouve dans les ménageries ont été pris jeunes sur leur aire; il n'est pas sans danger d'aller porter le trouble dans un ménage d'aigle pour s'emparer de ses petits.

L'aigle, même celui des espèces les moins robustes, est trop indépendant pour qu'il soit possible de le décider, comme l'autour et le faucon, à chasser pour le compte de l'homme. Quant à sa royauté sur le reste des oiseaux, c'est une figure de rhétorique; l'aigle ne pense pas plus à commander aux autres oiseaux que ceux-ci ne pensent à lui obéir.

CHAPITRE X.

LES MAMMIFÈRES

§ XLIX. — Organisation et classification des Mammifères.

La classe des *mammifères* est basée sur des caractères communs, les uns extérieurs, les autres intérieurs, dont les plus saillants sont : des *mamelles* sécrétant le lait, premier aliment des petits; un sang rouge et chaud; les organes des sens plus parfaits que chez les autres vertébrés; enfin un système nerveux complet, faisant fonctionner tous les appareils de la vie matérielle. Cette réunion d'avantages, dont les autres classes d'animaux ne sont pas pourvues au même degré, place naturellement les *mammifères* à la tête des animaux vertébrés, de même qu'il place l'homme à la tête des mammifères.

Les naturalistes rangent ordinairement l'homme dans un ordre à part, celui des *bimanes*, caractérisé par l'usage de deux mains. Cet ordre, bien entendu, n'a qu'un seul genre, et ce genre qu'une seule espèce, l'espèce humaine. Une pareille classification paraît peu rationnelle et d'ailleurs inutile. L'homme, par le don de la parole, par la faculté de connaître et d'aimer Dieu, et par tous les nobles attributs qui n'appartiennent qu'à lui, échappe à toute classification qui le rapprocherait des animaux, même de ceux à qui Dieu a donné la plus complète organisation et la plus forte somme d'intelligence. L'histoire naturelle de l'homme constitue sous le nom d'*anthropologie* une branche distincte de la science ; l'étude de cette science n'a pas besoin de faire de l'homme un ordre de la classe des *mammifères*.

En adoptant la suppression de l'ordre des bimanes, suppression qui semble conforme à la nature des choses et à la dignité humaine, les *mammifères* sont rangés dans 11 ordres : 1° les *quadrumanes* ; 2° les *carnassiers* ; 3° les *cheiroptères* ; 4° les *insectivores* ; 5° les *rongeurs* ; 6° les *édentés* ; 7° les *pachydermes* ; 8° les *rumimants* ; 9° les *marsupiaux* ; 10° les *amphibies* ; 11° les *cétacés*.

Nous poursuivrons l'examen de cette division, la plus intéressante des êtres animés, en partant des mammifères les moins complets pour arriver aux animaux les plus rapprochés de l'organisation physique de la race humaine, et terminer par des notions précises d'anthropologie.

§ L. — Les cétacés.

L'ordre des *cétacés* occupe l'échelon inférieur des animaux de la classe des *mammifères*. Cette infériorité des cétacés ne tient pas à leur volume ; on sait que ce sont les animaux les plus volumineux de la création ; mais les membres antérieurs et postérieurs leur manquent, de sorte que ce sont des animaux incomplets, bien que leurs organes intérieurs et les fonctions de ces organes soient semblables à ceux des autres mammifères. Destinés par la nature à vivre au sein de l'océan, les cétacés, n'ayant pas besoin de venir à terre pour chercher leur nourriture, ne sont pourvus que d'appareils de locomotion dans l'eau, comme les poissons, avec lesquels ils n'ont d'ailleurs rien de commun : car ils respirent par des poumons; ils sont forcés de venir respirer à la surface de l'eau, et ils allaitent leurs petits, ce que ne peut faire aucun poisson.

Quant à l'instinct, Dieffenbach et Scoreby, deux naturalistes qui ont observé les baleines dans les mers polaires et dans les parages de la Nouvelle-Zélande, sont d'accord pour dépeindre avec le même intérêt l'attachement des cétacés, spécialement des baleines, pour leurs petits, ce qui suppose au moins l'instinct maternel développé au même degré que chez les autres animaux de la même classe.

Les principaux genres de l'ordre des *cétacés* sont : 1° la *baleine*; 2° le *cachalot*, 3° le *dauphin*; 4° le *narval*; 5° le *marsouin*; 6° le *lamantin*.

1° Le Lamantin ou Lamentin doit son nom à la voix lamentable qu'il fait entendre pendant la nuit, bien que ce soit un cri, non pas de souffrance, mais simplement d'appel. Sauf la beauté, qui lui manque totalement, le lamantin semble avoir donné lieu à la fable des sirènes; la femelle du lamantin est en quelque sorte la caricature d'un corps de femme finissant en poisson. Les mamelles sont placées sur la poitrine; à l'aide de ses deux nageoires antérieures, dont il se sert comme de deux mains qui n'ont pas de bras, le lamantin femelle tient son petit pour l'allaiter, comme une nourrice tient son enfant. La tête de ce cétacé ressemble très-grossièrement à une tête humaine. Le lamantin, autrefois assez commun dans les Antilles, y a presque disparu ; ayant peu de moyens de défense et une chair comestible, d'un goût analogue à celle du veau, les colons, au lieu de se ménager un gibier précieux, l'ont chassé avec si peu de ménagement qu'ils en ont à peu près éteint la race. Le lamantin est herbivore ; il fréquente les côtes dans le voisinage de l'embouchure des fleuves, où il trouve le genre de plantes nécessaire à sa subsistance.

2° Le MARSOUIN diffère tellement du *lamantin* que, sans l'examen de leur conformation intérieure, il serait impossible de trouver chez ces deux mammifères aucun caractère de nature à justifier leur présence à côté l'un de l'autre, dans le même ordre de la même classe.

Les marsouins vivent en troupes nombreuses dans toutes les mers, mais surtout dans les parages français de l'Océan. Ils vivent de proie et font une guerre impitoyable à tous les poissons trop faibles pour leur résister. L'agitation des vagues pendant la tempête paraît contrarier les marsouins ; à l'approche de la tourmente, dont leur instinct les avertit, ils remontent les fleuves, particulièrement la Loire et la Gironde, en bandes nombreuses, qui nagent le corps à moitié hors de l'eau, signalant leur présence par des grognements analogues à ceux d'un troupeau de porcs de mauvaise humeur. Le marsouin, sous son cuir noir très-épais, porte une couche de lard huileux, analogue à celui de la baleine. Le seul service qu'il rende à l'homme très-involontairement, c'est celui d'avertir les marins à l'ancre dans la Loire et la Gironde, qui chaque fois que les marsouins s'y montrent, même quand le temps paraît favorable, savent que l'ouragan n'est pas loin, et qu'il n'est pas prudent de prendre la mer.

3º Le Narval, nommé par les marins *espadon*, est un assez gros cétacé de 6 à 7 mètres de long, dont la mâchoire supérieure est armée d'une longue défense d'ivoire, égale en qualité à l'ivoire des dents de l'éléphant et de l'hippopotame. On sait, parce que les pêcheurs de baleine ont fréquemment occasion d'en être témoins, qu'à l'aide de cette arme formidable, le narval ne craint ni le *requin*, ni le *marsouin*, ni même le *cachalot* et la *baleine*, auxquels il livre des combats furieux, dont il sort le plus souvent vainqueur. Quelle est la cause de ces combats? quel en est le but? C'est ce qu'on ignore, et ce qu'il est impossible de lui demander.

4º Le Dauphin, représenté par les poëtes de l'antiquité comme l'ami du marin, exerçant avec distinction la profession de sauveteur, n'est en réalité qu'un cétacé remarquable seulement par sa voracité, égale à celle du marsouin, son proche parent. Si le dauphin n'avale pas les hommes tombés accidentellement à la mer ou les marins naufragés, c'est qu'il n'en a pas la force ; il va sans dire que, de son plein gré, il n'a jamais sauvé personne.

5º Le Cachalot atteint fréquemment, ainsi que la baleine, la taille de 20 à 25 mètres de longueur, dont la tête seule forme le tiers. Armé de dents formidables à sa mâchoire inférieure, le cachalot combat avec fureur les autres cétacés et les gros poissons de l'Océan ; souvent aussi les troupes de cachalots se livrent entre elles des combats acharnés, dont on ne peut connaître ni la cause ni le but. La férocité du cachalot n'empêche pas d'intrépides marins de lui donner la chasse et de s'en emparer, non sans peine et sans danger. Le cachalot fournit à l'homme, outre son huile, semblable à l'huile de baleine, la substance cérumineuse d'un blanc pur connue dans le commerce sous le nom de *blanc de baleine*, renfermée dans le crâne énorme du cachalot et dans sa colonne vertébrale.

6° La Baleine, type de l'ordre des cétacés, dépasse le plus souvent en volume les plus gros cachalots ; c'est le plus gros animal de la création. Toutefois, l'homme armé d'un simple harpon attaché à une corde, réussit à faire perdre à la baleine tout son sang et à s'en emparer. La baleine porte à son petit une affection si passionnée, que, quand elle l'a perdu, loin de songer à fuir ou à se défendre, elle paraît en proie à un désespoir furieux et ne pense qu'à se venger. C'est alors qu'il est le plus dangereux de l'attaquer. Et néanmoins, quoiqu'elle fasse de temps à autre quelques victimes parmi les baleiniers audacieux, la baleine échappe très-rarement à leurs attaques. Dieffenbach, ayant eu à la Nouvelle-Zélande l'occasion d'assister à la prise d'une baleine qui allaitait son petit, voulut goûter le lait dont ses mamelles étaient remplies, et lui trouva exactement la saveur du lait de vache.

Par une exception unique dans la nature, la baleine porte dans sa bouche immense des lames transversales d'une substance cornée, connue dans le commerce sous le nom de *baleine*. Ces lames ou *fanons*, frangés sur leurs bords de manière à représenter assez exactement les dents d'un peigne, lui servent à broyer les zoophytes et les mollusques marins qu'elle absorbe en masses énormes sans les voir. Il n'est pas bien certain que la baleine des mers du Sud soit la même que celle des mers polaires ; plusieurs naturalistes pensent que les baleines effectuent tous les ans leur tour du monde, pour fréquenter tour à tour les parages de l'Océan dans lesquels abondent les aliments qui leur conviennent. Il est certain que la baleine femelle se rapproche, pour mettre bas et allaiter son petit, des régions de l'Océan où l'eau est la moins profonde, et où les mâles ne s'aventurent jamais.

La pêche de la baleine n'étant pas réglementée, le moment n'est peut-être pas éloigné où la race des baleines s'éteindra tout à fait; leur nombre est dès à présent très-diminué; on ne prend jamais que des femelles; les mâles se tiennent toujours hors de la portée du harpon. Outre son huile, la baleine fournit au commerce ses *fanons* ou lames cornées, employées à une foule d'usages industriels, spécialement pour soutenir les corsets des dames.

§ LI. — Les amphibies.

Cet ordre, très-peu nombreux, n'est pas subdivisé en groupes; il ne comprend qu'un nombre limité de genres et d'espèces. Les *amphibies* se rapprochent des cétacés par le *lamantin*, qui offre avec les animaux de cet ordre beaucoup de traits de ressemblance dans sa conformation et dans sa manière de vivre. Tous les amphibies passent dans l'eau la plus grande partie de leur existence; ils ont des pieds, mais pas de jambes, et des doigts réunis par une forte membrane, comme ceux des oiseaux de l'ordre des *palmipèdes*.

Il en résulte que, pouvant à peine s'aider de leurs pieds pour ramper sur le ventre lorsqu'ils viennent à terre, les amphibies nagent comme des poissons et ne sont à leur aise que dans la mer. Ils tiennent sous ce rapport, parmi les mammifères, la même place que tiennent les manchots et les pingouins parmi les oiseaux. Tous les amphibies vivent de poisson ; il leur serait difficile de vivre d'autre chose : car ils sont relégués dans les régions glacées qui avoisinent les deux pôles, contrées désolées, où, à l'exception de la pêche, la nature ne leur offre aucun moyen d'existence. L'ordre des amphibies ne contient que deux genres dignes d'intérêt : 1⁰ le *phoque*, 2⁰ le *morse*.

1⁰ Le Phoque, actuellement confiné dans les régions polaires, a longtemps habité les mers des pays au climat tempéré. Le nom de cet amphibie est grec (*phocas*) ; du temps d'Aristote, on trouvait encore des phoques sur quelques points des côtes de la Méditerranée. Il y a cinquante ans les phoques, également connus sous le nom de *veaux marins* (quoiqu'un phoque n'ait absolument rien de commun avec un veau), abondaient à la Nouvelle-Zélande. Les colons anglais leur ont fait une guerre si peu intelligente, qu'aujourd'hui, dans les deux grandes îles qui composent ce pays, dont le climat est celui de l'Europe centrale, il n'existe plus un seul phoque : on a tout détruit.

Le phoque ne résisterait pas à la rigueur du climat polaire, s'il n'était revêtu d'une épaisse enveloppe de lard que recouvre un cuir à la fois souple et très-solide. La pêche, ou, pour parler plus exactement, la chasse du veau marin a pour but la conquête de son cuir et de son huile. Les peuplades misérables des Lapons, des Groënlandais et des Esquimaux mangent avec délices la chair huileuse du phoque, difficilement acceptée par d'autres que par eux ; l'habitude la leur rend supportable et même agréable ; c'est d'ailleurs, avec celle de l'ours blanc, la seule qu'il leur soit possible de se procurer.

2° Le Morse, dont la conformation et la manière de vivre sont celles du phoque, se distingue de celui-ci par deux fortes défenses qu'il porte à la mâchoire supérieure, et qui sont dirigées de haut en bas. L'ivoire de ces défenses est très-recherché dans le commerce; il a sur celui des défenses de l'éléphant l'avantage de ne pas jaunir au contact de l'air. La chasse au morse n'est pas exempte de danger; cet animal, bien que naturellement doux et inoffensif, devient furieux dès qu'il s'aperçoit qu'on en veut à sa vie, et se défend avec toute l'énergie du désespoir.

§ LII. — Les marsupiaux.

L'ordre des *marsupiaux* est encore moins riche en genres et espèces que celui des amphibies; une particularité de leur organisation sépare entièrement les *marsupiaux* de tous les autres mammifères. Chez ces animaux, les petits naissent au bout d'un temps plus court que ceux des autres animaux de la même classe; mais ils naissent à demi formés, d'une petitesse telle que longtemps après leur naissance ils semblent ne pas appartenir à la même race que la mère qui les allaite. Celle-ci est munie d'une *poche abdominale* dans laquelle les petits se réfugient à l'approche du moindre danger, jusqu'à ce que, grossissant peu à peu pendant un allaitement très-prolongé, ils finissent par être en état de se passer du lait de la mère. Les animaux ainsi constitués habitent tous les contrées intertropicales; ils n'ont pas de représentants en Europe. Deux genres de l'ordre des marsupiaux sont dignes d'une mention particulière : ce sont : 1° la *sarigue*; 2° le *kangourou*.

1° Le Sarigue est pourvu d'une queue garnie d'écailles, offrant les apparences d'un serpent attaché à un mammifère. Quand les petits du sarigue arrivent à un degré de développement qui leur permet de quitter définitivement la poche maternelle, ils ne se séparent pas pour cela de leur mère. Quand celle-ci doit grimper sur un arbre, ou bien entreprendre une excursion trop longue pour que ses petits puissent la suivre, elle relève sa queue horizontalement jusqu'au niveau de ses oreilles; les petits grimpent sur son dos et s'accrochent par leur queue à celle de leur mère, qui voyage alors sans inquiétude, chargée de toute sa petite famille. Le sarigue est inoffensif; il vit de fruits, de racines et d'insectes qu'il va chercher en escaladant les plus grands arbres jusqu'à leur sommet. La chair du sarigue, sans être très-bonne, est très-mangeable.

2° Le Kanguroo, plus étrange encore que le précédent, est le seul mammifère de taille moyenne du continent australien. Ses quatre pattes, très-bien conformées, sont de longueur tellement inégale, qu'il ne peut s'en servir pour marcher à la manière des autres quadrupèdes. Il ne peut se déplacer que par une suite de bonds, pour lesquels sa queue grosse, longue et forte lui sert de point d'appui; la queue du kanguroo fait réellement pour lui l'office d'une cinquième patte. Quand il ne marche pas, il se tient habituellement debout, ou, pour mieux dire, accroupi sur ses pieds de derrière et sur la base de sa queue. Le kanguroo, animal purement herbivore et frugivore, par conséquent tout à fait inoffensif, est très-disposé à la familiarité avec l'homme; déjà, dans plusieurs établissements en Europe, le kanguroo a multiplié en domesticité; c'est une acquisition d'une grande valeur : la chair du kanguroo ressemble à celle du lièvre et n'en a pas les propriétés indigestes. Sous le climat de Paris, les portées de jeunes kanguroos ne s'élèvent pas toujours facilement; mais sous le climat de nos départements au sud de la vallée de la Loire, le kanguroo ne peut manquer de prospérer; il y retrouve les conditions atmosphériques de son pays natal.

§ LIII. — Les ruminants.

L'ordre des *ruminants* est un des plus naturels de toute la classification zoologique; les genres et espèces dont il se compose se rattachent entre eux par des liens intimes, soit par leur conformation, soit par leur organisation. Le trait le plus saillant de l'organisation des *ruminants*, c'est la conformation particulière de leur estomac divisé en plusieurs poches, par lesquelles passent les aliments avant d'arriver à la dernière, qui constitue l'estomac proprement dit. Tous les animaux de cet ordre sont herbivores; il leur faut pour se soutenir un volume considérable de nourriture végétale contenant une faible proportion de principes alimentaires. Ces aliments ne sont pas suffisamment élaborés et préparés par une première mastication; l'animal est doué de la faculté de les faire remonter jusqu'à la bouche, et de les mâcher une seconde fois avant de les avaler définitivement pour les digérer. Cette faculté, que les naturalistes nomment *ruminer*, a donné leur nom aux *ruminants*. C'est dans cet ordre que l'homme a pris dès la plus haute antiquité ses plus utiles auxiliaires.

Les animaux de l'ordre des *ruminants* sont partagés en deux groupes. Le premier, les *herbivores domes-*

tiques, comprend : 1º le *mouton*, 2º la *chèvre*, 3º le *bœuf*, 4º le *chameau*, 5º le *lama*, 6º la *girafe*, quoique cette dernière ne soit pas réduite en domesticité. Le deuxième groupe, les *rangifères*, comprend : 1º l'*élan*, 2º le *renne*, 3º le *cerf*, 4º le *daim*, 5º le *chevreuil*, 6º l'*antilope*.

1er *Groupe*. — 1º Le Mouton est réduit en domesticité depuis un temps si éloigné de nous que son origine est perdue ; quelques naturalistes veulent voir l'ancêtre des moutons actuels dans le *mouflon* sauvage de l'île de Corse, ou dans l'*argali* des montagnes de l'Asie Mineure. Le mouton avant l'âge adulte est *agneau ;* le mâle adulte est *bélier ;* la femelle adulte, *brebis*. Le mouton des deux sexes, n'étant déjà plus agneau, mais n'ayant pas encore accompli sa première année, est désigné sous le nom d'*antemois*. Le mouton est couvert d'un poil fin et frisé nommé *laine*, principale matière première des vêtements du genre humain dans les pays froids ou tempérés. L'instinct du mouton est assez limité ; on sait qu'il vit en troupeau, et qu'il suffit d'en décider un à passer n'importe où pour que tous les autres le suivent, sans savoir pourquoi. Cependant, au pâturage, le mouton connaît les plantes propres à sa nourriture, et il ne lui arrive jamais de manger celles qui pourraient l'empoisonner. Ceux dont on s'occupe s'attachent à leur maître et lui prodiguent d'affectueuses caresses ; ils se laissent volontiers atteler à une voiture d'enfant, ce genre de travail paraît leur plaire plutôt que les fatiguer.

Le mouton en domesticité a produit une multitude de variétés qu'on pourrait nommer artificielles ; car elles sont l'œuvre de l'homme et de son industrie, qui s'est exercée sur le mouton pour en améliorer la laine et la chair, ce qui en a fait l'un des pivots de la prospérité agricole des pays civilisés.

C'est en Australie, dans les plaines sans fin de cette cinquième partie du monde, couvertes d'une herbe épaisse et nourrissante, que les moutons se sont propagés de nos jours le plus rapidement, et dans des proportions à peine croyables ; c'est en Espagne que le mouton a, depuis des siècles, atteint le plus haut degré de perfectionnement quant à la qualité de sa laine. On accorde, il est vrai, le premier rang parmi les laines d'Europe à celle des moutons de la Saxe ; mais ces moutons ont pour ancêtres des mérinos d'Espagne. Il en est de même des races les plus estimées de la France et de la Grande-Bretagne.

2o La CHÈVRE est celui des animaux domestiques qui a le moins perdu de ses mœurs et de ses habitudes naturelles par la domesticité ; son lait, bien plus abondant que celui de la brebis, est léger et de facile digestion ; c'est le meilleur qu'on puisse donner à un enfant que sa mère ne peut pas nourrir. La *chèvre du Thibet* porte sous son poil le duvet d'une extrême finesse dont on fabrique les tissus précieux de cachemire ; la *chèvre d'Angora* porte une toison longue et soyeuse, servant à la fabrication de diverses étoffes. La chair de la chèvre est mangeable, mais inférieure à celle du mouton ; la chair du chevreau abattu très-jeune ne diffère pas essentiellement de celle de l'agneau. Dans les pays de montagnes, les troupeaux de chèvres ont puissamment contribué au déboisement. La chèvre est herbivore ; mais elle préfère à tout les jeunes pousses des arbres, et sa morsure les fait périr. Par une heureuse exception que la physiologie ne peut expliquer, la chèvre mange sans en être incommodée plusieurs plantes vénéneuses, entre autres la *ciguë aquatique* (*phellandrium*), qui fait périr les autres herbivores domestiques.

3° Le Bœuf est le plus utile des herbivores domestiques ; il donne à l'homme, outre sa chair, son suif et son cuir, son travail, d'autant plus précieux qu'après avoir pendant plusieurs années amplement gagné sa subsistance par son travail, loin d'avoir perdu toute sa valeur, comme le cheval, l'âne et le mulet, le bœuf peut être engraissé pour la boucherie et vendu avec bénéfice.

L'origine du bœuf domestique n'est pas plus connue que celle du mouton. L'*aurochs*, bœuf sauvage autrefois répandu dans toute l'Europe, aujourd'hui à peine représenté par de rares échantillons dans les grandes forêts de l'Europe orientale, n'est pas, comme on l'a cru longtemps, l'ancêtre du bœuf domestique. La domesticité a produit un nombre incalculable de races et de sous-races de bêtes bovines, précieuses les unes pour la production du lait, les autres pour celle de la viande, ou comme races de travail. Les plus estimées sont, en France, les *bœufs de Garonne* d'une incomparable vigueur, les bœufs de *Salers* renommés pour le travail, et les bœufs de *Chollet* et du *Charollais* les plus estimés pour la boucherie. En Angleterre, les bœufs de *Durham* à courtes cornes l'emportent sur les autres pour la qualité de leur viande ; en Suisse et en Hollande, les vaches des races de *Schwitz* et de *Nord-Hollande* passent à juste titre pour les meilleures laitières de l'Europe.

Les autres espèces du genre bœuf sont, en Europe et en Asie, *le buffle ;* en Afrique, *l'arni ;* en Amérique, le *bison ;* aux Indes orientales, *le zébu ;* au Thibet, *le yack.*

Le *buffle*, plus difficile à dompter et moins intelligent que le bœuf, est cependant attelé à la charrue dans plusieurs provinces de l'Italie méridionale. Il travaille très-bien ; mais sa chair est à peine mangeable, ce qui le rend inférieur au bœuf au point de vue économique.

L'*arni*, de l'extrémité méridionale du continent africain, diffère peu du buffle ; il est beaucoup plus grand et plus fort que celui-ci. Son caractère farouche le rend redoutable pour l'homme, sur lequel il se précipite pour le frapper de ses cornes et le fouler aux pieds. Il n'a pas été possible jusqu'à présent de le réduire en domesticité.

Le *bison* ou *bœuf bossu d'Amérique*, moins farouche que l'arni, a pour caractère distinctif une bosse de graisse sur le dos, et une sorte de crinière qui couvre toute la partie antérieure du corps. Le bison est le plus grand représentant de l'ordre des ruminants en Amérique ; des bandes innombrables de bisons parcourent tous les ans l'intérieur du continent de l'Amérique du Nord, du sud au nord et du nord au sud, pour des motifs diversement interprétés, mais très-imparfaitement connus. On s'étonne que le bison n'ait pas été réduit en domesticité. Mais avant l'arrivée des Européens, jamais les Peaux Rouges de la race indigène n'avaient songé à tirer parti d'un animal quelconque autrement que comme gibier ; les Mexicains eux-mêmes, quoiqu'ils eussent des villes de plus de 100,000 âmes et une agriculture florissante, n'avaient aucun animal de service pour les aider. Quand les Européens vinrent s'établir dans le nouveau monde, ils amenèrent avec eux leurs bestiaux et dédaignèrent le bison, dont il aurait fallu d'abord faire l'éducation.

Le *zébu*, aussi nommé *vache indienne* ou *vache de Brahma*, est bossu comme le bison, mais son poil est ras. C'est aux Indes un animal sacré, dont on ne peut manger la chair; il est seulement permis de le faire travailler; il sert à la fois pour les labours et pour les transports comme bête de somme; sa taille est in-férieure à celle des plus petites races de bêtes bovines d'Europe.

Le *yack*, récemment introduit et naturalisé en Europe, est la seule espèce du genre bœuf qui porte une toison épaisse et lisse, que l'industrie peut utiliser; il travaille comme le bœuf d'Europe et sa chair vaut celle de nos meilleures races de boucherie. Il est probable que dans un temps plus ou moins rapproché toutes les espèces du genre bœuf subiront à leur tour le joug de la domesticité, et deviendront, chacune dans la sphère de ses aptitudes, une source nouvelle de richesses pour le genre humain.

4⁰ Le Chameau semble, lorsqu'on le compare aux autres *ruminants* un animal tout à fait excentrique; on en élève en domesticité de toute antiquité deux espèces distinctes, le *chameau d'Asie* à deux bosses, et le *chameau d'Afrique* à une bosse; les naturalistes ont conservé au chameau à une seule bosse le nom de *dromadaire* (*coureur*), que lui avaient donné les Grecs et qu'il mérite en effet par la rapidité de sa course. Le chameau, non plus que le dromadaire, ne se rencontre plus nulle part à l'état sauvage. On connaît la sobriété proverbiale du chameau; c'est de tous les ruminants celui qui, tout en continuant son service, peut supporter le plus longtemps la faim et la soif; sans lui, la traversée des grands déserts de l'Asie et de l'Afrique ne serait pas possible. Malgré son apparence inintelligente, le chameau est doué d'un instinct très-développé ; il a tous les sens très-délicats, surtout celui de l'ouïe ; il aime la musique ; dans les longues marches à travers les sables du désert, le son d'un instrument ou le chant de son conducteur lui fait oublier la fatigue. Le chameau pourrait être avec avantage introduit dans tout le midi de l'Europe ; il ne l'est que sur un point de l'Italie centrale, entre Pise et Livourne, où depuis le milieu du moyen âge des dromadaires, importés directement de l'Arabie, se sont perpétués jusqu'à nos jours.

Les dromadaires, spécialement les bons coureurs connus sous le nom de *méharis*, sont une des principales richesses des indigènes de nos possessions africaines. Un bon *mehara*, qui a fait ses preuves comme coureur, est d'une valeur égale ou supérieure à celle d'un bon cheval.

5° Le LAMA, surnommé le chameau d'Amérique, est inférieur au chameau de l'ancien continent quant à la taille, et surtout quant à la légèreté à la course. Sa conformation ne le rend guère propre à servir de monture, et jamais il n'a été employé en cette qualité ni avant ni après la conquête de son pays natal par les Espagnols. Son dos plat le rend éminemment propre à porter des fardeaux ; la sûreté de son pied et la vigueur de ses organes respiratoires en font essentiellement un animal de montagne, qui gravit sans être essoufflé, avec une charge de 200 kil. sur le dos, les pentes les plus abruptes. Il y a des caravanes de lamas qui font tous les ans à travers des pays déserts, en franchissant plusieurs rameaux des Cordillères, les 5000 kilomètres qui séparent Guayaquil de Buénos-

Ayres, aller et retour. Le chameau n'en peut faire autant que sur un sol plat et sablonneux; il n'est pas
organisé pour monter et descendre, pour supporter
comme le lama le brusque passage des chaleurs tropicales de la plaine au froid des montagnes couvertes
de neiges éternelles. Si Dieu eût donné aux Péruviens
le chameau à la place du lama, le chameau ne leur
aurait rendu aucun bon service.

6° La Girafe, longtemps regardée comme un animal
fabuleux, est un des plus beaux animaux de l'ordre
des ruminants. Depuis que son existence est constatée
et qu'il est possible de s'en procurer en assez grand
nombre, divers essais ont été tentés en Egypte pour
utiliser la girafe comme monture; mais la conformation de son dos et la longueur démesurée de son cou
s'y sont toujours opposées. D'ailleurs, la girafe serait
une monture plus ou moins dangereuse à cause de sa
hauteur; s'il est désagréable de tomber de cheval, il
le serait probablement encore plus de tomber du haut
d'une girafe. La girafe est le seul animal à quatre
pieds dont l'amble soit l'allure naturelle, c'est-à-dire
qui se déplace en avançant alternativement les deux
jambes du même côté. On a obtenu assez souvent des
jeunes girafes dans les ménageries d'Europe; elles s'y
sont assez facilement élevées, mais aucune girafe née
en Europe n'a pu dépasser l'âge adulte.

2e *Groupe.*—1° L'Élan, remarquable par l'ampleur
et la disposition de ses cornes, est devenu, comme l'aurochs, excessivement rare dans les plus grandes forêts
de l'Europe, qui en étaient peuplées autrefois; on ne le
rencontre plus guère aujourd'hui que dans les parties
boisées de l'Amérique du Nord. L'élan, de même que

tous les animaux du groupe des *ruminants rangifères*, présente le singulier phénomène d'une véritable végétation osseuse, qui tombe et se renouvelle tous les ans sur le sommet du crâne. L'élan n'a jamais été réduit en domesticité ; il ne paraît pas disposé à s'ajouter à la liste des serviteurs de l'humanité.

2° Le RENNE, ou CERF POLAIRE, ne s'éloigne jamais beaucoup des régions situées entre le cercle polaire et le pôle. On comprendrait difficilement comment il peut s'y soutenir et y multiplier, si l'on ne savait que la nature lui a donné l'instinct de fouiller avec ses pieds dans la neige glacée, pour trouver dessous le lichen d'Islande, qu'il préfère à tout autre aliment, et qui ne lui fait jamais défaut. Le Lapon a su réduire en domesticité le renne, qu'il attelle à ses traîneaux, et qui lui constitue à lui seul une sorte de richesse. Les bandes de rennes sauvages émigrent périodiquement de l'est à l'ouest et de l'ouest à l'est, sous les latitudes boréales. Ils ont remplacé en Islande la petite race bovine du pays, qu'une suite d'hivers d'une rigueur exceptionnelle avait fait périr vers la fin du dernier siècle.

3° Le CERF est l'un des rapides coureurs de l'ordre des ruminants ; comme l'élan et le renne, il perd tous les ans ses cornes nommées *bois* dans la langue de la vénerie, et les reprend en y ajoutant pendant plusieurs années une ramification de plus. La chair du cerf, surtout quand il n'est pas trop vieux, est très-recherchée ; la *biche*, femelle du cerf, prend grand'soin de son petit, qui porte le nom de *faon* pendant sa première année. De nos jours, le cerf ne se trouve plus en France que dans les forêts de l'État, et dans celles d'un très-petit

nombre de grands propriétaires. Le cerf est dangereux
à l'entrée de l'hiver, époque où il devient irritable et
disposé à se défendre lorsqu'il est inquiété. On sait
que le cerf est essentiellement le gibier des têtes couronnées, et que le plaisir de forcer un cerf est particulièrement recherché des princes et des grands de ce
monde. Le cerf peut être apprivoisé et même recevoir
une certaine éducation, témoin le fameux cerf Coco, que
tout Paris a pu voir exécuter mille tours ingénieux
sous la direction des frères Franconi.

4° Le DAIM est, comme le cerf, un gibier de grand
seigneur ou de prince ; sa chair est plus estimée que
celle du cerf, dont il a les mœurs et à peu près la taille.
Le bois du daim se renouvelle comme celui du cerf ; il
est plus souple et moins dur ; il est rare que le daim
s'en serve soit contre l'homme, soit contre les chiens
lancés à sa poursuite.

5° Le CHEVREUIL, aussi commun dans nos forêts que
le cerf y est devenu rare, est le premier des gibiers à
poil ; ses mœurs sont douces, son caractère est sociable, et s'il n'était réservé pour les plaisirs de la
chasse, il y a longtemps qu'il aurait pu être réduit en
domesticité. Dans les bois où l'on ne chasse pas, les
chevreuils, loin de fuir l'approche de l'homme, le regardent avec curiosité et semblent ne pas demander
mieux que de devenir ses meilleurs amis.

6° L'ANTILOPE constitue un genre riche en espèces
qui diffèrent sensiblement entre elles pour la taille ;
les plus grandes approchent de celle du cheval ; les
plus petites ont à peine celle de la chèvre. En Algérie,
le genre antilope est représenté par la gentille *gazelle*

nagor, dont les yeux à la fois vifs et doux ont souven inspiré les poëtes arabes qui comparent les yeux de la beauté à ceux de la gazelle. La chair de toutes les espèces d'antilopes est comestible. Les troupeaux de gazelles sauvages qui vivent sur la limite du grand désert, sont souvent les victimes du lion, du tigre et des autres grands carnassiers. Plusieurs belles et gracieuses espèces d'antilopes pourraient être naturalisées dans le midi de l'Europe, où il serait facile de les faire multiplier en domesticité.

§ LIV. — Les pachydermes.

L'ordre des *pachydermes* est un des moins naturels de toute la classification zoologique ; il réunit des animaux qui semblent n'avoir entre eux que des rapports fort éloignés, et dont les seuls caractères communs sont d'avoir la peau épaisse, de se nourrir de végétaux et de ne pas ruminer. Il y a, en effet, peu d'analogie entre un *sanglier* et un *rhinocéros*, un *cheval* et un *éléphant*, quoique tous ces animaux soient des *pachydermes*.

Les animaux de l'ordre des ruminants ont pu sans inconvénient être étudiés dans l'ordre habituellement adopté, parce que tous ont à peu près au même degré les qualités de leur ordre; pour l'étude des pachydermes, il est nécessaire de reprendre l'ordre inverse, afin de commencer par ceux qui s'éloignent le moins des ruminants, et de terminer par ceux qui sont le plus complétement *pachydermes*, c'est-à-dire par ceux dont le cuir est le plus épais et le plus résistant.

Les genres les plus importants de l'ordre des *pachydermes* sont : 1° le *cheval*, 2° l'*âne*, 3° le *sanglier*,

4° le *tapir*, 5° l'*hippopotame*, 6° le *rhinocéros*, 7° l'*éléphant*.

1° Le Cheval, que l'histoire nous montre soumis à l'homme presque dès l'origine des sociétés, a été si souvent décrit, avec ou sans flatterie, qu'on peut se dispenser d'en renouveler la description. C'est celui des pachydermes qui se rapproche le plus des ruminants ; son cuir n'est pas beaucoup plus épais que celui du bœuf, et il ne se rattache que très-indirectement aux autres *pachydermes*. La conformation de son pied, enfermé dans un ongle unique ou *sabot*, lui a fait donner le nom de *solipède* par les naturalistes, qui le placent à la tête d'un groupe formé seulement du cheval, de l'âne, du zèbre et de quelques autres genres voisins. L'Arabie est de tous les pays du monde celui qui produit les chevaux les plus parfaits de forme, les plus légers à la course, les plus intelligents, ceux enfin qui réunissent au plus haut degré les qualités précieuses de la race chevaline. Il ne manque au cheval arabe que l'ampleur de la taille ; encore n'est-ce qu'un défaut relatif aux divers usages que nous faisons du cheval en Europe ; aucun Arabe ne trouve ses chevaux trop petits et ne voudrait ajouter à leur taille, au risque de les déformer.

Le cheval porte le nom de *poulain* jusqu'à ce qu'il ait pris tout son développement. La *jument*, femelle du cheval, est en général plus résistante et moins sujette aux maladies que le cheval. Inutile d'énumérer les services que le cheval rend à l'homme ; on fait seulement observer que l'homme, dans les diverses contrées où il a emmené le cheval avec lui, a su le modifier selon le genre de services qu'il en attend. La France est riche en belles et bonnes races de chevaux pour toutes les destinations ; depuis qu'elle possède le nord de l'Afrique, elle a à sa disposition le *cheval barbe*, variété précieuse de la race arabe, appelée à régénérer à fond celles des races françaises auxquelles il n'est pas nécessaire de conserver des formes amples et massives.

Nos races les plus renommées sont celles de *Normandie*, du *Limousin*, du *Perche*, du *Ponthieu* et des *Ardennes*, toutes recommandables à divers titres et pour diverses destinations.

2º L'ANE n'est pas partout cette affreuse petite bourrique qu'on rencontre si souvent en France, abâtardie et déformée par la misère, les mauvais traitements, la mauvaise nourriture et l'excès du travail, modèle de sobriété, de patience et de résignation, dans la condition la plus déplorable qu'on puisse imaginer. Dans tout l'Orient, l'âne de taille moyenne, bien conformé, actif, leste et intelligent, est un fort bel animal, très-digne des soins dont il est l'objet. On trouve des ânes peu inférieurs à ceux de l'Orient dans nos départements du Midi; leur origine africaine ne semble pas douteuse. L'Auvergne et le Poitou élèvent aussi de très-beaux ânes, robustes et bien faits, dont les services comparés aux frais de leur entretien, même lorsqu'ils sont bien nourris, reviennent à meilleur compte que ceux du cheval. L'âne bien traité vit très-longtemps et n'est presque jamais malade; il n'a pas son pareil comme bête de somme, et passe avec sa charge complète par des sentiers où l'on ne pourrait faire passer un cheval non chargé.

L'homme a obtenu de l'union de l'âne et de la jument, dès la plus haute antiquité, le *mulet*, qui, privé de la faculté de se reproduire, ne constitue pas une race, mais n'en est pas moins utile; car il réunit à la taille et à la vigueur du cheval la sobriété, la longévité et l'inaltérable santé de l'âne.

Plusieurs variétés de la race chevaline ne sont pas encore soumises à l'homme, qui ne peut tarder à les ajouter à la liste trop courte de ses serviteurs ; ce sont : l'*hémione*,de l'Inde, qui tient le milieu entre l'âne et le cheval, en se rapprochant toutefois un peu plus du premier que du second ; le *dauw* de l'Afrique méridionale, rayé régulièrement de jaune et de noir, et le *zèbre* du même pays, rayé de même, mais de blanc et de noir. Tous ces animaux sont solipèdes, tous peuvent être amenés à se reproduire en domesticité, et à prendre place dans nos écuries à côté de l'*âne* et du *cheval*.

3º Le Sanglier est, comme le chameau, un animal excentrique, entièrement différent des autres pachydermes, auxquels il ne ressemble que de très-loin ; ses pieds sont fendus et renfermés dans deux onglons, comme ceux des ruminants ; quoiqu'il se nourrisse par préférence d'aliments végétaux, le sanglier peut, en cas de besoin, manger de tout ce qui se mange ; réduit à l'état domestique, le sanglier, qui prend le nom de *porc,* est complétement omnivore. La femelle du sanglier porte le nom de *laie ;* elle montre beaucoup d'attachement à ses petits, qui, tant qu'ils n'ont pas atteint l'âge adulte, sont nommés *marcassins*.

En passant à l'état domestique, le sanglier devenu porc a subi une multitude de modifications et donné naissance à de nombreuses variétés. En France, les meilleures races de porcs ne sont pas les plus répandues. On regarde comme les meilleures les races de porcs qui contiennent le moins d'os et le plus de viande et de graisse, et qui, par la consommation d'une quantité donnée d'aliments fournissent la plus forte somme de produits utiles. Les porcs anglais des races les plus perfectionnées d'*Essex* et de *Leicester*, améliorées par le croisement avec les races de l'Indo-Chine, sont ceux qui répondent le plus complétement à ce programme. Les éleveurs français sont forcés, d'une part, de se conformer au goût des consommateurs, qui préfèrent les porcs des grandes races de Normandie et du Poitou; d'autre part, ceux qui demeurent dans le voisinage des forêts de chênes sont forcés d'adopter les races à tête forte, à grouin robuste, les seules qui soient capables de s'engraisser sans frais *à la glandée.*

Les espèces étrangères de porcs domestiques les plus remarquables sont celles du *Tonquin* à la peau noire, de la *Chine* à la peau blanche, et de la *Polynésie*, ou *porc océanien,* l'un des plus petits et des meilleurs.

Les races du genre porc non réduites en domesticité, sont le *babiroussa* du cap de Bonne-Espérance, remarquable par la longueur de ses défenses recourbées, et le *chéropotame* du même pays, d'une taille fort inférieure à celle du sanglier, auquel il ressemble d'ailleurs sous beaucoup de rapports. Le *pecari* de l'Amérique du Sud est un petit pachyderme très-voisin du porc; sa chair est fort délicate; il paraît destiné à grossir prochainement la liste de nos animaux domestiques; dès à présent, dans les ménageries, il multiplie en captivité, présage de son passage prochain à l'état de domesticité.

4° Le Tapir ressemble beaucoup au porc, sauf par la tête; son grouin se prolonge en une *trompe* courte, mais très-mobile. Le tapir appartient exclusivement aux parties les plus chaudes des deux continents; cet animal présente la curieuse particularité d'une propension extraordinaire à prendre la graisse. Il est pour ainsi dire impossible de faire maigrir un tapir; ceux qui périssent d'inanition ne maigrissent pas pour cela; ils sont morts de faim, mais ils sont morts gras. La chair du tapir a une saveur musquée peu agréable, qu'elle perdrait probablement si l'animal était élevé en domesticité et nourri d'aliments propres à modifier le goût de sa chair, qui d'ailleurs est aussi saine que celle du porc et n'est pas plus difficile à digérer.

5° Le Rhinocéros est celui des pachydermes qui offre, avec les autres animaux du même ordre, le moins de traits de ressemblance. Il est couvert d'une véritable cuirasse à l'épreuve de la balle, composée de plaques sur les flancs et d'une peau épaisse plissée de gros plis sous le ventre; enfin son nez est orné d'une et quelquefois de deux cornes, dont il se sert, dit-on, dans ses duels contre l'éléphant pour éventrer son adversaire. Il est difficile de comprendre pourquoi le rhinocéros et l'éléphant, l'un et l'autre herbivores, n'ayant aucune cause de haine l'un contre l'autre, se livreraient des combats à mort. Remarquez que pas un de ces combats n'est rapporté par un témoin oculaire digne de foi; il est possible que le rhinocéros et l'éléphant ne se soient jamais battus. Les nègres de l'intérieur de l'Afrique se fabriquent avec les plaques de la cuirasse du rhinocéros des boucliers que ni le sabre ni le fer de la lance ne peuvent entamer.

6° L'Éléphant, le premier des pachydermes et de tous les mammifères quant à la taille, est aussi éloigné des autres pachydermes que le rhinocéros lui-même. Trois particularités de son organisation méritent surtout d'être signalées : 1° son nez se prolonge en une trompe *prenante*, qui fait pour lui l'office d'une véritable main ; 2° deux de ses dents, connues sous le nom de *défenses*, sortent en avant des deux côtés de la base de sa trompe ; 3° les mamelles de la femelle sont placées sur la poitrine, et non sur le ventre, comme celles des autres pachydermes.

Les troupes nombreuses d'éléphants qui peuplent encore les grandes forêts de l'Asie et de l'Afrique, tendent à diminuer à mesure que la population croissante empiète sur leur domaine. En Asie, l'éléphant n'est pas réellement réduit en domesticité, puisqu'il n'a pas été possible de l'amener à multiplier en captivité. Cependant, ceux qu'on prend à l'âge adulte s'attachent à l'homme et le servent avec une rare intelligence. Mais l'éléphant, s'il accepte pour lui la servitude, semble ne pas l'accepter pour sa postérité. Les récits des voyageurs sont remplis de traits de l'instinct de l'éléphant, tous plus ou moins douteux ou exagérés. L'un des plus certains est celui de l'éléphant *Vandyah* (*montagne*), ami de l'empereur mongol Hummayoum. Ce souverain détrôné, chassé de ses Etats, poursuivi par ses ennemis, fuyait sur Vandyah, son meilleur éléphant, qui, blessé dans la bataille, perdait son sang et s'affaiblissait de moment en moment. Arrivé au bord de l'Indus, il s'agissait de le franchir à la nage. Le prince fugitif dit à son éléphant : « Courage, Vandyah ! sauve ton ami Hummayoun, et sa femme, et son enfant qui n'est pas né. » Par un suprême effort, Vandyah traverse l'Indus, et meurt en atteignant la rive, ayant sauvé son maître et sa femme sur le point de le rendre père. Remonté plus tard sur son trône, Hummayoum fit élever, à la place où était mort son fidèle Vandyah, un monument qui subsiste encore. Ce trait de dévouement d'un éléphant est donc parfaitement constaté; deux inscriptions, l'une en indostani, l'autre en langue tartare, contiennent le récit qu'on vient de résumer. Outre sòn service, l'éléphant donne à l'homme l'ivoire de ses dents, substance d'un grand prix, utilisée pour divers objets d'art dès la plus haute antiquité.

§ LV. — Les édentés.

L'ordre des *édentés*, lorsqu'on examine les genres et espèces qui le composent, semble réunir des animaux qui n'offrent entre eux que peu d'analogie, et qui n'en ont pour ainsi dire aucune avec les animaux des ordres qui les suivent ou qui les précèdent. Leur caractère essentiel consiste dans l'absence complète des dents chez les uns, et l'absence des dents incisives seulement chez les autres. Tous les édentés habitent les contrées les plus chaudes de l'ancien et du nouveau monde; le plus grand nombre appartient à l'Amérique du Sud.

Les genres les plus remarquables de l'ordre des édentés sont : 1º le *tatou,* 2º le *pangolin*, 3º le *fourmilier* ou *tamanoir,* 4º le *paresseux.*

1º Le TATOU semble un débris de la faune d'une des époques dont la terre renferme les restes à l'état fossile. Sa structure et l'enveloppe écailleuse dont il est revêtu rappellent en très-petit celles du *mégathérium,* animal écailleux de taille colossale, contemporain de l'époque des terrains tertiaires. Quand les Espagnols trouvèrent en Amérique le *tatou,* ainsi nommé par les naturels du pays, ils lui donnèrent le nom d'*armadilla* (petite armure), à cause de son enveloppe. Les tatous, munis d'ongles crochus très-solides, comme tous les autres édentés, s'en servent pour se creuser des terriers où ils se retirent et passent la plus grande partie de leur existence. Ce sont des animaux timides et inoffensifs, qui vivent de végétaux tendres et d'insectes; ils sont dépourvus de dents pour broyer des aliments un peu durs. A l'approche d'un danger, ils ont l'instinct de se rouler en boule, cachent leurs têtes et leurs pattes, de sorte qu'on peut passer à côté d'un tatou dans cette position et le prendre pour une pierre, dont il a tout à fait alors l'aspect et la couleur.

2º Le PANGOLIN de l'Afrique centrale est recouvert de grandes écailles solides, imbriquées comme celles d'un poisson, ce qui lui donne une physionomie entièrement différente de celle du reste des animaux de son ordre. Il se nourrit de fourmis, dont il opère une grande destruction en plongeant au sein des fourmilières sa langue gluante, qu'il retire aussitôt chargée de victimes. La plupart des animaux, l'homme lui-même, ne sauraient manger seulement quelques fourmis sans en être empoisonnés; le *pangolin* ne mange pas autre chose, et ne s'en porte que mieux.

3º Le FOURMILIER ou TAMANOIR a les formes et les mœurs du pangolin; comme lui, il se nourrit de fourmis qu'il pêche de même avec sa langue d'une longueur extraordinaire. Mais, au lieu d'être couvert d'écailles, il porte une belle fourrure noire et blanche, par bandes longitudinales alternatives. Comment peut-il, à l'exemple du pangolin, absorber d'énormes quantités de fourmis et n'en pas mourir? C'est un phénomène que n'explique pas l'examen anatomique de son appareil digestif, lequel ne présente rien de particulier.

4° Le Paresseux. Il n'y a pas de transition entre le *tamanoir* et le *paresseux*; impossible d'imaginer deux animaux qui se ressemblent moins. Le tamanoir est un quadrupède très-allongé, bas sur jambes, à museau long très-affilé; le paresseux a une tête ronde, analogue à celle de quelques espèces de grands singes dont il a la taille et à peu près le poil. Ses membres, si mal ajustés qu'ils ne lui permettent pas de marcher autrement qu'en se traînant, sont terminés par d'énormes griffes, dont tout autre que lui pourrait vouloir se servir comme d'armes formidables pour l'attaque ou pour la défense; le paresseux n'y songe même pas. Sa vie se passe dans l'immobilité, sur les branches des arbres dont il mange les feuilles; le travail de descendre d'un arbre pour en escalader un autre quand il a entièrement dépouillé le premier de son feuillage, est déjà très-pénible pour un animal qui se déplace si difficilement.

Aucun animal de l'ordre des édentés ne fournit à l'homme un produit utile quelconque. La plupart des genres et espèces sont rares, et il est difficile de s'en procurer des spécimens pour l'entretien au complet des collections d'histoire naturelle.

§ LVI. — Les rongeurs.

En remontant des *édentés* aux *rongeurs,* nous nous trouvons en présence d'un ordre de mammifères très-nettement caractérisé, très-différent de l'ordre des édentés; tous les animaux de l'ordre des rongeurs ont un caractère commun, auquel il est impossible de se méprendre; leur mâchoire inférieure et leur mâchoire supérieure sont armées l'une et l'autre de deux fortes dents incisives qui se rencontrent; ce caractère est invariable. Cette particularité de conformation et de disposition de leurs dents, oblige les rongeurs à grignoter leur nourriture, à la râper, pour ainsi dire, avant de l'avaler; c'est l'origine du nom de cet ordre. Tous les rongeurs sont essentiellement frugivores; quelques-uns seulement, comme le rat, deviennent omnivores en fréquentant les demeures de l'homme, quand la faim les porte à se nourrir de tout ce qu'ils peuvent trouver de mangeable à leur portée; aucun rongeur ne chasse pour vivre.

On vient de voir, dans l'ordre des *édentés*, des animaux très-peu nombreux, vivant à l'écart, dans les pays les moins peuplés, où l'homme n'a jamais eu ni la volonté ni le pouvoir d'en tirer parti d'une manière quelconque. Voici, dans l'ordre des *rongeurs*, une foule de genres et d'espèces qui fournissent à l'homme les uns leur fourrure, les autres leur chair; en voici d'autres classés à juste titre parmi les animaux les plus nuisibles, et que l'homme est forcé de chercher constamment à détruire, sans réussir toujours à arrêter la déplorable rapidité de leur multiplication. Sous tous ces rapports, les *rongeurs* sont très-dignes d'être l'objet des études du naturaliste.

Les genres les plus importants de l'ordre des rongeurs, sont : 1º le *castor*, 2º le *porc-épic*, 3º le *lapin*, 4º le *lièvre*, 5º la *gerboise*, 6º le *rat*, 7º le *chinchilla*, 8º le *loir*, 9º la *marmotte*, 10º l'*écureuil*.

1º Le CASTOR, autrefois répandu dans toute l'Europe, ne se trouve plus en nombre considérable que dans les parties boisées et inhabitées de l'Amérique du Nord. Partout où il peut se considérer comme à l'abri des attaques de l'homme, le castor vit en sociétés nom-

breuses, exécute en commun des travaux d'art merveilleux, se construit des cabanes solides, propres et
commodes, et déploie un instinct qui n'est surpassé
par aucun autre animal de la création. Partout où il
est traqué et réduit à l'isolement, il ne travaille pas
et ne déploie pas plus d'intelligence que le lièvre ou le
lapin. L'organe le plus remarquable du castor est sa
queue plate, épaisse, couverte d'écailles, qu'il emploie
avec une rare habileté comme truelle pour ses travaux
de maçonnerie. Le castor est exclusivement herbivore.
Sa fourrure, d'un grand prix pour la fabrication des
chapeaux fins, a suscité contre lui les chasseurs du
Canada, qui n'ont cessé d'en diminuer le nombre et
qui probablement ne s'arrêteront que quand la race du
castor sera complétement éteinte.

2⁰ Le Porc-Épic, aussi peu industrieux que le castor
est actif, habite en Europe les parties les moins accessibles des Alpes. Il est recherché par curiosité à cause
des piquants, élégamment marqués de noir et de blanc,
qui lui tiennent lieu de poils. C'est un animal très-
doux, d'un instinct très-borné, parfaitement inoffensif.
Les piquants du porc-épic sont utilisés en qualité de
porte-plumes ; c'est le seul genre d'utilité de ce singulier animal.

3⁰ Le Lapin est l'un des animaux les plus utiles de
l'ordre des rongeurs. Sa chair, salubre et agréable quand
elle est bien accommodée, est celle de toutes qu'il est
possible de produire à meilleur compte. Le lapin multiplie avec une merveilleuse rapidité ; on peut le nourrir pendant toute la belle saison d'aliments qui ne
coûtent rien. La grande mortalité qui règne souvent
parmi les lapins domestiques tient surtout au défaut

de soin et de propreté dans les loges où il est nourri en captivité. L'urine du lapin contient du phosphore ; les aliments qu'il a salis de son urine sont un poison pour lui ; il les mange par nécessité quand la faim le presse, et il s'empoisonne. Un peu de soin suffit pour écarter cette cause fréquente de mortalité des jeunes lapins. Le lapin sauvage devient un fléau quand il multiplie avec excès : il dévaste toutes les récoltes des champs voisins de la lisière des bois. C'est pourquoi la loi considère le lapin comme un animal nuisible, auquel il est permis de donner la chasse en toute saison. La robe du lapin domestique est blanche, grise, noire, rousse ou bigarrée ; celle du lapin sauvage est uniformément grise. Si l'on abandonne dans un bois des lapins domestiques de diverses couleurs, en quelques générations leur taille diminue, leur robe devient grise, et ils retournent au type du lapin sauvage.

4º Le Lièvre, proche parent du lapin, en diffère essentiellement par son caractère : il ne multiplie pas en captivité. Sa chair est de qualité supérieure ; le lièvre est un des gibiers à poil les plus estimés. Son poil, supérieur à celui du lapin, est utilisé pour la chapellerie ; sa peau dépouillée de son poil est, comme celle du lapin, la matière première de la colle-forte.

5º La Gerboise, gracieux animal d'Égypte, a pour caractère la longueur excessive de ses pattes de derrière et la brièveté de celles de devant : ce qui l'oblige à se déplacer par bonds successifs, et à se tenir fréquemment debout sur ses pattes de derrière. Dans les pays qu'elle habite, la gerboise n'est nulle part assez nombreuse pour être considérée comme un animal nuisible.

6° Le Rat est, dans l'ordre des rongeurs, le type du groupe des *petits rongeurs*, tous, comme le rat, remarquables par leur audace et leur voracité. Le rat devient de temps en temps si nombreux dans les égouts des grandes villes, qu'on est forcé de lui faire périodiquement de grandes chasses qui en diminuent le nombre, sans pouvoir malheureusement en opérer complétement la destruction. Les variétés du rat sont très-nombreuses; l'une des plus remarquables, le *hamster*, se distingue des autres rats par la brièveté de sa queue; il est répandu dans toute l'Allemagne et dans la Scandinavie.

Après le rat, le groupe des petits rongeurs comprend le *mulot*, le *campagnol*, la *souris*, et leurs variétés, tous animaux ennemis acharnés des provisions, du linge, des papiers, de tout ce qui peut être rongé par leur dent vorace et insatiable. On sait que, de temps immémorial, l'homme n'a rien trouvé de mieux pour arrêter la multiplication des petits rongeurs que de leur opposer le chat, lequel n'est lui-même guère moins incommode que les animaux qu'il est appelé à détruire.

Au-dessus du groupe des petits rongeurs, nous rencontrons les rongeurs à sommeil hivernal, qui tous, à l'entrée de l'hiver, s'engourdissent dans la retraite qu'ils ont eu soin de se préparer; tous ceux qui suivent sont soumis à cette loi. L'époque de leur sommeil coïncide avec la partie de l'année où ces animaux auraient le plus de peine à ne pas mourir de faim; une fois endormis, ils donnent complétement raison au proverbe : « Qui dort dîne. »

7° Le Chinchilla, dont les formes rappellent celles du loir et de l'écureuil d'Europe, habite la partie des

Cordillères qui traverse le Pérou et le Chili. La peau de ce joli animal, couverte d'un poil d'un gris argenté, est très-recherchée comme fourrure. C'est encore une race que l'avidité irréfléchie des chasseurs va faire disparaître. Dès à présent, on ne rencontre plus que par hasard le *chinchilla* dans les cantons de son pays natal, où il était encore très-nombreux il y a cinquante ans.

8° Le LOIR, commun dans le midi de la France, où il est le fléau des vergers, dont il dévore les plus beaux fruits, s'endort de bonne heure et s'éveille tard, ce qui a donné lieu au proverbe : « Dormir comme un loir. » Une variété du loir, le lérot, se loge dans les trous des vieux murs, à portéeles jardins fruitiers, et fait le désespoir des jardiniers en visitant la nuit les espaliers pour en entamer les plus beaux fruits. On lui dresse des piéges qu'il sait éviter le plus souvent.

9° La MARMOTTE, commune dans les Alpes de la Suisse et dans les départements de la Savoie, n'a de remarquable que l'art qu'elle sait déployer dans l'arrangement de la retraite qu'elle se creuse pour hiverner en société. Les terriers des marmottes sont de véritables appartements, divisés en chambres proprement tapissées de mousse, où le père, la mère et les petits s'endorment tout à leur aise, dès que les premières neiges sont tombées sur les montagnes. La marmotte, d'un naturel doux et craintif, s'apprivoise aisément, et témoigne un certain attachement à celui qui la nourrit. Elevée en captivité, bien nourrie et tenue chaudement, la marmotte oublie de s'endormir.

10° L'ÉCUREUIL est, après le castor, le plus intéressant

des rongeurs par ses mœurs et son instinct. Seul entre les mammifères, l'*écureuil* vit à la manière des oiseaux. Il se construit sur les plus grands arbres un nid commode et spacieux, qu'il a soin de couvrir pour que la pluie ne puisse y pénétrer, et qu'en bon propriétaire il entretient en bon état de réparation. Doué d'une agilité surprenante, l'écureuil saute d'un arbre à l'autre, passe la plus grande partie de son existence à se reposer dans son nid, en famille, ou bien à se promener sur les arbres de son voisinage, sans descendre à terre, si ce n'est pour recueillir les noisettes, les glands, les faînes et les châtaignes, sa principale nourriture. L'écureuil pris jeune dans le nid s'apprivoise et connaît son maître, sans cependant paraître beaucoup s'attacher à lui ; il ne multiplie pas en captivité.

§ LVII. — Les insectivores.

L'ordre des *insectivores* ne contient qu'un petit nombre de genres et d'espèces, presque tous d'Europe, qui se séparent des rongeurs par l'absence des dents incisives caractéristiques de cet ordre. Les insectivores ne comprennent aucun animal utilisé par l'homme à un titre quelconque ; plusieurs d'entre eux lui nuisent autant que les rongeurs, dont ils se rapprochent sensiblement, et les moyens employés pour les détruire manquent trop souvent leur but.

Les principaux genres de l'ordre des *insectivores* sont : 1° la *taupe*, 2° la *musaraigne*, 3° le *hérisson*. Ces trois genres sont communs en France et dans toute l'Europe.

1° La Taupe, revêtue d'une fourrure noire lustrée qui

ressemble à du velours, est remarquable surtout par la forme particulière de ses deux pattes de devant, semblables à deux mains. Elle s'en sert avec beaucoup d'adresse pour creuser des galeries souterraines, qui toutes, d'après un plan uniforme, aboutissent à une salle centrale où la taupe tient ménage avec sa famille. Son travail a pour but de saisir les vers de terre et les insectes ou leurs larves dont elle se nourrit; la quantité de ce genre d'aliments qu'elle peut absorber est énorme par rapport à son volume. Sous tous ces rapports, la taupe serait un animal utile et devrait être respectée; mais elle ne peut faire la guerre aux vers de terre et aux insectes souterrains, qu'en coupant entre deux terres toutes les racines des plantes qui se trouvent sur son passage. De plus, dans les prairies naturelles ou artificielles, sa résidence de prédilection, la taupe élève de distance en distance des tertres arrondis qui en dérangent le niveau et mettent obstacle à la régularité du travail du faucheur. C'est donc avec justice que le cultivateur s'applique à la détruire, sinon complétement, du moins de manière à limiter autant que possible le tort qu'elle fait aux produits de ses champs et de ses prairies.

On a cru longtemps que la taupe était privée du sens de la vue; il est vrai que, destinée à vivre sous terre, elle est aveuglée par la lumière du grand jour; mais elle a des yeux conformés comme ceux des autres mammifères du même ordre. La peau de la taupe, convenablement mégissée, peut être convertie en bourse de forme commode et très-durable.

2º La MUSARAIGNE est inoffensive; on la confond souvent avec la souris, dont elle diffère par sa taille plus réduite et son museau plus effilé. Lorsqu'on prend une *musaraigne* pour une souris, on lui fait du tort ; quoique la musaraigne vive de vers et d'insectes, comme la taupe, elle ne creuse pas de galeries et ne cause aucun dommage dans les jardins, où elle se tient habituellement dans les trous des vieux murs ; il n'entre pas dans ses habitudes de fouiller le sol pour s'y creuser un domicile souterrain.

3° Le Hérisson est un joli petit animal très-éveillé, très-courageux, dont les poils sont remplacés par des piquants plus courts que ceux du porc-épic, mais de la même nature. Lorsqu'il est attaqué, il se met en boule, et les chiens de chasse qui tentent de le mordre, se piquent sévèrement les lèvres. C'est uniquement pour éviter à messieurs leurs chiens ce désagrément, que les chasseurs font au hérisson une guerre d'extermination, guerre que rien ne justifie. Le hérisson ne quitte jamais les bois, où il se nourrit d'insectes et de petits reptiles ; il ne craint pas d'attaquer la vipère, qui lui mord cruellement le nez et les pattes, seules parties de son individu qui ne soient pas défendues par ses piquants. Par un privilége particulier, le venin de la vipère n'a pas de prise sur le hérisson, de sorte que la morsure de ce reptile n'est en définitive pour lui qu'une piqûre. Rien ne serait plus utile que d'interdire la destruction du hérisson, et de favoriser sa multiplication dans les cantons où pullulent les vipères, auxquelles le hérisson donne la chasse sans danger.

§ LVIII. — Les chéiroptères.

L'ordre des *chéiroptères* comprend les animaux les plus étranges que nous ayons jusqu'ici rencontrés parmi les mammifères. A les considérer dans l'état de repos, ce sont des petits rongeurs auxquels il ne manque que la queue ; ils en ont la tête et toute l'organisation. Mais si l'envie leur prend de se déplacer, on voit que les doigts de leurs pieds de devant, excessivement prolongés, terminés par de robustes crochets, sont réunis par des membranes qui se rattachent au corps, et font l'office d'une ample paire d'ailes, capables de soutenir l'animal dans l'atmosphère. Les ailes des *chéiroptères* ne sont pas assez puissantes pour leur faire franchir de grands espaces ; elles leur permettent seulement de voltiger à la nuit tombante pour saisir au vol les insectes crépusculaires, leur unique nourriture. On voit que les ailes des *chéiroptères* n'ont rien de commun avec les ailes des oiseaux ; les crochets qui terminent chacun des doigts servent à l'animal à se suspendre dans quelque coin obscur pendant le jour, en attendant l'heure de la chasse. Les genres et espèces de l'ordre des chéiroptères sont répandus sous toutes les latitudes ; ceux des pays chauds chassent toute l'année ; ceux des pays froids et tempérés, ne pouvant, comme l'hirondelle, voyager à la recherche d'un climat plus doux, mourraient de faim quand l'hiver a fait périr les insectes, si la nature n'y avait pourvu en les plongeant, comme une partie des animaux de l'ordre des *rongeurs*, dans un sommeil léthargique qui cesse de lui-même au printemps. A leur réveil, les chéiroptères peuvent recommencer pour vivre leur chasse aux insectes, le soir et le matin.

La tribu nombreuse des *vespertilionidés*, ou *chauves-souris* constitue à elle seule l'ordre des *chéiroptères*. Deux genres de cette tribu, la *chauve-souris commune* et la *roussette* des Indes orientales, donnent une idée

suffisante de toutes les autres espèces de *chéiroptères.*

La Chauve-Souris est très-commune en France; elle
a son domicile habituel dans les clochers, les ruines
abandonnées et les grottes obscures. A Paris, lorsqu'on a réparé récemment la charpente de Notre-
Dame, on a mis en fuite des milliers de chauve-
souris, dont les déjections accumulées depuis longues
années formaient des dépôts d'une nature analogue
au guano de l'Amérique du Sud.

La Roussette reproduit en grand les formes de la
chauve-souris; elle en diffère par la grosseur de sa tête
et l'allongement de son museau. Quoiqu'elle soit purement insectivore, on l'accuse, probablement à tort,
de surprendre les bestiaux pendant leur sommeil et de
sucer leur sang. La même accusation est portée, mais
sans plus de preuves, contre une autre grande espèce
de chauve-souris, qui, dit-on, tue de la même manière
les hommes qu'elle peut surprendre endormis; on la
nomme pour cette raison *vampire;* tout porte à croire
qu'elle est calomniée.

§ LIX. — Carnassiers.

Nous nous éloignons sans grand regret des *chéiroptères,* dont les formes étranges, l'aspect repoussant
et les mœurs peu sociables, inspirent à tout le monde
une juste répugnance, et nous abordons, toujours en
remontant l'échelle des mammifères, pour nous rapprocher de l'homme, l'ordre nombreux et intéressant
des *carnassiers.*

Le nom des animaux de cet ordre ne signifie pas qu'ils sont tous exclusivement carnassiers et ne se nourrissent que de chair; quelques-uns, comme la *loutre*, ne mangent que du poisson; d'autres, comme l'*ours*, mangent alternativement de la viande et des végétaux, et ne se jettent sur une proie vivante que quand ils y sont forcés par la disette d'aliments végétaux à leur convenance. Néanmoins, le plus grand nombre des carnassiers chasse pour vivre, et n'a pas d'autre moyen de se soutenir.

Les *carnassiers* diffèrent profondément entre eux par la taille, les mœurs et l'instinct. L'homme compte parmi eux son plus fidèle ami, le *chien*; son plus formidable ennemi, le *tigre*, et le plus grand nombre des animaux dont il utilise la dépouille comme fourrure. Chez plusieurs des espèces de petits carnassiers, l'instinct de la ruse est porté à un très-haut degré, comme chez le *renard* et la *fouine*. Aucun animal de l'ordre des carnassiers ne manifeste l'indolence et la stupidité que nous avons observées chez les animaux de plusieurs autres ordres, notamment parmi les *paresseux* de l'ordre des *édentés*.

Les naturalistes rangent tous les animaux de l'ordre des carnassiers dans deux groupes ou *familles* : 1° les *plantigrades*, 2° les *digitigrades*.

La famille des *plantigrades* est suffisamment caractérisée par son habitude de s'appuyer en marchant sur la plante des pieds. Les genres les plus importants de cette famille sont : 1° l'*ours*, 2° le *raton*, 3° le *blaireau*, 4° le *glouton*.

La famille des *digitigrades* comprend un très-grand nombre de genres et d'espèces, entre lesquels les *chats* et les *chiens* forment deux groupes naturels, comprenant les plus importants des carnassiers.

En dehors de ces deux groupes, on doit encore signaler : 1° la *civette,* 2° la *martre,* 3° la *loutre.*

1ʳᵉ *Famille :* les *plantigrades.* — 1° L'Ours, type de cette famille, marche habituellement sur la plante de ses quatre pieds ; quand il est attaqué, il se dresse sur ses pieds de derrière pour saisir son ennemi et l'étouffer. L'ours brun, assez commun dans les montagnes des Alpes et des Pyrénées, n'est pas habituellement chasseur, les aliments végétaux sont ceux qu'il préfère ; mais, pressé par la faim, il se jette sur toute proie vivante à sa portée, même sur l'homme.

Les forêts de la Russie d'Europe sont peuplées d'ours noirs, dont la fourrure lustrée est d'une grande valeur. La chasse à l'ours noir est le divertissement favori des princes et des grands seigneurs de l'empire russe. L'*ours blanc* ou *ours polaire* se nourrit principalement de poisson ; il fait aussi la guerre aux phoques, et manifeste des instincts féroces que n'ont pas les autres espèces du même genre. L'ours blanc ne s'éloigne jamais de la région glacée qui avoisine le pôle nord. La fourrure de tous les ours, même celle de l'ours brun des Pyrénées et des Alpes, est très-recherchée ; la graisse d'ours est employée en frictions contre les douleurs de rhumatisme, qu'elle ne soulage guère, et en pommade contre la chute des cheveux, qu'elle n'empêche guère de tomber.

2° Le Raton, qui ressemble à un ours noir de petite taille, habite les régions septentrionales de l'Amérique du Nord ; les chasseurs canadiens vont l'y relancer pour s'emparer de sa fourrure, dont le prix dépasse toujours celui de l'ours noir.

3⁰ Le Blaireau, nommé Tesson dans tout le nord de la France, est un animal solitaire et inoffensif, auquel on donne la chasse à cause de sa fourrure, dont on fait des brosses et des pinceaux à l'usage de la peinture artistique. Le blaireau apporte beaucoup de soin dans l'arrangement de son terrier, qu'il tapisse de mousse et d'herbes sèches; mais, il ne profite pas toujours de son travail. Le renard dont la femelle se trouve dans un état intéressant, guette la sortie du blaireau, pénètre dans son terrier et le salit de ses déjections. A son retour, le blaireau, trouvant sa demeure souillée, prend aussitôt son parti d'aller se creuser ailleurs un autre terrier. Le renard s'empresse alors de nettoyer à fond le domicile usurpé, de le garnir de mousse fraîche et de feuilles sèches, et d'y installer sa femelle qui va devenir mère; c'est une des mille ruses de maître renard.

4⁰ Le Glouton, remarquable par sa voracité, s'éloigne du type des *plantigrades* ; il vit exclusivement de proie vivante, dont il s'empare par surprise ; il habite les mêmes contrées que le raton. Sa fourrure fine, épaisse, d'un brun doré, est très-recherchée, surtout dans le nord de l'Europe.

2ᵉ *Famille*: les *digitigrades*.—1⁰ Les Chats forment, dans l'ordre des *carnassiers* et dans la famille des *digitigrades*, un groupe naturel très-bien caractérisé par la force de la mâchoire, la longueur des dents canines, et surtout par la rétractilité des ongles forts et tranchants, que l'animal rentre à volonté dans leur étui lorsqu'il ne s'en sert pas pour déchirer sa proie.

Les principales espèces de ce genre sont : 1⁰ le *chat domestique*, 2⁰ l'*once* ou *guépard*, 3⁰ le *léopard*, 4⁰ la *panthère,* 5o le *lion,* 6o le *tigre,* 7o le *couguar* ou *puma,* 8º le *jaguar.*

1º Le CHAT DOMESTIQUE réunit au plus haut degré les qualités bonnes et mauvaises du genre dont il est le type; il en a l'instinct féroce, l'instinct maternel très-prononcé chez la femelle, nul chez le mâle, qui mange volontiers ses petits quand il peut mettre la griffe dessus, et la facilité de voir à peu près aussi clair la nuit que le jour. Toutes proportions gardées, la mâchoire du chat est aussi bien armée que celles du lion et du tigre. Toutes les espèces du genre chat sont également indolentes quand elles n'ont pas faim, actives quand le besoin les presse, perfides dans leurs moyens d'attaque contre la proie vivante, que le chat domestique le mieux nourri recherche avec une véritable passion. Parmi les nombreuses variétés du chat domestique admises dans la familiarité de l'homme, le chat à poil ras de diverses nuances, dit *chat de gouttière,* est le meilleur comme destructeur de rats et de souris. Le *chat angora,* plus beau mais moins utile et moins intelligent, est un animal d'ornement, qui figure bien dans un salon sur un fauteuil, mais dont il ne faut attendre aucun bon service. On rencontre encore quelquefois dans les grandes forêts le chat sauvage, très-difficile à chasser. Quand les chiens sont lancés à sa poursuite, il les devance par des bonds prodigieux, escalade un grand arbre, se blottit sous le feuillage et regarde passer ses ennemis, qui, lancés à fond de train, ne tardent pas à perdre sa trace.

2º Le GUÉPARD est élevé en domesticité en Perse, et employé comme *chat de chasse.* Ses formes sont d'une rare élégance, et sa robe mouchetée lui donne fort bon air. Malgré la force de ses dents et de ses griffes, on peut se fier à lui, c'est celui de tous les chats qui s'attache le plus à son maître et dont il y a le moins lieu de craindre des retours perfides de férocité.

3º Le Léopard, l'un des plus beaux du genre chat, par la symétrie des taches de sa riche fourrure, est un des plus féroces, des plus difficiles à apprivoiser.

4º La Panthère, à peu près marquée comme le léopard, est tout aussi féroce que lui ; elle est commune dans l'Afrique française. Il faut beaucoup d'adresse et de courage pour chasser avec succès la panthère ; c'est un genre de chasse où, comme le dit M. de Bombonnelles, qui en parle par expérience, le chasseur peut passer à l'état de gibier.

5º Le Lion doit à la majesté empreinte sur sa physionomie son titre de roi des animaux. Il est certain que tous les animaux tremblent quand le lion se met en chasse et qu'il fait entendre son formidable rugissement. Du reste, sa réputation, à laquelle l'éloquence de Buffon n'a pas peu contribué, n'est méritée qu'en partie. Le lion n'est ni plus courageux, ni plus généreux que les autres grands carnassiers. Il est naturel qu'il ne connaisse pas la crainte tant qu'il n'a pas trouvé plus fort que lui ; instruit par les coups de fusil, il devient très-circonspect. Quand il n'a pas faim, on peut passer à côté de lui sans qu'il songe à vous attaquer ; ce n'en est pas moins un voisin très-peu agréable.

6º Le Tigre n'est pas, comme on l'a répété, beaucoup

plus féroce que le lion ; il chasse plus souvent parce qu'il a faim plus souvent; il n'est pas lâche : car au Bengale, où les grands du pays chassent le tigre montés sur des éléphants, le tigre traqué ne fuit pas, il saute à la tête d'un éléphant, il fait son possible pour vendre chèrement sa vie et mourir vengé. Sa peau rayée de noir sur fond fauve est d'un grand prix. Le tigre peut s'attacher à l'homme, témoin le tigre de Tippo-Saïb, si parfaitement apprivoisé qu'après la mort de son maître tout le monde a pu le voir en Angleterre, puis en France, aussi doux, aussi familier, aussi incapable de songer à nuire que le chat domestique le mieux élevé.

7⁰ Le COUGUAR ou PUMA est le lion du nouveau monde, où il n'y a ni vrai lion, ni vrai tigre. Le *couguar* est d'un tiers plus petit que le lion, auquel il ne ressemble que de loin et dont il n'a pas la physionomie imposante, parce qu'il est dépourvu de crinière. Quoique très-robuste, le *couguar* est très-prudent ; il n'attaque que des animaux beaucoup plus faibles que lui, et a soin de fuir de très-loin à l'approche de l'homme.

8⁰ Le JAGUAR, aussi grand et aussi fort que le tigre, est moucheté comme la panthère : c'est l'animal carnassier le plus redoutable du nouveau monde ; il attaque souvent l'homme et ne semble craindre que médiocrement les coups de fusil. Dans plusieurs contrées de l'Amérique centrale et de l'Amérique du Sud, les jaguars sont tellement nombreux que chaque exploitation de quelque importance entretient un ou plusieurs chasseurs intrépides, qui, sous le nom de *tigreros,* n'ont pas d'autre besogne que celle de donner la chasse aux jaguars et d'en purger le voisinage.

L'Hyène, par sa conformation très-différente de celle des grands carnassiers du genre *chat*, semble placée sur la limite de ce genre et du genre *chien* ; elle diffère surtout de ce dernier par la différence notable de hauteur entre les pattes de derrière et celles de devant.

L'hyène chasse peu ; elle préfère la proie morte et les chairs corrompues à la proie vivante ; elle tient parmi les carnassiers le même rang que tient le vautour parmi les oiseaux rapaces.

2o Les *chiens* forment dans la famille des *digitigrades* un groupe aussi bien caractérisé que celui des chats. Il en diffère essentiellement par la forme plus allongée de la tête et l'absence de rétractilité des ongles. Quoique plusieurs espèces du groupe des *chiens* voient clair la nuit, aucun chien ne possède cette faculté au même degré que les genres et espèces du groupe des chats.

Les animaux les plus importants du groupe des chiens sont : 1o le *chien,* 2o le *loup,* 3o le *chacal,* 4o le *renard,* 5o l'*isatis.*

1o Le Chien est, dès la plus haute antiquité, le meilleur ami de l'homme ; il suffit de rappeler le chien d'Ulysse et le chien de Tobie. On ne peut que difficilement dresser un état civil exact de toutes les races et sous-races de chiens produites par la domesticité sous toutes les latitudes et dans toutes les conditions. Le chien est, parmi les animaux soumis à l'homme, le témoignage le plus remarquable du pouvoir modificateur accordé à l'intelligence humaine sur les êtres qui l'environnent. Mettez un bichon près d'un dogue des Pyrénées et un chien de Terre-Neuve à côté d'une levrette d'Italie ; ce sont des animaux aussi éloignés les uns des autres que peuvent l'être ceux des genres et espèces de mammifères entre lesquels il n'existe aucun lien de parenté.

Les chiens sont si connus qu'il suffit de nommer les espèces et variétés distinguées par les différences les plus notables; ce sont : le *chien de Sibérie,* aux oreilles droites, au museau pointu, aux jambes effilées ; le *chien de berger* ou *chien de Brie,* race française à oreilles droites, précieuse pour la garde des troupeaux, regardée comme l'ancêtre de la plupart des autres races ; le *chien lévrier,* le plus excentrique de tous par la longueur exagérée de son museau, de ses jambes et de sa queue; le *chien épagneul,* à poil long, plus ou moins frisé, excellent pour la chasse ; le *terre-neuve,* semblable à un grand épagneul, distingué par les membranes qui réunissent ses doigts de pied et qui en font un nageur de première force; le *chien des Alpes,* dit du *mont Saint-Bernard,* à qui tant de voyageurs égarés dans les neiges ont dû la vie ; le *chien-loup,* le meilleur pour la vigilance comme chien de garde ; le *chien caniche* ou *barbet,* renommé entre tous pour la fidélité et l'intelligence ; le *griffon,* plus laid, mais à peu près aussi intelligent que le caniche, et les innombrables sous-variétés de ces races.

Tout a été dit quant à l'instinct du chien; il n'est personne qui n'en puisse citer des traits à sa connaissance personnelle. Remarquez que ces traits se rapportent tous à des chiens domestiques. Le chien sauvage n'a d'instinct que pour la chasse, et il ne l'emporte à cet égard ni sur le renard ni sur le loup. Voici un trait tout récent, que j'atteste comme témoin oculaire. Le chef de gare d'une station voisine de Paris avait donné l'hospitalité à un malheureux caniche égaré, qui s'en montrait fort reconnaissant. Dès le premier jour, ce chien crut devoir payer l'hospitalité qu'on lui accordait en montrant ses talents. Il faisait le mort, et se mettait en sentinelle, debout, la canne de son maître entre les pattes, sans être commandé. Un soir, le chef de gare réunissait quelques amis ; la société était rangée en cercle autour du feu. Le caniche jugea le moment favorable pour montrer tout son savoir-faire. Il prit sur un meuble le chapeau du chef de gare, le saisit par le bord, se dressa sur ses pattes de derrière, et alla présenter le chapeau à chacun des assistants, en lui faisant la révérence. Evidemment, le chien faisait la quête ; on jette des pièces de monnaie dans le chapeau, et le chien porte le tout à son maître. Il avait probablement appartenu à un saltimbanque, et il avait parfaitement profité d'une éducation très-soignée. Ce trait d'instinct dénote beaucoup de mémoire et suppose plus de combinaisons que n'en admettent les actes ordinaires des chiens les mieux dressés et les plus intelligents. Malheureusement *Nichon* (c'est le nom du caniche) se fait vieux. On regrette que la vie du chien, rarement prolongée au delà de quinze ans, soit plus courte que celle de son maître, qui le perd au moment où il lui est le plus attaché.

2_0 Le LOUP est un véritable chien, tant par sa conformation que par ses habitudes, qui sont exactement celles des chiens sauvages. Le loup vit habituellement seul; les loups se réunissent en bandes nombreuses pour des expéditions où le loup sait que ses forces individuelles ne suffiraient pas ; c'est ce que font les chiens sauvages du cap de Bonne-Espérance. L'instinct du loup n'est pas inférieur à celui du chien. Pour attaquer un troupeau renfermé dans un parc dont il sait qu'il ne peut ni franchir ni renverser les barrières, le loup s'élance en hurlant sur la clôture du parc, du côté où sont rassemblés les moutons endormis. Ceux-ci, dans leur effroi, se précipitent pour fuir sur la clôture du parc du côté opposé; elle ne résiste pas au choc, il s'y fait une brèche dont le loup profite pour entrer, saisir un mouton et s'enfuir avec sa proie, avant que le berger et ses chiens aient le temps de s'y opposer. M. de Foudras cite un loup qui, serré de près par une meute, se voyant sur le point d'être forcé, s'avisa d'entrer dans les rangs de ses ennemis et de courir au milieu d'eux, comme s'il avait fait partie de la meute; il courut ainsi pendant plus d'une heure, se laissant peu à peu dépasser; il finit par laisser les chiens courir droit devant eux et par se sauver dans la direction opposée. On sait que la Grande-Bretagne n'a plus de loups depuis le règne du roi Edgar; l'Europe en serait également délivrée si les battues au loup étaient faites partout avec ensemble, le même jour et à la même heure. En France, pour supprimer les loups, il faudrait commencer par supprimer les louvetiers, qui ont soin de laisser vivre assez de loups pour qu'on ait besoin d'eux, ce qui leur donne la satisfaction d'avoir l'air d'être bons à quelque chose.

3º Le CHACAL, très-commun dans tout l'Orient, se rencontre dans nos possessions d'Afrique, soit à l'état sauvage, soit en domesticité; il a les mœurs du loup et l'instinct du chien; sa physionomie est fine et intelligente et elle n'est pas trompeuse; malheureusement le chacal exhale une odeur repoussante qui rend sa société peu agréable.

4° Le Renard, emblème de la subtilité et de l'adresse peu scrupuleuse, est commun partout en Europe. Sa race avait disparu comme celle du loup dans la Grande-Bretagne ; mais les grands propriétaires, amateurs passionnés de la chasse au renard, ont eu soin d'importer des renards du continent. En France les renards sont encore très-nombreux dans le voisinage des fermes et des hameaux, où ils sont la terreur des oiseaux de basse-cour. A cela près, les mœurs du renard sont plus intéressantes que celles du loup : il vole, il est vrai, le plus qu'il peut ; mais c'est pour nourrir sa famille ; c'est une circonstance atténuante. Non-seulement le renard se préoccupe de ses petits, ce que ne fait pas le loup ; mais encore il prévoit sa paternité et prend soin de creuser un terrier commode pour sa famille, à moins qu'il ne trouve occasion de dérober par artifice celui d'un blaireau (Voyez *Blaireau*). On ne peut guère détruire le renard qu'en le guettant aux environs de son domicile et lui tirant des coups de fusil le soir, quand il sort de chez lui pour se mettre en chasse. Dans les environs des fermes et sur la lisière des bois qu'on sait être fréquentés des renards, on peut leur tendre des piéges ; mais ils s'en méfient et ils s'y laissent prendre très-rarement.

5° L'Isatis, également nommé *renard polaire* et *renard bleu*, est un des animaux du groupe des chiens dont la fourrure est très-recherchée ; il ne faudrait pas prendre sa qualification au pied de la lettre et se figurer que le poil de l'isatis approche de la couleur du bleu de Prusse ou de l'indigo : sa fourrure est noire avec des reflets qu'on veut bien trouver bleuâtres. L'extrémité orientale de l'Asie, les îles qui en dépendent et toute la partie la plus septentrionale du continent américain sont la patrie de l'isatis. On s'explique difficilement comment cet animal, exclusivement chasseur et carnassier, peut trouver à vivre dans des régions glacées où toute végétation est impossible, et où l'on ne connaît aucune espèce herbivore aux dépens de laquelle les isatis puissent vivre. Il est certain que les chasseurs russes et les tribus sauvages des îles Aléoutiennes font tous les ans de grandes chasses à l'isatis, qu'ils en détruisent des milliers, et que leur nombre ne semble pas diminuer ; il y a là un problème dont la solution n'est pas trouvée.

D'autres carnassiers *digitigrades*, n'appartenant ni au groupe des chats ni à celui des chiens, méritent à divers titres une mention particulière ; ce sont : 1º la *civette*, 2º la *fouine*, 3º le *putois*, 4º la *martre*, 5º la *loutre*.

1º La Civette, des contrées les plus chaudes de l'ancien continent, secrète par un organe particulier une substance odorante analogue au musc, [recherchée comme parfum dans tout l'Orient.

2º La Fouine, très-commune en France, vit en grande partie aux dépens de nos basses-cours, où elle s'introduit la nuit pour manger les œufs et sucer le sang des volailles.

3º Le Putois a les mêmes instincts que la *fouine* ; il commet les mêmes dégâts dans nos basses-cours. Sa présence se trahit par son odeur intolérable, à laquelle il doit son nom. La fourrure du putois tué en hiver ne manque pas de valeur.

4º La Martre, dont les instincts carnassiers sont ceux

de la fouine et du putois, est cependant moins nuisible que ces deux animaux, parce qu'elle s'éloigne par instinct des demeures de l'homme et ne s'aventure jamais dans nos basses-cours. La fourrure de la *martre* est d'un beau brun; celle de la *martre commune* n'est jamais d'un prix très-élevé; on paye très-cher au contraire celle de la *martre zibeline*, qui habite les forêts de la Russie d'Asie.

5° La Loutre diffère de tous les autres carnassiers *digitigrades* par ses mœurs et par plusieurs particularités de son organisation. La force peu commune de son appareil respiratoire lui donne la faculté de plonger souvent et de nager assez longtemps entre deux eaux pour saisir les poissons, dont elle se nourrit exclusivement. Dans les pays où le produit de la pêche des étangs est une branche importante des ressources locales, la *loutre* est regardée comme un ennemi dangereux : car elle dédaigne les petits poissons et ne s'empare que des plus gros.

La loutre peut recevoir de l'éducation et pêcher pour le compte de l'homme. L'histoire a conservé le souvenir d'une loutre dressée et apprivoisée par le roi de Pologne Jean Sobieski ; elle était attachée à son maître autant qu'aurait pu l'être le chien le plus dévoué; elle lui apportait de très-beaux poissons, dont, bien entendu, le roi de Pologne lui laissait sa part.

§ LX. — Les quadrumanes.

L'ordre des *quadrumanes*, ou animaux à *quatre mains*, termine la série des mammifères et les rattache, autant qu'ils peuvent s'y rallier, à la race humaine. En effet, quoique la grande majorité du genre humain ne se serve de ses mains que pour agir et de ses pieds que pour marcher, il y a cependant en Amérique des tribus qui tirent de l'arc avec le pied aussi adroitement que d'autres avec la main, et les naturels de la Nouvelle-Zélande, race éminemment intelligente et civilisable, sont en réalité *quadrumanes* : car les doigts de leurs pieds sont mobiles ; ils s'en servent pour enfiler leurs aiguilles, raccommoder leurs filets ; en un mot, ils font le même usage de leurs pieds que de leurs mains, et ils disent aux Européens qu'il ne tiendrait qu'à eux d'en faire autant, s'ils n'emprisonnaient pas leurs doigts de pieds dans d'absurdes chaussures. Si l'on tenait, comme beaucoup de naturalistes, à ne voir de l'homme que son être physique, si l'homme n'était séparé des animaux par le côté moral et immatériel de sa nature, l'homme, qui n'est réellement *bimane* que par habitude, pourrait parfaitement n'être que le premier des *quadrumanes*.

L'ordre des quadrumanes se divise naturellement en deux familles, celle des *singes* et celle des *makis*.

Les *makis* forment, en remontant, l'avant-dernier échelon des mammifères ; ils ont une tête allongée, un museau pointu, une fourrure épaisse et élégamment bigarrée ; ils ne se rattachent à l'ordre des quadrumanes que parce que leurs quatre membres sont terminés, non par des pieds, mais par de véritables mains. Cette famille peu nombreuse, reléguée dans les forêts des régions intertropicales, ne contient aucun genre digne d'une mention particulière et ne manifeste pas une dose d'instinct qui lui assigne un rang élevé parmi les animaux.

La famille des *singes* est riche, au contraire, en

genres et espèces, offrant un vaste champ d'observations et d'études au naturaliste. Ces études sont rendues assez difficiles par l'impossibilité de faire vivre longtemps en Europe les singes, qui tous vivent à l'état libre dans les forêts des contrées les plus chaudes du globe; transportés dans les ménageries d'Europe, ils y deviennent poitrinaires et n'y vivent jamais au delà de quelques années; le plus souvent ils n'y vivent que quelques mois.

Les genres les plus remarquables de la famille des singes sont : 1º l'*ouistiti*, 2º le *sapajou*, 3º le *mandrill*, 4º le *macaque*, 5º le *gibbon*, 6º le *chimpanzé*, 7º l'*orang-outang*, 8º le *gorille*.

1º L'Ouistiti est le plus petit des singes. Il a la grâce et la gentillesse de l'*écureuil*; comme lui, il niche sur les grands arbres de son pays natal; il s'apprivoise aisément et se montre très-sensible aux caresses; malheureusement, ceux qu'on réussit à amener vivants en Europe ne tardent pas à succomber à des affections de poitrine, que les soins de l'homme ne peuvent prévenir.

2º Les Sapajous, dont les nombreuses variétés habitent toutes le nouveau monde, se distinguent des autres singes par la longueur et la flexibilité de leur queue prenante ; voraces et effrontés, ils ne redoutent pas le voisinage de l'homme et commettent fréquemment des dégâts sérieux dans les plantations. Une petite espèce de *sapajou*, au pelage noir, est très-susceptible d'éducation ; on en voit souvent des échantillons dressés à toute sorte de tours d'adresse très-divertissants.

3º Le Mandrill, grand singe d'une laideur remarquable, se distingue par la coloration en bleu foncé de sa face; il est irascible et dangereux : car il ne s'apprivoise jamais qu'à demi, et n'épargne pas plus son maître que tout autre dans ses moments de mauvaise humeur.

4º Le MACAQUE est l'un des singes les plus rustiques ; une espèce du genre *macaque*, le *magot*, supporte assez bien le climat de l'Europe méridionale. Une tribu de ce genre vit en liberté sur le sommet du rocher de Gibraltar, en Espagne, en bonne intelligence avec la garnison anglaise de cette célèbre forteresse; c'est le seul point de l'Europe où il se trouve des singes ; mais Gibraltar est en vue et à deux pas de l'Afrique, et son climat est tout africain.

Les quatre genres supérieurs de singes, le GIBBON, le CHIMPANZÉ, l'ORANG-OUTANG et le GORILLE, sont ceux qui excitent à juste titre le plus de curiosité ; ce sont aussi ceux dont l'histoire naturelle est le moins bien connue. Il est très-difficile de les prendre vivants, et tout à fait impossible d'aller étudier leurs mœurs dans les forêts inaccessibles et dangereuses dont ils ne sortent jamais. Le *gibbon* paraît être le plus doux et le plus sociable des grands singes; quoique son dos soit plat, il a la tournure d'un bossu, à cause de la longueur disproportionnée de ses bras, qui touchent presque à terre lorsqu'il se tient debout. Le *chimpanzé* est un des grands singes qui ressemblent le plus à une caricature d'homme; il y a des gens à peu près aussi laids que le *chimpanzé ;* si l'un de ces hommes se promenait en compagnie d'un chimpanzé, on pourrait lui dire, avec un poëte comique :

Mon cher ami, lequel de vous deux fait voir l'autre ?

L'orang-outang et le *gorille* ont de même à peu près la taille de l'homme ; tous ressemblent en laid aux hommes d'une laideur hors ligne ; tous sont doués au plus haut degré de l'instinct d'imitation ; mais leur existence dans les ménageries d'Europe est si courte et si maladive, que le temps manque pour les étudier, et que les plus curieuses particularités de leur histoire naturelle ne sont pas connues.

Que n'a-t-on pas écrit sur l'instinct des singes ? On a même soutenu la thèse bizarre que l'homme n'est qu'un singe perfectionné. Tous les matelots qui fréquentent Java, Sumatra, Bornéo, où les grands singes sont nombreux, vous diront que ce sont des nègres qui savent très-bien parler entre eux ; mais qui, pris par les blancs, s'abstiennent de parler, persuadés que, s'ils parlaient, on les ferait travailler.

J'ai observé longtemps, et avec beaucoup de soin, les singes de toute espèce réunis au palais des singes, à la ménagerie du Muséum d'histoire naturelle. Je rapporte ici les traits de leur instinct qui m'ont le plus frappé. Le plus remarquable, à mon avis, c'est une sorte de sentiment de justice naturelle. Toutes les petites espèces de singes, surtout les *sapajous* et les *macaques*, sont gais en captivité et se livrent à mille ébats, sans paraître regretter leur liberté. Les grands singes, au contraire, sont tristes, moroses ; la gaieté des autres semble les importuner. S'il survient des querelles, jamais ils ne manquent de faire la police et d'empêcher les plus forts d'abuser de leur force à l'égard des plus faibles.

Il y a quelques années, un ménage de sapajous eut un héritier. La mère, couchée dans un bon lit, allaitait son petit en le tenant comme une nourrice tient son enfant. Le père, debout à côté du lit, reçut la visite de tous les singes, qui vinrent l'un après l'autre voir le nouveau-né. Le père le prenait avec précaution, le montrait aux visiteurs et le rendait à sa mère ; les visites se succédaient une partie de la journée ; malheureusement, le jeune sapajou ne vécut pas. Les ménages de singes paraissent tendrement unis ; ils ne se querellent jamais, partagent ensemble les friandises qu'on leur jette et sont entre eux d'une fidélité exemplaire. Du reste, la population du palais des singes vit trop peu et se renouvelle trop souvent pour qu'il soit possible de baser sur l'observation de ses mœurs et de ses allures des études approfondies et d'un résultat certain sur l'histoire naturelle des singes.

Nous sommes partis de la *géologie* pour prendre une idée de la composition de notre planète ; la *minéralogie* nous a montré les ressources offertes à l'industrie humaine par la nature inanimée, les êtres inorganiques. La *botanique* a déployé devant nous les richesses infinies du règne végétal ; la *zoologie* vient de nous montrer les êtres vivants à tous les degrés de l'échelle animale, depuis les *zoophytes* qui laissent douter s'ils vivent ou s'ils végètent, jusqu'aux grandes espèces de *quadrumanes*, les plus complétement organisés des *mammifères*.

Il ne nous reste, pour compléter ces éléments d'histoire naturelle, qu'à esquisser les principaux traits de l'*anthropologie*, cette division de la science qui a pour objet l'étude de l'homme.

§ LXI. — Anthropologie.

L'étude de l'homme est assurément celle de toutes

que l'homme a le plus d'intérêt à approfondir ; elle se présente à son esprit sous deux aspects entièrement distincts : l'*homme moral* et l'*homme physique* ; ce dernier seul est du domaine de l'histoire naturelle. L'appréciation exacte de l'homme moral dépend en grande partie de la connaissance de l'homme physique. Sans sortir du domaine de l'histoire naturelle, on doit faire remarquer que deux grandes lois régissent les destinées de l'humanité ; ces lois sont exprimées par deux mots : *liberté, responsabilité*. L'âme humaine, dans la plénitude de sa liberté, ne se manifeste cependant que dans les limites que lui impose l'organisation de l'homme physique ; elle ne peut que proportionner son action aux instruments dont elle dispose. Un boiteux entend crier : Au feu ! il veut y courir, il le veut de toute la puissance de sa volonté ; mais il boite, et il n'est pas responsable de ne pas courir.

Ainsi, quand l'homme, en réprimant ses passions, en se commandant à lui-même, améliore son être physique, il accroît sa puissance pour faire le bien, il met à la disposition de son âme les moyens d'action qu'il tient du Créateur, dans toute la perfection et l'étendue que comporte sa nature physique : c'est son premier devoir.

L'homme étudié, au point de vue de l'anatomie et de la physiologie, n'a pas d'autres appareils organiques que les plus parfaits des animaux ; il n'a pas non plus d'autres sens, et ne les a pas plus parfaits ; il ne voit pas mieux que l'aigle, il n'entend pas plus distinctement que le lézard. Mais de ses appareils organiques il sait tirer un parti auquel ne songe nul animal ; des organes de ses sens il fait un usage qui n'appartient qu'à lui. Lui seul est ému à l'aspect des grandes scènes de la nature ; lui seul comprend la poésie d'un beau paysage, d'une tempête, de l'éruption d'un volcan, d'une peinture œuvre du génie. Lui seul encore comprend par l'ouïe le sens de l'harmonie, de la mélodie ; lui seul peut goûter par la musique l'un des plus suaves des plaisirs intellectuels : là est la différence entre l'homme et l'animal. Je nie hardiment la définition de l'homme *animal raisonnable* : l'homme n'est pas un animal ; il est lui-même, il résume et complète l'œuvre de la création, il s'élève vers son auteur, et, s'il est permis d'employer cette expression, *il aspire à Dieu*, jusqu'à ce que le Père commun le rappelle à lui. Quoi de commun entre cette destinée et celle de l'animal ?

On admet généralement, comme résultat de la dispersion de la famille d'Adam sur tous les points de la terre habitable, quatre races principales : la *blanche*, la *jaune*, la *noire* et la *rouge*. La *race blanche* est celle qui paraît avoir conservé le vrai type humain dans toute sa pureté, tant pour la noblesse et la régularité des traits que pour l'harmonie des formes. C'est dans la région du Causase, parmi les *Tcherkesses* et les *Géorgiens*, qu'on rencontre les modèles les plus irréprochables de la beauté humaine chez les deux sexes. On les rencontre encore assez fréquemment chez les *Persans*, les *Arabes*, et chez les diverses sous-races blanches dont l'Europe est peuplée.

La *race jaune* a pour caractère essentiel, outre la nuance particulière de sa peau, la convergence des yeux de dehors en dedans, convergence très-prononcée chez les *Tatars* et les *Chinois*, ainsi que chez les *Annamites*, les *Birmans* et tous les peuples de l'Indo-Chine. Ce signe, joint à la forme bombée et proéminente du crâne, est beaucoup plus constant que la nuance de la peau ;

il y a des Chinoises aussi blanches que des Géorgiennes, presque aussi bien faites, mais s'éloignant par la convergence des yeux de la beauté harmonieuse des peuples du Caucase.

La *race noire*, spécialement en possession de la plus grande partie du continent africain, a pour caractère, outre la couleur de la peau, les pommettes saillantes, les grosses lèvres et les cheveux semblables à de la laine. Toutefois, par une exception unique, les *Malgaches* ou *Madécasses*, peuples de la grande île africaine de Madagascar, sont parfaitement noirs, avec des cheveux lisses et des traits presque Européens. On retrouve des nègres à cheveux crépus dans tout le continent australien, bien qu'ils ne semblent avoir aucune parenté avec les noirs d'Afrique.

La *race rouge* est particulière aux deux Amériques; elle se distingue, en dehors de sa nuance cuivrée, par l'absence de barbe et une physionomie qui lui est propre, empreinte de douceur, de mélancolie, de calme, passant subitement sous l'influence de la passion à l'expression de la plus sauvage énergie.

A cette division, qu'on reproduit comme la plus généralement admise, il faut ajouter au moins une cinquième race, la *race olivâtre* ou *malaise*, répandue dans la presqu'île de Malacca, qui semble être son point de départ, le grand archipel Indien, et les îles innombrables de la Polynésie.

Un volume ne suffirait pas pour énumérer et définir les sous-races bien distinctes rattachées à ces cinq grandes divisions du genre humain. En Europe, l'extrémité nord de la Scandinavie est habitée par un rameau de la race *mongole*, à peau jaune. Les Lapons, leur langue l'atteste, sont d'origine mongole, issus de la sous-race des *Tougouses*. Chassés de l'Asie à une époque impossible à préciser, ils se sont réfugiés dans un pays tellement affreux que nul n'a songé à le leur disputer, et se sont donnés à eux-mêmes le nom de *Laps* (exilés). C'est probablement aussi l'histoire des peuplades du Groënland et des Esquimaux, qui n'en ont pas, comme les Lapons, conservé le souvenir.

Le reste des peuples de l'Europe appartient à la race blanche du Caucase, mélangée par les guerres, les migrations, les invasions, les conquêtes. En France, le fond de la population est encore composé des descendants des *Celtes*, venus d'Asie, bien des siècles avant l'ère chrétienne. Il y a encore des Celtes purs, parlant la langue de leurs ancêtres, dans la presqu'île armoricaine : ce sont les *Bas-Bretons*. Partout ailleurs, la population est *gallo-romaine*, mais gauloise et celtique au fond ; ni les Romains, ni plus tard les *Francs*, les *Goths* et les autres peuples germains qui démembrèrent l'empire romain n'ont pu se substituer à la race du pays. Comptez dans la langue française les mots d'origine germanique; c'est la proportion de l'élément germanique dans la nation française. Cinq départements de l'Ouest seulement, cédés au moyen âge aux envahisseurs normands, ont subi une véritable substitution de race; on y retrouve les yeux bleus, les cheveux blonds ou roux, les visages carrés et la peau transparente des peuples de la Scandinavie. Ajoutez à cette exception le petit nombre d'Ibères qui, sous le nom de *Basques*, habitent un coin du pied des Pyrénées françaises, vous aurez tout ce qui, en France, n'est pas Celte pur ou Gallo-Romain.

L'étude des races humaines, de leurs alliances et de leurs mélanges, met en relief des faits d'une singulière portée. Le plus saillant, c'est l'importation dans le nouveau monde de la race noire africaine. Quand la race blanche espagnole s'est établie, en maîtresse dans le nouveau monde, elle a donné naissance, par les alliances avec la race rouge, à des métis. Puis, quand les Espagnols eurent épuisé par le travail des mines la plus grande partie de la population rouge, ils ont cherché à la remplacer en partie par des importations de nègres esclaves. Ceux-ci n'ont pas tardé à s'allier aux peaux-rouges, ce qui a produit des *cholos*. Mais bientôt le mélange des races a fait coexister côte à côte des blancs, des rouges, des noirs, des métis, des cholos et des descendants de ces quatre races à divers degrés de pureté; dans les États autrefois soumis à l'Espagne on ne compte pas moins de *quatorze* nuances de la peau, ayant chacune leur nom, et leur place assignée dans la société par les lois ou par l'opinion; on comprend qu'il est difficile de former avec tout cela rien qui ressemble à une nation.

Mais, à côté de cette confusion, et comme contre-poids de l'impression pénible qui en résulte, un grand fait, un fait immense, inaperçu dans ses commencements, se révèle à la science du naturaliste : *le genre humain tend vers l'unité*. Partout où la race blanche, type le plus élevé, s'allie avec les autres races, elle les ramène à elle. Si, par exemple, dans les colonies, un mulâtre, né d'un blanc et d'une négresse, épouse une négresse, il a peu d'enfants, et ses enfants ne vivent pas ; si le mulâtre épouse une blanche, sa famille est nombreuse, et dès la troisième génération, la trace du sang africain est effacée. De même à la Nouvelle-Zélande, où beaucoup de naturels baptisés, instruits à l'européenne, sont naturalisés sujets anglais et épousent des femmes blanches, les métis nés de ces unions ont peu ou point d'enfants s'ils s'allient à la race des naturels;

ils en ont beaucoup s'ils s'allient à la race blanche, et quelques générations suffisent pour effacer la trace de leur origine. Dans l'Indoustan, les unions entre les blancs et la race indigène sont rares; le préjugé religieux des sectateurs de Brama s'y oppose; il y a cependant quelques alliances entre des blancs et des femmes du pays; les métis présentent le même phénomène : stérilité s'ils descendent au type inférieur; familles nombreuses s'ils s'allient au type supérieur, à la race blanche. Or, cette race active et agissante entre toutes supprime les distances, perce les isthmes, enlace le globe dans un réseau de voies rapides, sillonne toutes les mers d'innombrables navires à vapeur, se met partout en contact avec les races inférieures qu'elle tend partout à modifier en se les assimilant : c'est la tendance évidente vers l'unité. Il n'y a rien de semblable dans l'histoire antérieure des races humaines.

La durée moyenne de la vie de l'homme a peu varié depuis le commencement de la période d'environ quatre mille ans qu'on peut considérer comme comprenant les temps réellement historiques. De nos jours, si pour les uns les mauvaises passions, pour le plus grand nombre les privations de toute espèce, n'y mettaient obstacle, la durée de la vie humaine serait de cent ans. Il y a peu de centenaires, et, chose remarquable! on les trouve en général parmi ceux qui mangent le moins et qui travaillent le plus. Mais, somme toute, depuis le commencement de ce siècle, la durée de la vie française a gagné près de *quatre ans*; en Europe, chaque Européen a en moyenne quatre ans de plus à vivre que durant le dernier siècle. C'est ce qui explique l'accroissement de la population en Europe, accroissement qui ne s'arrête pas, tandis que, dans le reste du monde, la population reste stationnaire.

Mais, pour l'homme en ce monde, il ne s'agit pas seulement de ne pas mourir; il faut vivre, et vivre, c'est remplir sur la terre la destination assignée à l'homme par la bonté du Créateur.

FIN.

TABLE DES MATIÈRES

DEUXIÈME PARTIE. — Botanique.

CHAPITRE III.—ORGANISATION DES VÉGÉTAUX.

CHAPITRE IV. — PHYSIOLOGIE ET CLASSIFICATION.

TROISIÈME PARTIE.—Zoologie.

CHAPITRE V. — ANIMAUX D'UN ORDRE INFÉRIEUR.

CHAPITRE VI. — ANIMAUX COMPLÉTEMENT ORGANISÉS.

FIN DE LA TABLE.